技工院校信息类专业工学一体化教材

技工院校计算机程序设计专业教材（中／高级技能层级）

SQL Server 数据库应用

主　编　陈道喜

主　审　邹伟民　武　越

中国劳动社会保障出版社

简介

本书主要内容包括构建 SQL Server 环境、创建数据库、操作数据表、管理数据库、查询数据库、管理索引和视图、维护数据库安全、设计与实现政务平台数据库等。

本书由陈道喜担任主编，由邹伟民、武越担任主审。

图书在版编目（CIP）数据

SQL Server 数据库应用 / 陈道喜主编 . -- 北京 : 中国劳动社会保障出版社，2025. --（技工院校信息类专业工学一体化教材）（技工院校计算机程序设计专业教材 : 中 / 高级技能层级）. -- ISBN 978-7-5167-6901-0

I. TP311. 132. 3

中国国家版本馆 CIP 数据核字第 2025DM1728 号

中国劳动社会保障出版社出版发行

（北京市惠新东街 1 号　邮政编码：100029）

*

三河市华骏印务包装有限公司印刷装订　　新华书店经销

787 毫米 ×1092 毫米　16 开本　19.5 印张　366 千字

2025 年 2 月第 1 版　　2025 年 2 月第 1 次印刷

定价：49.00 元

营销中心电话：400-606-6496

出版社网址：https://www.class.com.cn

https://jg.class.com.cn

前言

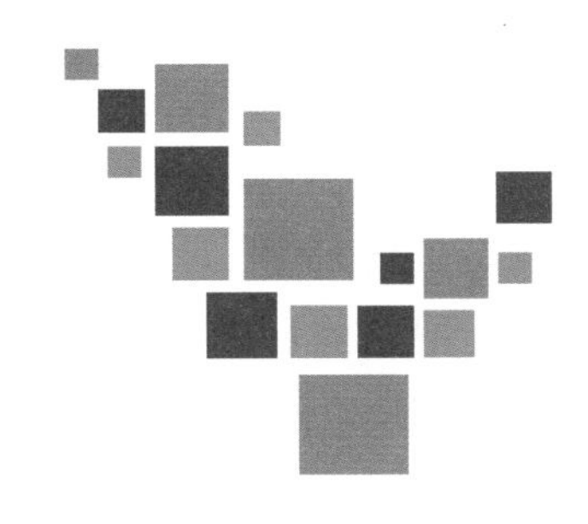

近年来，在《“十四五”数字经济发展规划》等国家级战略的引领下，我国计算机产业蓬勃发展，不断壮大，为物联网、云计算、大数据、人工智能等前沿科技领域注入了强大的发展动力，实现了技术与产业的深度融合与相互赋能。这一趋势使市场急需大量从事计算机网站前端和后端开发、运维、测试、移动应用开发、售前售后技术支持等工作的人才，其需求量随着产业的快速发展而逐年攀升，为技工院校计算机程序设计专业提供了广阔的发展前景。为了满足市场对计算机程序设计相关人才的需求，各技工院校纷纷加强计算机程序设计专业建设，致力于培养适应市场要求的技能型人才。为了满足技工院校的教学要求，全面提升教学质量，我们组织了一批具有丰富教学经验和行业实践经验的教师与行业企业专家，深入调研市场需求、分析企业用人标准、总结教学改革经验，依据人力资源社会保障部颁布的《全国技工院校专业目录》及相关教学文件，开发了本套计算机程序设计专业教材。

教材体系

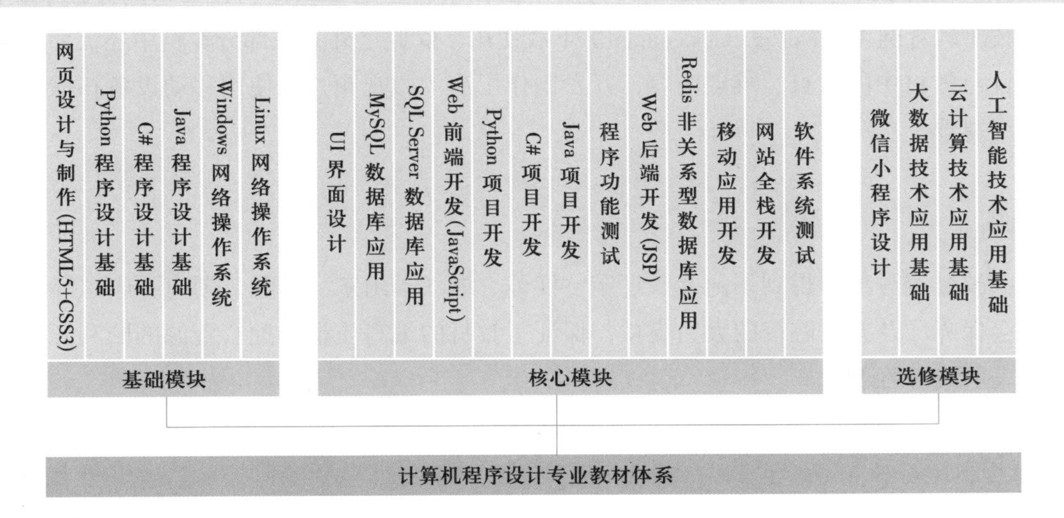

编写特色

1. 结合技工院校实际情况，制定专业教学标准

通过行业企业调研，分析技工院校地区差异情况，进行典型工作任务与工作岗位分析，

制定《技工院校计算机程序设计专业教学标准》，确定了中级、高级、技师（预备技师）技能人才的培养目标。基于工作岗位、职业能力和职业教育规律构建了“基础模块 + 核心模块 + 选修模块”的教材体系，确保学生既能掌握扎实的理论基础，又能具备较强的实践能力。

2. 创新编写形式，降低编写难度

在基础模块教材中，如 Python、C#、Java 等程序设计基础类教材，按照制定的教学标准构建教材内容，采用最新主流版本软件，从搭建基本开发环境入手学习基本语法，穿插若干实例引导学生进行程序设计，实例选取具有趣味性，充分考虑学生定位，避免介绍复杂的算法，编程思路采用流程图呈现，易读易懂，以激发学生学习编程语言的热情。

3. 充分吸收借鉴工学一体化教学改革的理念和成果

在核心模块教材中，如数据库类、项目开发类、测试类、前后端和移动应用开发类等教材，参照《计算机程序设计专业国家技能人才培养工学一体化课程标准》和《计算机程序设计专业国家技能人才培养工学一体化课程设置方案》，有一个或多个项目对接课标中的参考性学习任务，体现完整的企业工作流程，能满足学校开展工学一体化教学的需求。

教学服务

为方便教师教学和学生学习，配套开发了制作素材、电子课件、教案示例等教学资源，可通过技工教育网（https://jg.class.com.cn）下载使用。除此之外，在部分教材中还借助二维码技术，针对教材中的重点、难点内容，开发制作了演示微视频，可使用移动设备扫描书中二维码在线观看。

致谢

本次教材编写工作得到了河北、辽宁、江苏、浙江、山东、湖北、湖南、广东等省人力资源社会保障厅及有关院校的大力支持，保证了教材的编写质量和配套资源的顺利开发，在此我们表示诚挚的谢意。

编者

2025 年 2 月

目录

项目一　构建 SQL Server 环境　001

任务 1　认识 SQL Server　001

任务 2　安装 SQL Server 2022　009

任务 3　连接数据库服务器和启动 SSMS　019

项目二　创建数据库　029

任务 1　创建一个新的数据库　029

任务 2　通过 SSMS 窗口创建数据表　046

任务 3　通过 T-SQL 语句创建数据表　055

任务 4　设置约束　066

项目三　操作数据表　086

任务 1　通过 SSMS 窗口操作数据表　086

任务 2　插入数据　091

任务 3　修改和删除数据　099

项目四　管理数据库　106

任务 1　导入与导出数据表　106

任务 2　分离与附加数据库　120

任务 3　备份与还原数据库　127

项目五　查询数据库　144

任务 1　基本查询　144

任务 2　条件查询　152

任务 3　查询结果排序　158

任务 4　分组查询　164

任务 5　连接查询　173

任务 6　集合查询　182

任务 7　子查询　187

项目六　管理索引和视图　197

任务 1　创建索引　197

任务 2　管理索引　204

任务 3　管理视图　210

任务 4　通过视图操作数据表　218

项目七　维护数据库安全　227

任务 1　配置 SQL Server 身份验证模式　227

任务 2　管理服务器登录和数据库用户　237

任务 3　管理角色　254

任务 4　管理权限　282

项目八　设计与实现政务平台数据库　291

任务 1　创建政务平台数据库　291

任务 2　编辑政务平台数据库　298

任务 3　查询政务平台数据库　301

任务 4　使用索引和视图优化政务平台数据库　302

附录　305

附录　T-SQL 语法约定　305

项目一　构建 SQL Server 环境

SQL Server 是一种关系数据库管理系统（relation database management system, RDMS），被广泛应用于网站、企业级应用程序和数据分析等领域，为用户提供可靠的数据存储和处理的解决方案。

本项目通过“认识 SQL Server”“安装 SQL Server 2022”“连接数据库服务器和启动 SSMS”任务实例，构建 SQL Server 环境，了解数据库的基础知识。

任务 1　认识 SQL Server

1. 能独立搜索官方 SQL Server 下载网站。
2. 能独立完成计算机软件与硬件配置的检查，列出与 SQL Server 软件相关的检测单。
3. 能依据检测单要求，选择 SQL Server 软件的版本。

本学期学院信息中心配置了一台台式计算机，作为教学资料的服务器，需要安装 SQL Server 2022。根据安装 SQL Server 2022 的计算机硬件、软件检测单（见表 1-1-1），检测当前计算机的硬件、软件情况，判定是否符合安装 SQL Server 2022 的标准，填写检测结果。

表 1-1-1　安装 SQL Server 2022 的计算机硬件、软件检测单

分类	检测项目	标准要求	检测结果
硬件	CPU	支持 x64 CPU，不支持 x86 CPU；CPU 主频推荐 2.0 GHz 以上	
	内存	推荐 4 GB 以上，最低要求 1 GB	
软件	操作系统	Windows 10 TH1 1507 或更高版本，Windows Server 2016 或更高版本	
	.NET Framework	.NET Framework 4.6 及以上版本	

一、数据库的基础知识

1. 数据

数据（data）是描述事物的符号记录。在计算机中，各种字母、数字、语音、图形、图像等统称为数据，经过数字化处理后存储在计算机中。数据是数据库存储的对象，也是数据库管理系统处理的对象，例如，人的姓名、性别、年龄等都可以用数据表示。

数据表达包含语义和数值两个方面，例如，“性别：男”“性别”表示数据的含义，“男”表示数据的值。

记录是指一组按照特征具体描述事物的数值，通常与数据源中一条信息相对应，是一组更完整的信息。

2. 数据库

数据库（database，DB）是指长期存储在计算机内的、有组织的、可共享的结构化数据集合。例如，把一个学校的学生、课程、学生成绩等数据有序地组织并存储在计算机内，即可构成一个教学管理的数据库。

3. 数据库管理工具

数据库管理工具（SQL server management studio，SSMS）是一种集成环境，是用于配置、监视和管理 SQL Server 和数据库实例的工具。在 SSMS 中，可以实现以下操作。

（1）数据库操作，如创建数据库、分离和附加数据库、备份和还原数据库等。

（2）表操作，如新建数据表、修改数据表、查看数据表等。

（3）安全性操作，如登录名管理、服务器角色管理、数据库角色管理等。

（4）资源管理操作，如策略管理、数据收集、维护计划等。

4. 数据库管理系统

数据库管理系统（database management system，DBMS）是位于用户和操作系统之间的用于建立、使用、维护数据库的系统软件，DBMS 为用户或应用程序提供访问数据库的方法，包括数据库的建立、查询、更新及各种数据控制方法。

数据库管理系统的主要类型包括层次数据库管理系统、网状数据库管理系统、关系数据库管理系统。其中，关系数据库管理系统的应用最为广泛，包括 Access、SQL Server、Oracle、MySQL、SQLite、DB2、PostgreSQL 等；非关系数据库包括 NoSQL、MongoDB、Redis、HBase、Neo4j 等。

（1）数据库管理系统的功能

1）数据库定义功能

数据库定义功能是数据库管理系统面向用户的功能，它通过数据定义语言（data definition language，DDL），对数据库中的各种数据对象进行定义，如进行数据库、数据表、视图的定义，从而保证数据库中数据的完整性规则。

2）数据操作功能

数据操作功能也是数据库管理系统面向用户的功能，数据库管理系统通过数据操纵语言（data manipulation language，DML），对数据库中的数据对象进行各种操作，如数据的查询、插入、修改和删除等。

3）数据库运行管理功能

数据库运行管理功能是指数据库管理系统对数据库的保护功能，此功能是数据库管理系统的核心部分，包括并发控制、安全性控制、完整性约束、数据库内容维护与恢复等，所有数据库操作都要在控制程序的统一管理和控制下执行。

4）数据库维护功能

数据库维护功能包括数据库数据的导入、转储、恢复、重新组织、性能监视和分析功能等，这些功能通常由数据库管理系统的应用程序提供给数据库管理员。

（2）数据库管理系统的组成

1）数据定义语言，它用来定义数据库的结构。

2）数据操纵语言，它用来实现对数据库数据的基本操作，如检索、插入、修改和删除。

3）数据控制功能模块，它通过对数据的安全性、完整性和并发控制等，对数据库运行进行控制和管理，以确保数据正确、有效。

4）应用程序如数据转储程序、数据恢复程序、数据转换程序等，数据库管理员可以利用应用程序完成数据库的维护与管理。

5. 数据库系统

数据库系统（database system，DBS）是指引入数据库技术后的整个计算机系统，由数据库（数据）、数据库管理系统（软件）、计算机硬件、操作系统、数据库管理员组成。数据库系统的特点包括数据结构化，数据的共享性高、冗余少、易扩充，数据的独立性高，数据由数据库管理系统统一管理和控制等。

二、SQL Server 的基础知识

SQL Server 是一种用于存储和管理结构化数据的软件，可用于处理大型数据集和复杂的数据操作。SQL Server 2022 是 SQL Server 的最新版本，本书所有任务均使用此版本。

1. SQL Server 2022 的功能

SQL Server 2022 具有云连接、智能查询、防篡改等功能。

（1）云连接功能

SQL Server 2022 具有云连接功能，可与 Azure（微软的云服务平台）云端服务连接，提供托管式灾难恢复、接近实时的数据分析、增强的数据安全保障，以及更新的许可政策。

（2）智能查询功能

SQL Server 2022 具有智能查询功能，无须修改代码即可优化查询速度，通过下一代查询处理技术，可以显著增强系统的查询性能。

（3）防篡改功能

SQL Server 2022 具有防篡改功能，它利用区块链技术来保护数据的完整性，其核心是使用区块链技术来确保数据库中的数据不可篡改，适用于管理财务、医疗或其他敏感数据。

2. SQL Server 2022 的版本

SQL Server 2022 的版本与特点见表 1–1–2。

表 1-1-2　SQL Server 2022 的版本与特点

版本	特点
Enterprise	SQL Server 2022 的企业版，提供全面的高级功能，包括高可用性、数据仓库、分析等，适用于大型企业
Standard	SQL Server 2022 的标准版，适合中小型企业，提供基本的数据管理和报表功能，功能相对简单
Web	SQL Server 2022 的网页版，专门为 Web 服务设计，提供基本的数据库功能，支持高并发，适用于中小型网站
Developer	SQL Server 2022 的开发者版，包含与企业版相同的功能，但仅用于开发和测试，不能用于生产环境
Express Edition	SQL Server 2022 的免费入门级版本，适用于学习和创建小型数据库，功能有限，适合个人和小型企业使用

三、SQL Server 2022 配置管理器

SQL Server 2022 配置管理器用于管理与 SQL Server 关联的服务、配置 SQL Server 2022 使用的网络协议及从客户端计算机管理网络连接配置。

SQL Server 2022 配置管理器随 SQL Server 2022 一起安装，它是一种可以通过“开始”菜单访问的 Microsoft 管理控制台单元。Microsoft 管理控制台（mmc.exe）使用 SQLServerManager<version.msc> 文件［对于 SQL Server 2016 (16.x)，则使用 sqlServerManager16.msc 文件］打开 Configuration Manager。SQL Server 各版本与配置管理器的对应关系见表 1–1–3。

表 1-1-3　SQL Server 各版本与配置管理器的对应关系

版本	路径
SQL Server 2022	C:\Windows\SysWOW64\SQLServerManager16.msc
SQL Server 2019	C:\Windows\SysWOW64\SQLServerManager15.msc
SQL Server 2017	C:\Windows\SysWOW64\SQLServerManager14.msc

一、硬件检查

对计算机进行硬件检查，使用第三方软件（如 CPU_Z）进行，可以查看 CPU 名称、厂商、内核进程、内部和外部时钟、局部时钟监测等参数信息，还可以查看缓存、主板、内存、显卡等参数信息。要安装 SQL Server 2022，硬件检查主要包括以下内容。

1. 检查 CPU 的位数与主频

检查 CPU 时，按 Win+R 组合键打开“运行”对话框，输入“cmd”后，使用鼠标左键单击（以下简称单击）“确定”按钮，在弹出的命令行窗口中输入“systeminfo”，并按 Enter 键。稍等片刻，相关系统信息会显示出来，处理器字段如图 1-1-1 所示。如果显示为“Intel64”，那么 CPU 是 64 位；如果显示为“x86”，那么 CPU 是 32 位。

```
系统制造商:        Dell Inc.
系统型号:          OptiPlex 7040
系统类型:          x64-based PC
处理器:            安装了 1 个处理器。
                   [01]: Intel64 Family 6 Model 94 Stepping 3 GenuineIntel ~3408 Mhz
BIOS 版本:         Dell Inc. 1.24.0, 2022/7/14
Windows 目录:      C:\Windows
系统目录:          C:\Windows\system32
启动设备:          \Device\HarddiskVolume2
系统区域设置:      zh-cn;中文(中国)
```

图 1-1-1　处理器字段

2. 检查内存的容量

检测内存的方法与 CPU 一样，还可以在 Windows 10 桌面上，使用鼠标右键单击（以下简称右击）“此计算机”，在弹出的快捷菜单中单击选择（以下简称选择）“属性”选项，弹出“设置”窗口，可以在该窗口中查看设备规格等信息，如计算机内存（机带 RAM）信息，如图 1-1-2 所示。

设备规格

设备名称	[illegible]
处理器	Intel(R) Core(TM) i7-6700 CPU @ 3.40GHz 3.41 GHz
机带 RAM	16.0 GB (15.9 GB 可用)
设备 ID	319A0603-6DC3-476F-92E8-350261D[illegible]
产品 ID	00326-10000-00000-[illegible]
系统类型	64 位操作系统, 基于 x64 的处理器
笔和触控	没有可用于此显示器的笔或触控输入

图 1-1-2　计算机内存（机带 RAM）信息

二、软件检查

1. 检查操作系统的类型与版本

在 Windows 10 桌面上右击“此计算机”，在弹出的快捷菜单中选择“属性”选项，弹出“设置”窗口，可以在该窗口中查看 Windows 规格等信息，如 Windows 版本信息，如图 1-1-3 所示。

图 1-1-3　Windows 版本信息

2. 检测 .NET Framework 的版本

按 Win+R 组合键打开“运行”对话框，输入“cmd”后单击“确定”按钮，在弹出的命令行窗口中输入以下命令。

```
reg query "HKLM\Software\Microsoft\NET Framework Setup\NDP" /s /v version | findstr /i version | sort /+26 /r
```

.NET Framework 版本如图 1-1-4 所示。

```
C:\Users\chendaoxi>reg query "HKLM\Software\Microsoft\NET Framework Setup
\NDP" /s /v version | findstr /i version | sort /+26 /r
    Version    REG_SZ    4.8.09037
    Version    REG_SZ    4.8.09037
    Version    REG_SZ    4.8.09037
    Version    REG_SZ    4.8.09037
    Version    REG_SZ    4.8.09037
    Version    REG_SZ    4.8.09037
    Version    REG_SZ    4.0.0.0
```

图 1-1-4　.NET Framework 版本

将以上硬件、软件的检测结果填入表 1-1-4 中。

表 1-1-4　安装 SQL Server 2022 的计算机硬件、软件检测结果

分类	检测项目	标准要求	检测结果
硬件	CPU	支持 x64 CPU，不支持 x86 CPU；CPU 主频推荐 2.0 GHz 以上	Intel 64，3.4 GHz
	内存	推荐 4 GB 以上，最低要求 1 GB	16 G
软件	操作系统	Windows 10 TH1 1507 或更高版本，Windows Server 2016 或更高版本	Windows 11 专业版
	.NET Framework	.NET Framework 4.6 及以上版本	.NET Framework 4.8

任务 2　安装 SQL Server 2022

学习目标

1. 能独立找到 SQL Server 2022 的官方下载链接，并正确下载安装包。
2. 能独立安装 SQL Server 2022 的数据库引擎，并登录数据库服务器。
3. 能独立安装 SSMS，并叙述窗口各部分的名称。

任务描述

在上一任务中，经过检测，确认该计算机可以安装 SQL Server 2022。本任务要求在微软官网上找到下载链接，下载 SQL Server 2022 Developer，安装 SQL Server 2022 数据库引擎和 SSMS，并连接到数据库服务器，“连接到服务器”对话框如图 1-2-1 所示。

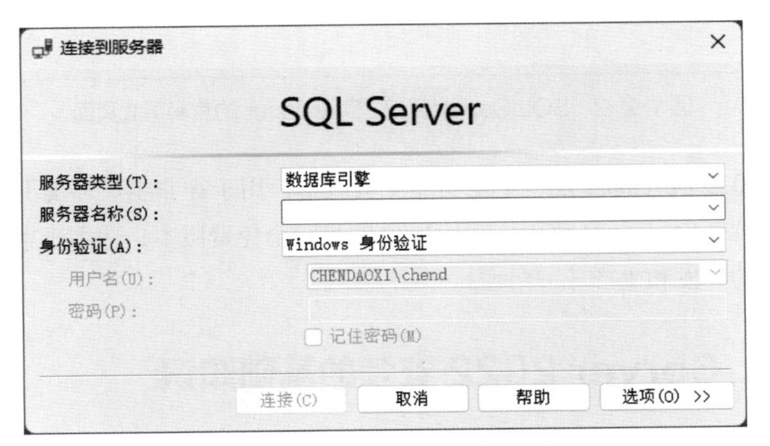

图 1-2-1　“连接到服务器”对话框

一、软件下载页面

SQL Server 2022 Developer 的官网下载页面如图 1-2-2 所示。

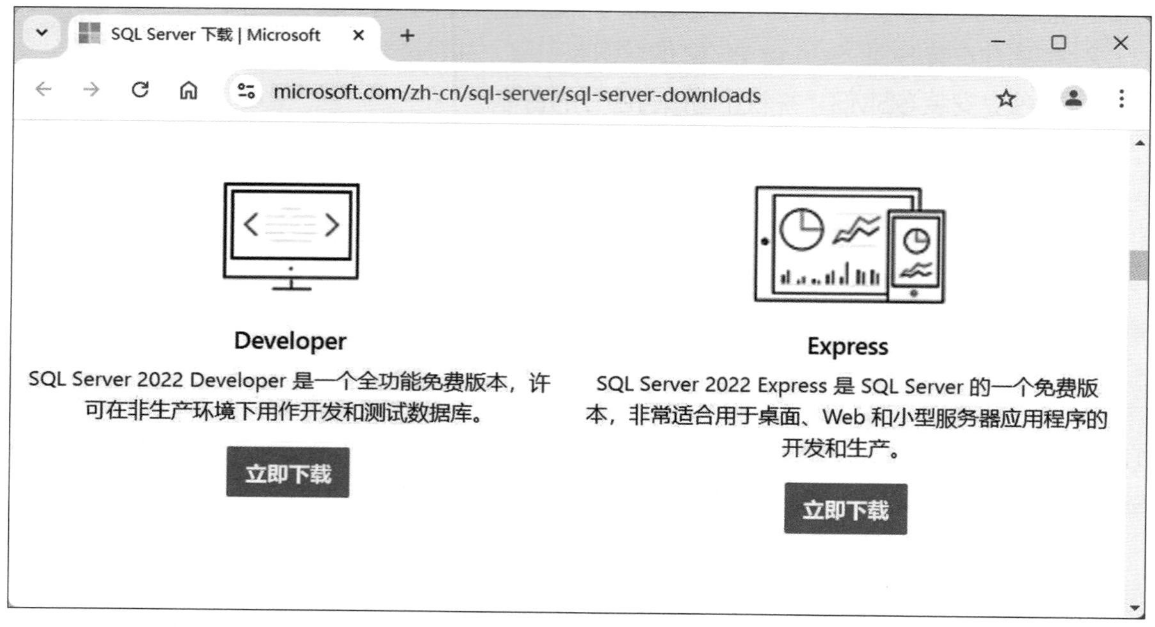

图 1-2-2　SQL Server 2022 Developer 的官网下载页面

SQL Server 2022 Developer 是一个全功能免费版本，用于在非生产环境下开发和测试数据库，SQL Server 2022 Express 是 SQL Server 2022 的另一个免费版本，适用于桌面、Web 和小型服务器应用程序的开发和生产。

二、SQL Server 2022 安装的基础知识

在下载页面中下载的安装文件是一个可执行文件，使用鼠标左键双击（以下简称双击）该文件，可以运行安装程序。

1. 安装类型

如图 1-2-3 所示，SQL Server 2022 的安装有基本、自定义、下载介质 3 种类型。“基本”可以安装带默认配置的 SQL Server 数据库引擎功能；“自定义”可以根据向导完成安装；“下载介质”是先下载完整的 SQL Server 安装包，再进行安装。

如图 1-2-4 所示为 SQL Server 媒体下载目标位置，即默认安装位置。

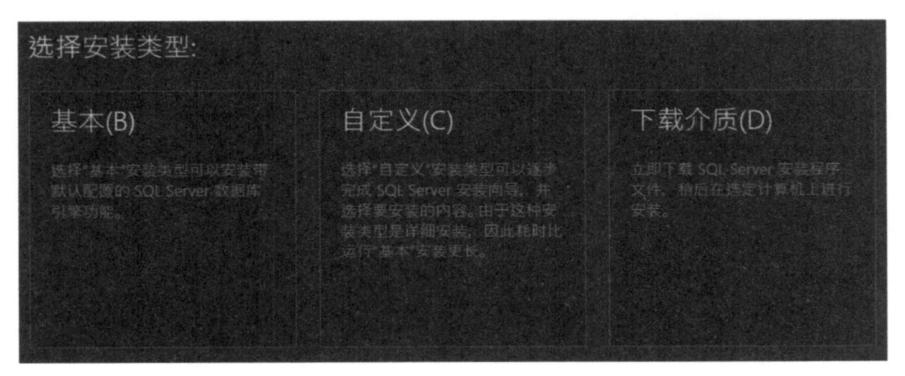

图 1-2-3　选择安装类型

图 1-2-4　SQL Server 媒体下载目标位置

2. SQL Server 安装中心

在安装 SQL Server 2022 的过程中，可以使用图 1-2-5 所示的 SQL Server 安装中心窗口进行安装的有关工作，并可以查阅相应的资料说明。

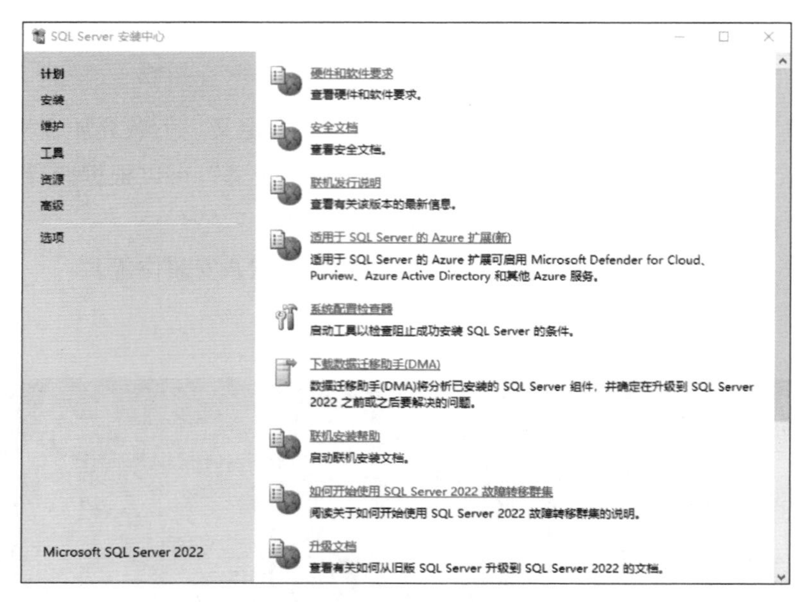

图 1-2-5　SQL Server 安装中心窗口

本任务利用下载的安装包安装 SQL Server 2022 Developer。

一、下载安装引擎

打开下载页面，选择 SQL Server 2022 Developer 版本，单击“立即下载”按钮，如图 1-2-6 所示，下载“SQL2022-SSEI-Dev.exe”可执行文件。

双击可执行文件“SQL2022-SSEI-Dev.exe”，在弹出的窗口中选择“下载介质”选项，在弹出的窗口中单击“下载”按钮，弹出图 1-2-7 所示的下载界面。

二、安装数据库引擎

在下载文件夹中，找到 setup.exe 文件，双击该文件，弹出 SQL Server 安装中心窗口，如图 1-2-5 所示。

图 1-2-6 单击“立即下载”按钮

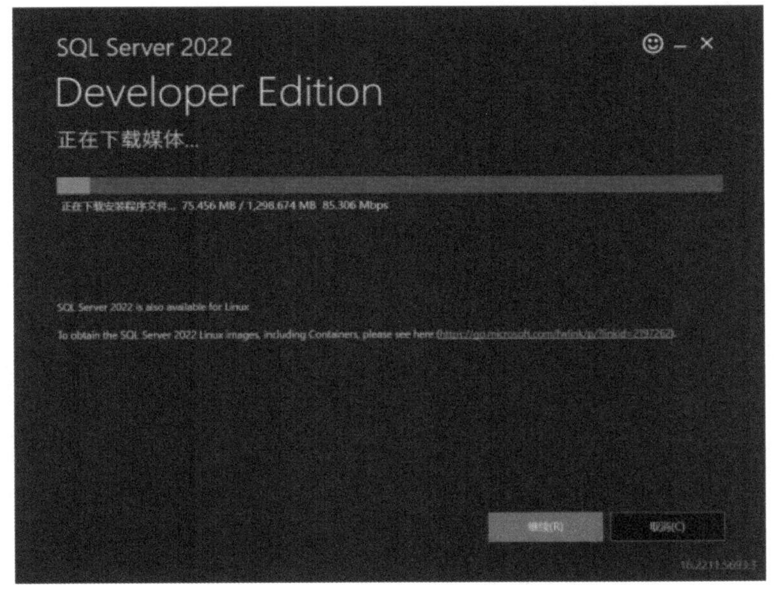

图 1-2-7 下载界面

单击左侧的“安装”选项，弹出图 1-2-8 所示的安装窗口，单击右侧第一个“全新 SQL Server 独立安装或向现有安装添加功能”选项，在弹出的“Microsoft 更新”“产品更新”“安装规则”等窗口中依次单击“下一步”按钮，在弹出的“安装类型”窗口中，选中“执行 SQL Server 2022 的全新安装”选项，单击“下一步”按钮。

弹出图 1-2-9 所示的“版本”窗口，在此不需要输入产品密钥，勾选“指定可用版本”单选框即可。

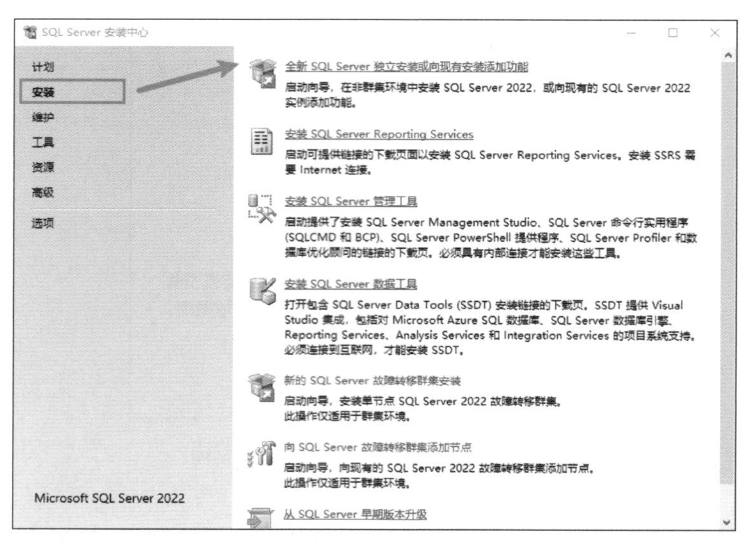

图1-2-8　安装窗口

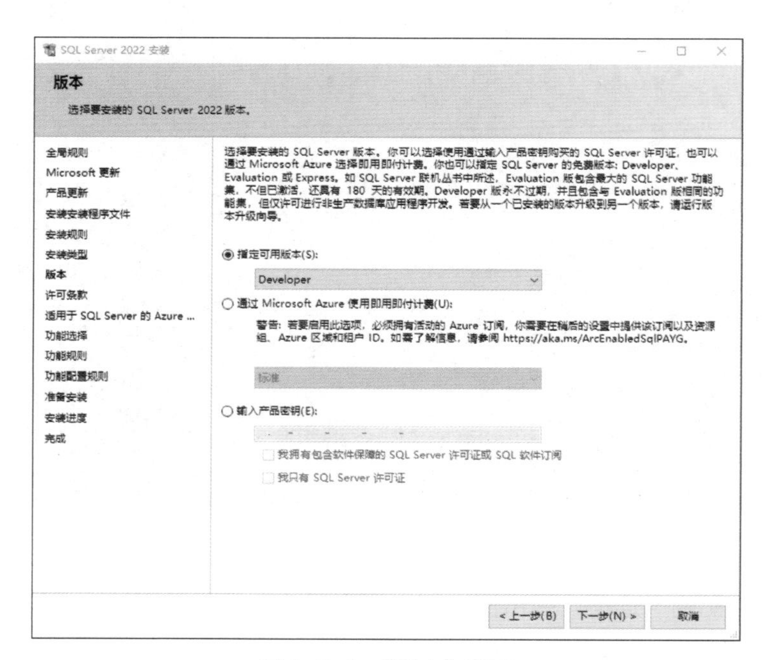

图1-2-9　“版本”窗口

单击“下一步”按钮，弹出“许可条款”窗口，勾选“我接受许可条款和隐私声明”复选框，单击“下一步”按钮，弹出图1-2-10所示的“适用于SQL Server的Azure扩展”窗口，不勾选“适用于SQL Server的Azure”复选框。

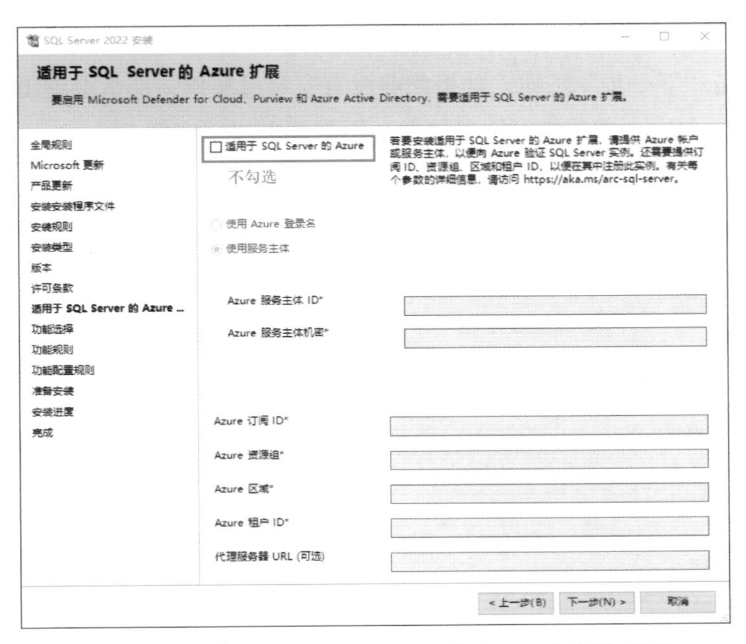

图 1-2-10　“适用于 SQL Server 的 Azure 扩展”窗口

单击“下一步”按钮，弹出图 1-2-11 所示的“功能选择”窗口，勾选“数据库引擎服务”和“SQL Server 复制”两个复选框。

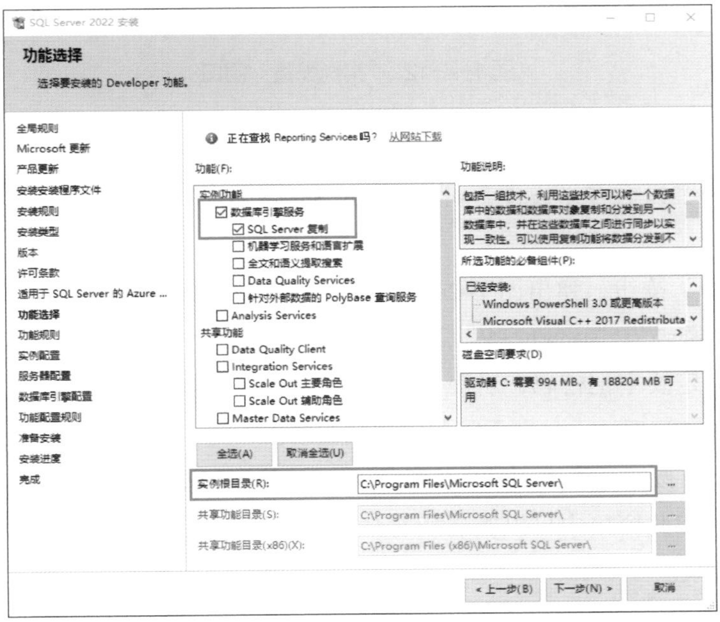

图 1-2-11　“功能选择”窗口

可以不改变“实例根目录”（也可安装在D盘，可更改目录为D:\Program Files\Microsoft SQL Server），单击“下一步”按钮。如果此前没有安装过实例，那么会弹出图1-2-12所示的“实例配置”窗口，勾选“默认实例”单选框，不需要更改“实例ID”。

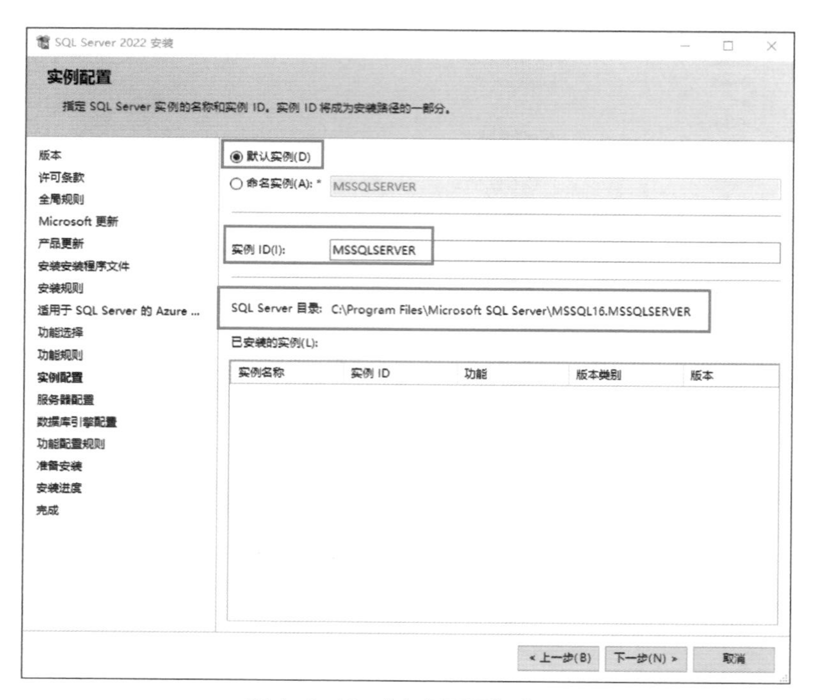

图1-2-12 “实例配置”窗口

单击“下一步”按钮，弹出图1-2-13所示的“服务器配置”窗口，不需要更改选项，继续安装。为了以后登录方便，可将“SQL Server数据库引擎”的启动类型设置为“自动”。

单击“下一步”按钮，弹出图1-2-14所示的“数据库引擎配置”窗口，勾选“混合模式”单选框，输入密码为“asqw1234!”，再次输入确认密码“asqw1234!”（此密码在图1-2-14中为加密显示，一定要牢记密码，后面会用到）。单击“添加当前用户”按钮，添加完成后，此用户成为数据库的管理员，具有无限制的访问权限。

单击“下一步”按钮，弹出“准备安装”窗口，单击“安装”按钮，弹出图1-2-15所示的“完成”窗口，在此窗口中可以查看所有功能的安装状态，若皆为“成功”，则单击“关闭”按钮，完成安装。

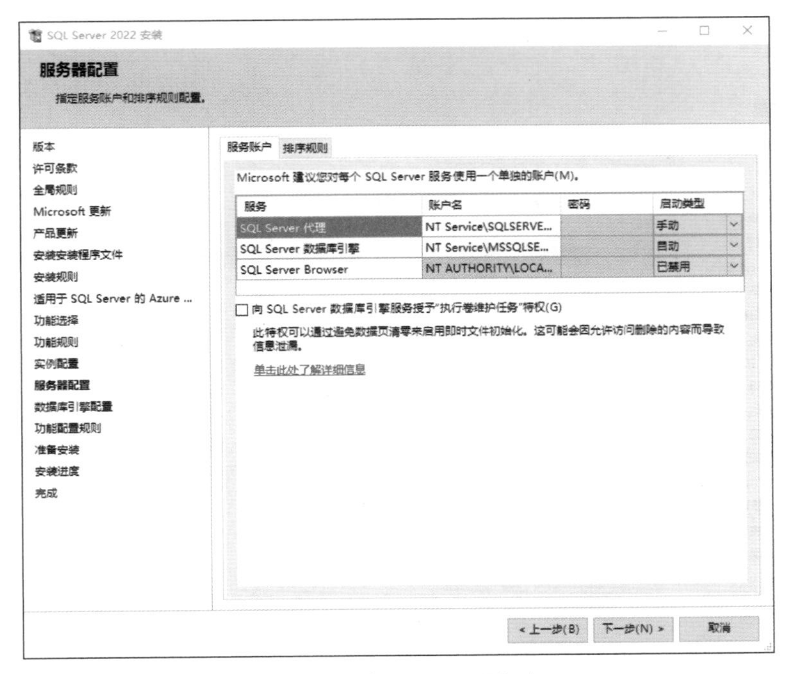

图 1-2-13　“服务器配置”窗口

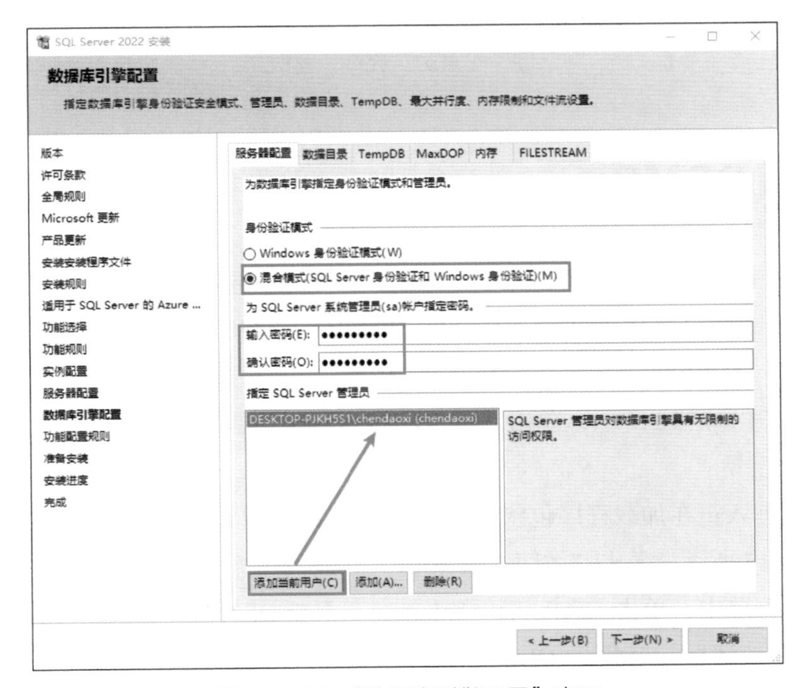

图 1-2-14　“数据库引擎配置”窗口

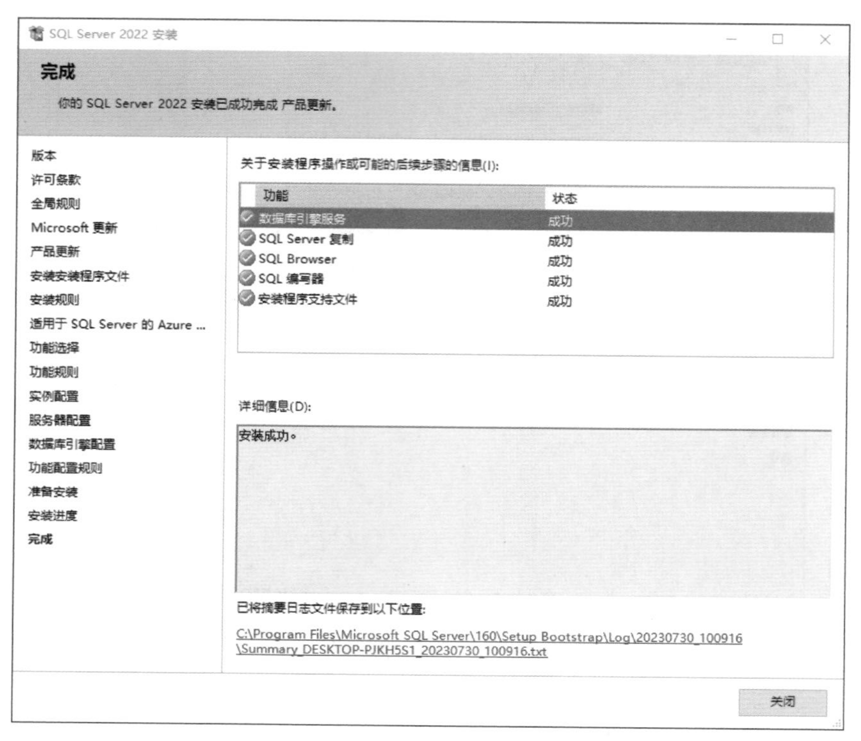

图 1-2-15 “完成”窗口

三、安装 SSMS

在图 1-2-8 中，单击“安装 SQL Server 管理工具”选项，会打开下载网站页面，单击网页上的下载链接，直接下载 SSMS，下载后，双击“SSMS-Setup-CHS.exe”可执行文件。

安装位置如图 1-2-16 所示，单击“更改”按钮，根据需求更改安装路径，单击“安装”按钮进行安装。

此时，软件进入正在加载程序包状态，有总体进度条可以观察安装进度，直到 SSMS 安装完成，如图 1-2-17 所示，单击“关闭”按钮。

在“开始”菜单中，单击“SQL Server Management Studio 19”图标，弹出图 1-2-1 所示的“连接到服务器”对话框，至此，SQL Server 2022 数据库引擎与 SQL Server 管理工具全部安装完成。

图 1-2-16　安装位置

图 1-2-17　SSMS 安装完成

任务 3　连接数据库服务器和启动 SSMS

1. 能正确连接 SQL Server 数据库服务器，并查看其启动过程和相关配置。
2. 能使用连接字符串、用户名和密码等信息，成功连接到 SQL Server 数据库服务器。
3. 能查阅连接数据库服务器的安全性要求，列出安全措施清单。
4. 能正确启动 SSMS，解决连接问题、排除故障，保证数据库服务器稳定、正常运行。

在前面的任务中，已经安装了 SQL Server 2022 数据库引擎与 SQL Server 管理工具，为

了能创建教学数据库，需要连接数据库服务器。现要求首先启动数据库服务器上的服务，然后打开 SSMS，在“Microsoft SQL Server Management Studio”窗口（以下简称 SSMS 窗口）中，输入正确的服务器名称、身份验证方式、用户名和密码等信息。连接数据库服务器时，观察连接过程中是否有错误或警告消息，如果没有说明连接成功，如图 1-3-1 所示。

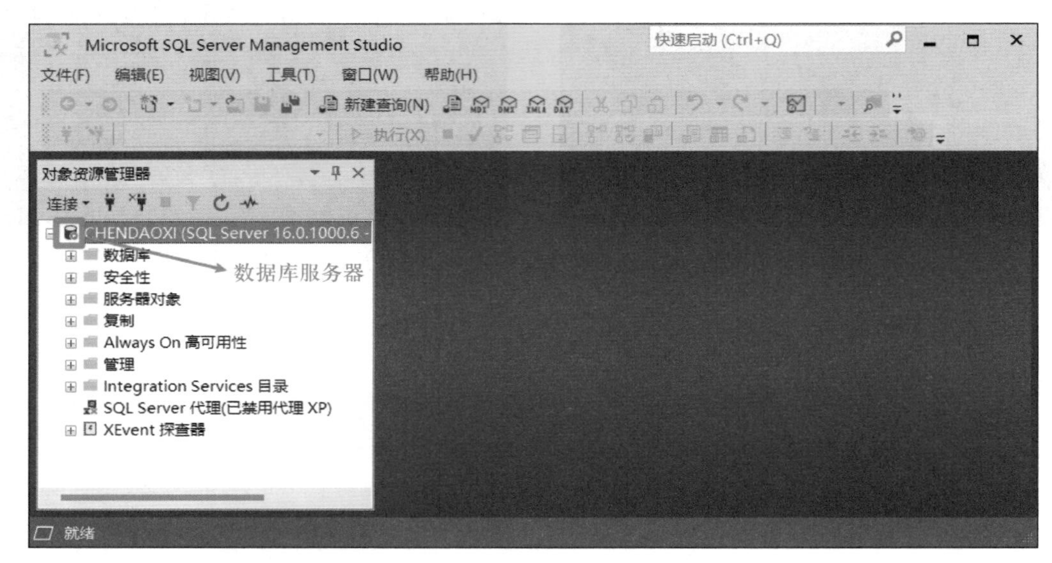

图 1-3-1　数据库服务器连接成功

一、mssqlserver 服务

如果 mssqlserver 服务没有启动，需要在连接数据库服务器之前，启动 mssqlserver 服务。

一台安装了 SQL Server 2022 数据库管理系统的计算机称为 SQL Server 2022 数据库服务器，它是创建和管理各种应用系统的数据库平台。

1. 数据库服务器的功能

（1）管理功能，包括系统配置与管理、数据存取与更新管理、数据完整性管理和数据安全性管理。

（2）查询和操纵功能，包括数据库检索和修改。

（3）维护功能，包括数据导入导出管理、数据库结构维护、数据恢复和性能监测。

（4）数据库并行运行功能，即能处理多个事件同时发生的功能。

2. 数据库服务器启动服务的方法

（1）通过命令行启动

在桌面上右击“开始”菜单，选择“以管理员身份运行”选项，打开命令提示符窗口，输入“net start mssqlserver”命令，并按 Enter 键执行。若提示“请求的服务已经启动”，则表示服务启动成功。在默认情况下，请求服务计算机自动启动，无须手动启动。

（2）通过用户界面启动

如果操作系统不提供“SQL Server Configuration Manager”的配置管理器菜单，需要单击 按钮，在文本框中输入“SQLServerManager16.msc”，然后单击“打开”按钮，弹出图 1-3-2 所示的“Sql Server Configuration Manager”窗口（以下简称 SQL Server 配置管理窗口）。

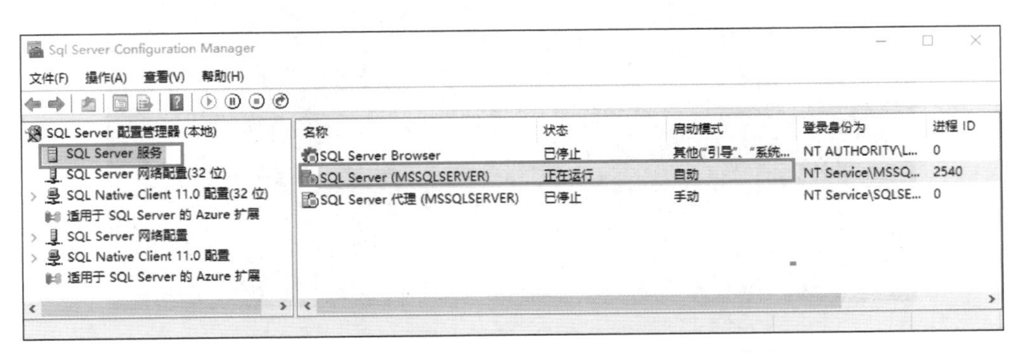

图 1-3-2　“Sql Server Configuration Manager”窗口

在图 1-3-2 中，单击左侧的“SQL Server 服务”选项，在右侧的窗格中，可以看到 SQL Server (MSSQLSERVER) 的服务状态为“正在运行”。如果是其他状态，右击“SQL Server (MSSQLSERVER)”选项，在弹出的快捷菜单中可以选择“停止”“暂停”“重新启动”等选项，若选择“重新启动”选项，mssqlserver 服务会重新启动，启动后可以观察到其“状态”为“正在运行”。

小提示

打开 SQL Server 配置管理窗口，命令 SQLServerManager13.msc 对应 SQL Server 2016 数据库，命令 SQLServerManager15.msc 对应 SQL Server 2019 数据库，命令 SQLServerManager16.msc 对应 SQL Server 2022 数据库。

二、检测 mssqlserver 服务

检查 mssqlserver 服务是否启动有以下几种方法。

第 1 种方法是打开 SQL Server 配置管理窗口，在图形界面中查看服务，SQL Server 配置管理窗口如图 1-3-2 所示。

第 2 种方法是在打开的命令行窗口中输入“net start | find "SQL Server (MSSQLSERVER) "”命令后按 Enter 键，如果 MSSQLSERVER 服务正在运行，将看到相关的信息。

第 3 种方法是在打开的命令行窗口中输入“sc query MSSQLSERVER”命令后按 Enter 键，命令行窗口如图 1-3-3 所示，提示服务正在运行。

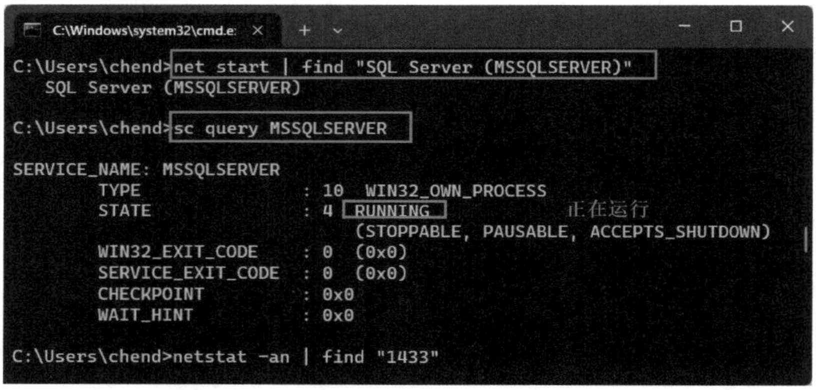

```
C:\Users\chend>net start | find "SQL Server (MSSQLSERVER)"
   SQL Server (MSSQLSERVER)

C:\Users\chend>sc query MSSQLSERVER

SERVICE_NAME: MSSQLSERVER
        TYPE               : 10  WIN32_OWN_PROCESS
        STATE              : 4  RUNNING            正在运行
                                (STOPPABLE, PAUSABLE, ACCEPTS_SHUTDOWN)
        WIN32_EXIT_CODE    : 0  (0x0)
        SERVICE_EXIT_CODE  : 0  (0x0)
        CHECKPOINT         : 0x0
        WAIT_HINT          : 0x0

C:\Users\chend>netstat -an | find "1433"
```

图 1-3-3　命令行窗口

如果要在网络上使用服务，可使用命令“netstat -a-n | find "1433"”查看 TCP 端口 1433 是否打开。TCP/IP 启用后，才能允许通过网络访问该数据库。

命令 netstat 表示查看网络连接，参数 -a 表示显示所有连接，参数 -n 表示以数字形式显示地址和端口号。

一、连接到数据库服务器

1. 在“开始”菜单中，单击“SQL Server Management Studio 20”图标，弹出“连接到服务器”对话框。

2. 单击“服务器名称”右侧的下拉箭头，如图 1-3-4 所示，在下拉列表中选择“浏览更多…”选项，弹出“查找服务器”对话框，如图 1-3-5 所示。

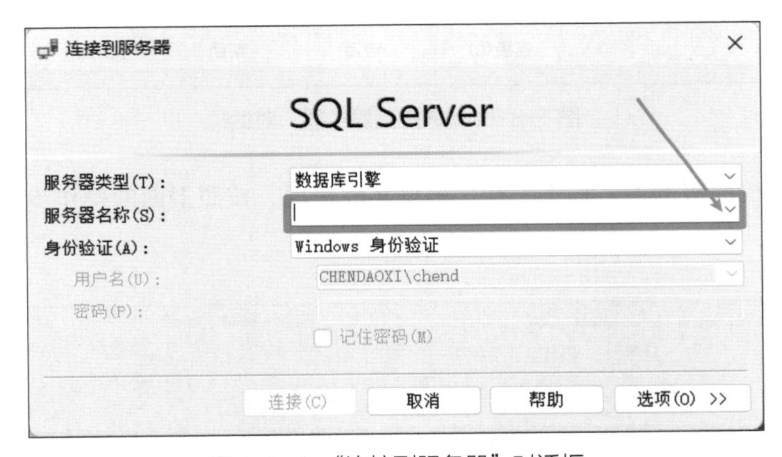

图 1-3-4　“连接到服务器”对话框

图 1-3-5　弹出“查找服务器”对话框

3. 单击“确定”按钮，再次弹出“连接到服务器”对话框，如图 1-3-6 所示。

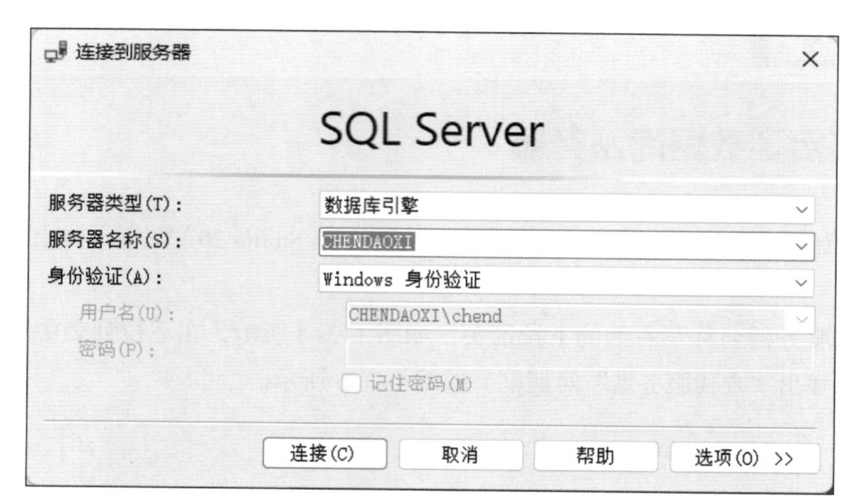

图 1-3-6 “连接到服务器”对话框

4. 不同计算机的服务器名称不一样，根据实际情况，按照上面的操作步骤连接即可。单击“连接”按钮，弹出 SSMS 窗口，如图 1-3-7 所示。

图 1-3-7 SSMS 窗口

5. 服务器名称前的桶状符号右下角显示一个绿色带三角形的小圆圈，表示已经连接上服务器，正在服务中，桶状符号后面是服务器的名称和软件版本号。

如果要创建数据库，那么必须有一台数据库服务器。通常在安装 SQL Server 2022 后，就有了 SQL Server Management Studio 菜单，那么这台计算机就可以作为一台数据库服务器，通过其就可以登录数据库服务器。在登录之前，需确认已经开启了 mssqlserver 服务。

二、启动 SSMS

方法 1：在 Windows 10 或 Windows 11 的“开始”菜单中选择“SQL Server Management Studio 20”选项，如图 1-3-8 所示，启动 SSMS。

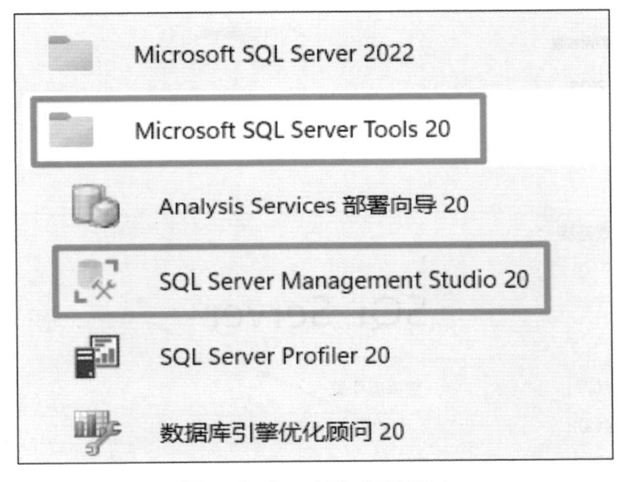

图 1-3-8　启动 SSMS 1

方法 2：单击桌面上的快捷方式，启动 SSMS。

方法 3：在“开始”菜单中，单击 按钮，在搜索文本框中输入“SSMS”后，弹出图 1-3-9 所示的窗口，可观察到“SQL Server Management Studio 20 ”选项，可以选择此选项，或单击右侧的“打开”按钮，启动 SSMS。

三、确定服务器名称

启动 SQL Server 2022 后，设置“服务器类型”为“数据库引擎”，在“服务器名称”文本框中直接输入“.”，设置“身份验证”为“Windows 身份验证”，如图 1-3-10 所示，单击“连接”按钮。

图 1-3-9 启动 SSMS 2

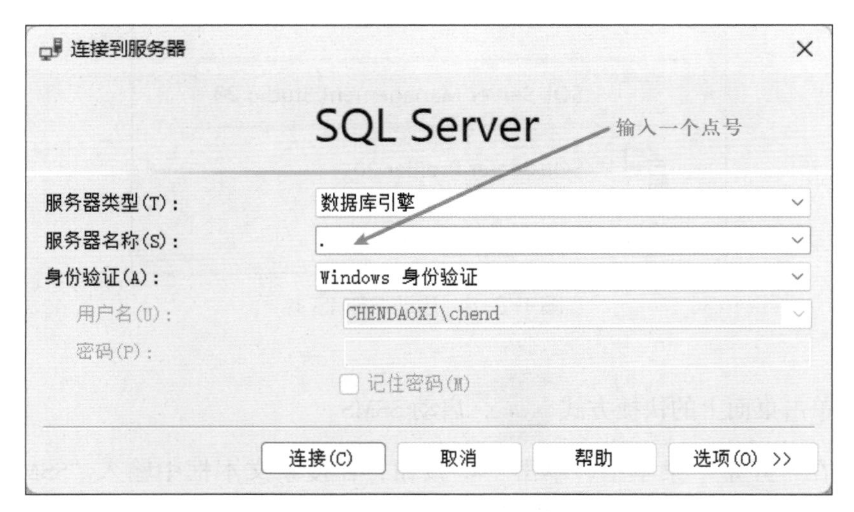

图 1-3-10 “连接到服务器”对话框

小提示

如果不知道要连接的服务器名称，最简单的办法是直接在“服务器名称”文本框中输入英文状态下的点号“.”，代表本机服务器。

如果连接不上，可能是服务器名称不正确，单击服务器名称最右侧的 ⌄ 按钮，选择

“浏览更多”选项，弹出图 1-3-11 所示的“查找服务器”对话框，选择“本地服务器”选项卡，展开数据库引擎，选择其下的服务器，单击“确定”按钮。

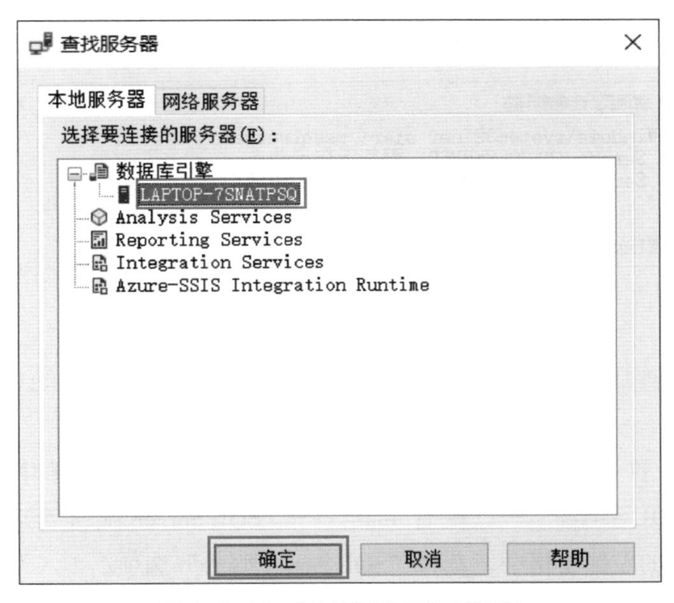

图 1-3-11　“查找服务器”对话框

连接成功后，显示图 1-3-7 所示的 SSMS 窗口。对话框中选中的即为当前服务器，每个服务器的名称不一样，但是都有“数据库”“安全性”“服务器对象”等内容。

四、连接报错的处理

如果 mssqlserver 服务没有启动，那么服务器连接就不会成功，系统会弹出错误提示对话框，如图 1-3-12 所示。

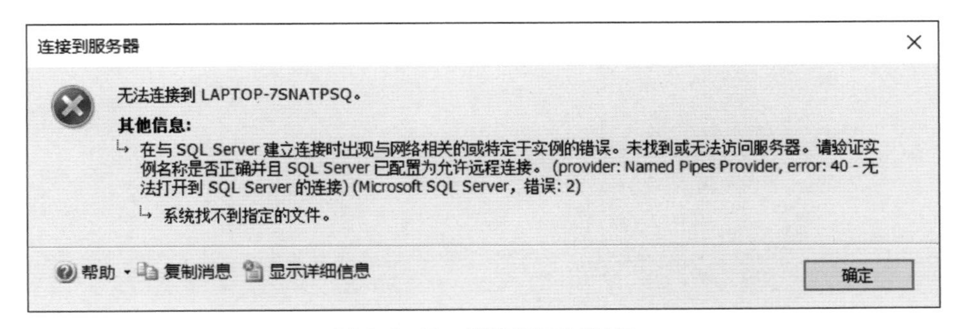

图 1-3-12　错误提示对话框

解决方法如下。

方法 1：以管理员身份运行命令提示符窗口，输入“net start mssqlserver”命令，并按 Enter 键，启动 mssqlserver 服务，如图 1-3-13 所示。

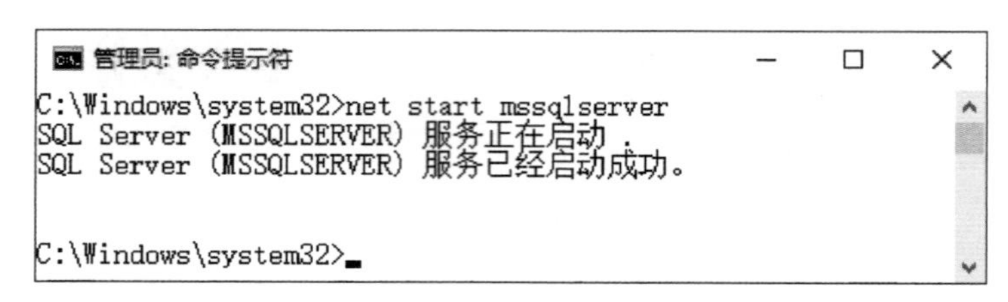

图 1-3-13　启动 mssqlserver 服务

注意，如果不是管理员身份，可能会出现“发生系统错误 5，拒绝访问”的错误提示信息。

方法 2：如果计算机安装的是 Windows 7，可以在“开始”菜单中依次选择“所有程序”→“Microsoft SQL Server”→“配置工具”→“SQL Server 配置管理器”选项，在 SQL Server 配置管理窗口的左侧窗格中，选择“SQL Server 服务”选项。

在结果窗格中，右击“SQL Server (MSSQLSERVER)”或某个命名实例，然后选择“启动”选项，单击“确定”按钮即可。

如果是 Windows 10 及以上操作系统，可以参考本任务“相关知识”中的“数据库服务器启动服务的方法”进行操作。

至此，启动 SSMS 的任务完成。

项目二　创建数据库

创建数据库是指在服务器上创建一个新的数据库，用于存储和管理数据，它是管理和查询数据的基础，通常按照“创建数据库→创建数据表→设置数据完整性→插入数据”的顺序进行。每一个环节都可以通过 SSMS 窗口或 T-SQL 语句命令来完成相应设置。

本项目通过“创建一个新的数据库”“通过 SSMS 窗口创建数据表”“通过 T-SQL 语句创建数据表”“设置约束”任务实例，讲解数据库的创建方法。

任务 1　创建一个新的数据库

学习目标

1. 了解数据库的基本概念和结构。
2. 能通过 SSMS 窗口创建、修改、删除数据库。
3. 了解 T-SQL 语句的基本语法和特性、数据类型、操作符等。
4. 能使用 CREATE DATABASE 语句创建数据库，能使用 ALTER DATABASE 语句修改数据库，能使用 DROP DATABASE 语句删除数据库。

任务描述

在前面的任务中已经安装了 SSMS，现要求使用 SSMS 窗口和 T-SQL 语句两种方式创建图 2-1-1 所示的教学数据库 ssts，并进行简单的修改和删除操作。

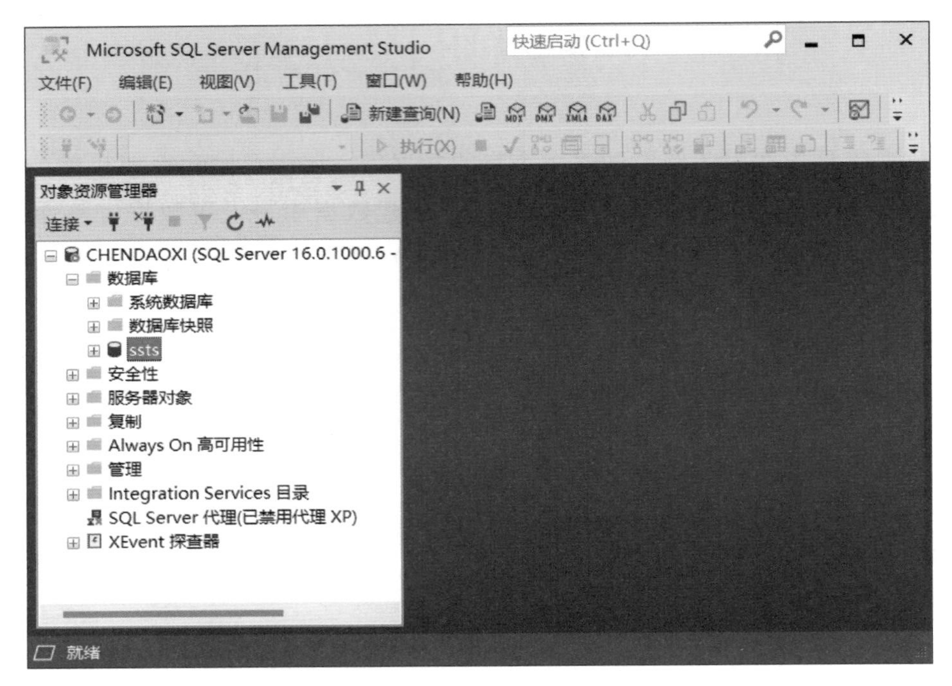

图 2-1-1 教学数据库 ssts

一、SQL Server 2022 数据库的结构

在结构方面，SQL Server 2022 数据库应至少包含一个 .mdf 格式的数据库文件和一个 .ldf 格式的日志文件。数据库文件在表中存储数据，记载数据库对象及其他文件的位置信息，同时包含数据库的启动信息和相关的系统表。日志文件用来记录数据库中已发生的所有修改和执行每次修改的事务。在进行修改时，SQL Server 先写日志，再执行数据库修改。如果出现数据库系统崩溃，数据库管理员可以通过日志文件完成数据库的修复工作。

SQL Server 2022 数据库可按表结构、视图结构和索引结构来存储数据。表结构中的表是由行和列构成的二维表。为了标识表，SQL Server 2022 数据库中的每个表都有一个名字，称为表名。视图结构是一个虚表，对视图的数据不进行实际存储，数据库中只存储视图的定义。

在对视图的数据进行操作时，系统根据视图的定义操作与视图相关联的基本表。索引结构是对数据表中一个或多个列的值进行排序的结构。

1. 创建数据库的注意事项

若要创建数据库，必须至少拥有 CREATE DATABASE、CREATE ANY DATABASE 或 ALTER ANY DATABASE 的权限。创建数据库的用户将成为该数据库的所有者，应合理安排数据库文件和日志文件的存放目录，准确估计数据库文件的大小和增长限度。数据库命名必须遵循标识符指定的规则。

2. 数据库的三要素

（1）数据结构

数据结构用于描述数据的静态特性，它是所研究的对象类型的集合。这些对象是数据库的组成部分，是与数据类型、内容、性质有关的对象，如关系模型中的域、属性、关系等。数据结构一旦定义好，一般不发生变化。

（2）数据操作

数据操作是指对数据库中各种对象的实例允许执行的操作的集合，包括操作及有关的操作规则。数据操作用于描述数据库系统的动态特性。数据库主要有查询和更新（包括插入、删除、修改）两大类操作。数据模型必须定义这些操作的确切含义、操作符号、操作规则（如优先级）及实现操作的语言。

（3）完整性约束

完整性约束是指一组完整性规则的集合。完整性规则是给定的数据模型中数据及其联系所具有的制约和存储规则，用以限定符合数据模型的数据库状态及状态的变化，以保证数据的正确、有效和相容。在关系模型中，一般关系必须满足实体完整性和参照完整性两个条件。

二、创建数据库的方法

在创建数据库时，可以使用 SSMS 窗口创建（即通过界面方式创建），也可以使用 T–SQL 语句创建（即通过命令方式创建）。

如果有备份的数据库，可以通过还原数据库的方法来创建数据库。如果有数据库的创建脚本，可以通过执行脚本的方法来实现。如果有现成的被分离的数据库，可以通过附加数据库的方法来实现。如果是创建与其他服务器相同数据库类型而版本不同的数据库，可以通过先将其转成脚本，再复制到本机，修改脚本后，再执行脚本的方法来实现。

三、SQL Server 2022 系统数据库

在 SQL Server 2022 中有 4 个系统数据库，如图 2-1-2 所示。

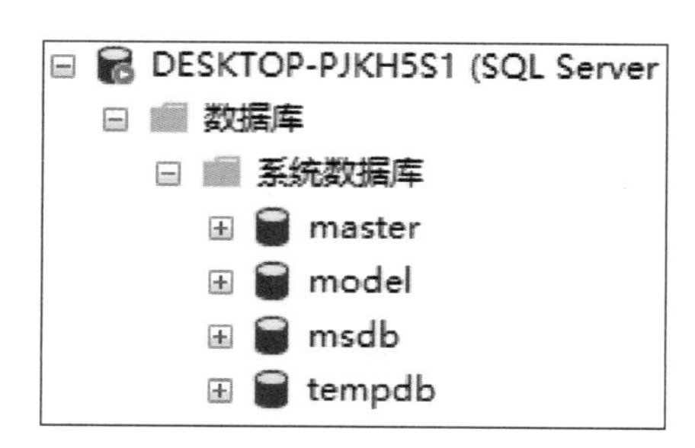

图 2-1-2　4 个系统数据库

1. master 数据库

master 数据库是 SQL Server 2022 系统最重要的数据库，它记录了 SQL Server 2022 系统的所有系统信息。这些系统信息包括所有的登录信息、系统设置信息、SQL Server 2022 系统的初始化信息和其他系统数据库及用户数据库的相关信息。因此，如果 master 数据库不可用，那么 SQL Server 2022 无法启动。在 SQL Server 2022 中，系统对象不再存储在 master 数据库中，而是存储在 Resource 数据库中。

2. model 数据库

model 数据库用于在 SQL Server 2022 实例上创建所有数据库的模板。因为每次启动 SQL Server 2022 时，都会创建 tempdb，所以 model 数据库必须始终存在于 SQL Server 2022 系统中。当使用 CREATE DATABASE 命令创建数据库时，将通过复制 model 数据库中的内容来创建数据库的第一部分，然后用空页填充新数据库的剩余部分。如果修改 model 数据库，之后创建的所有数据库都将继承这些修改。

3. msdb 数据库

msdb 数据库由 SQL Server 2022 代理，用于计划警报和作业及其他功能（如 SQL server management studio、service broker 和数据库邮件）。SQL Server 2022 会自动在 msdb 数据库的表中维护完整的联机备份和还原历史记录，这些信息包括执行备份一方的名称、备份时间和用来存储备份的设备或文件。

4. tempdb 数据库

tempdb 数据库是一个临时数据库，它为所有的临时表、临时存储过程及其他临时操作提供存储空间。tempdb 数据库由整个系统的所有数据库使用，不管用户使用哪个数据库，所建

立的所有临时表和存储过程都存储在 tempdb 数据库中。每次启动 SQL Server 2022 时，tempdb 数据库被重新建立。当用户与 SQL Server 2022 断开连接时，其临时表和存储过程将被自动删除。

小提示

通常情况下，初学者可以使用 SSMS 创建、修改和删除数据库。但是在实际应用中，更多的是使用 CREATE DATABASE database_name 语句创建数据库，用 ALTER DATABASE database_name 修改数据库，用 DROP DATABASE database_name 删除数据库。

四、使用 T-SQL 语句创建数据库

通过 SSMS 窗口创建数据库在本任务“任务实施”中将有具体介绍。除使用 SSMS 窗口外，另一种方法是使用 T-SQL 语句 CREATE DATABASE 创建数据库。使用 CREATE DATABASE 创建一个数据库的语法如下。

```
CREATE DATABASE database_name
[ CONTAINMENT = { NONE | PARTIAL } ]
[ ON
      [ PRIMARY ] <filespec> [ ,…n ]
      [ , <filegroup> [ ,…n ] ]
      [ LOG ON <filespec> [ ,…n ] ]
]
[ COLLATE collation_name ]
[ WITH <option> [,…n ] ]
<filespec> ::=
{
(
    NAME = logical_file_name ,
    FILENAME = { 'os_file_name' | 'filestream_path' }
    [ , SIZE = size [ KB | MB | GB | TB ] ]
```

```
        [ , MAXSIZE = { max_size [ KB | MB | GB | TB ] | UNLIMITED } ]
        [ , FILEGROWTH = growth_increment [ KB | MB | GB | TB | % ] ]
    )
    }
```

database_name 是新数据库的名称，数据库名称在 SQL Server 2022 实例中必须是唯一的，并且符合标识符规则。上述语句中各选项的含义见表 2-1-1。

表 2-1-1　T-SQL 语句中各选项的含义

选项	说明
PRIMARY	该选项用于指定主文件组中的主数据文件。一个数据库只能有一个主数据文件。如果没有使用 PRIMARY 关键字，那么在语句中的第一个文件就是主数据文件
NAME	该选项用于指定数据库文件的逻辑名，在 SQL Server 2022 中，可以使用该名称来访问相应的文件
FILENAME	该选项用于指定数据库在操作系统下的文件名称和所在路径，该路径必须存在
SIZE	该选项用于指定数据库操作系统文件的大小，计量单位可以是 MB 或 KB。如果没有指定计量单位，系统默认为 MB。数据库文件不能小于 1 MB，如果主文件中没有提供 SIZE 参数，SQL Server 2022 将使用 model 数据库中的主文件大小。如果辅助数据库文件或日志文件没有指定 SIZE 参数，那么 SQL Server 2022 将使文件大小为 1 MB
MAXSIZE	该选项用于指定数据库操作文件可以增长的最大尺寸。计量单位可以是 MB 或 KB，如果没有指定计量单位，系统默认为 MB。如果没有给出可以增长的最大尺寸，而是用 UNLIMITED 关键字，那么文件的增长没有限制，可以占满整个磁盘空间
FILEGROWTH	该选项用于指定文件的增量，当指定的数据值为零时，表示文件不能增长。该选项可以使用 MB、KB 或百分比指定

小提示

T-SQL 语句在书写时不区分大小写字母，为了清晰起见，本书用大写字母表示系统保留字，用小写字母表示用户自定义的名称。一条语句可以写在多行上，但是不能将多条语句写在一行上。

在使用 T-SQL 语句创建数据库时，上述的语法中括号 [···] 中的内容是可以不编写的，只需要编写最简单的 CREATE DATABASE database_name 语句就可以创建数据库了。

【例 2-1-1】使用 CREATE DATABASE 语句，创建一个名为 testSQL 的数据库。

（1）在 SSMS 窗口中，单击工具栏上的“新建查询”按钮，打开 T-SQL 语句编写界面。

（2）在界面内编写以下语句。

```
CREATE DATABASE testSQL
```

（3）单击工具栏上的“执行”按钮，CREATE DATABASE 语句的运行结果如图 2-1-3 所示。

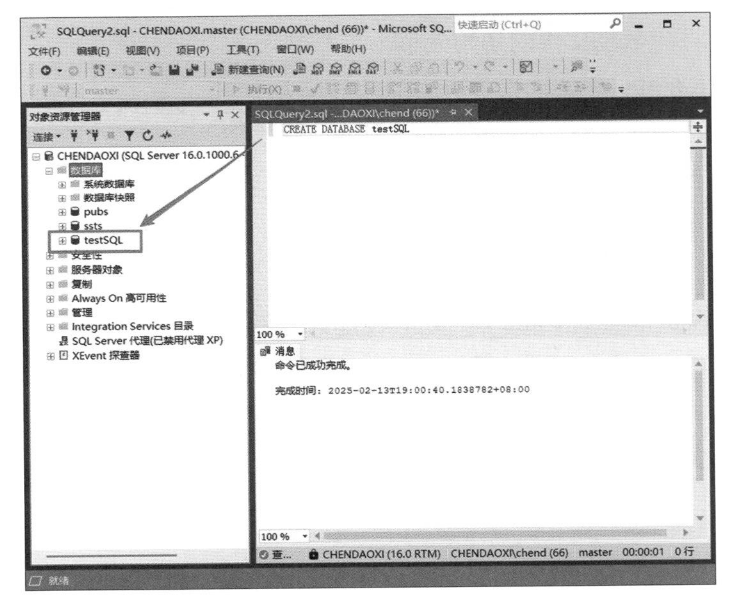

图 2-1-3　CREATE DATABASE 语句的运行结果

小提示

如果在“数据库”目录下没有看到 testSQL，可以右击“数据库”目录，在弹出的快捷菜单中选择“刷新”选项。以后若遇到编写 T-SQL 语句运行得到结果，过程都与上述描述相同，后面不再赘述。

数据库文件的存放默认路径是从注册表中获取的。可以在 SQL Server Management Studio 的服务器属性（数据库设置页面）中更改默认路径。更改默认路径需要重新启动 SQL

Server 2022。

【例 2-1-2】使用 CREATE DATABASE 语句，在 D：\database 目录下创建一个名为 test 的数据库。

在“新建查询”窗口中，输入以下 T-SQL 语句。

```
CREATE DATABASE test  --test 是数据库名称
 ON PRIMARY
 (
 NAME='test.mdf', -- 主数据文件
 FILENAME='D:\database\test.mdf', -- 主数据文件的存储位置
 SIZE=16MB, -- 主数据文件的初始大小
 FILEGROWTH=8MB, -- 每次增容时增加的容量大小
 MAXSIZE=UNLIMITED  -- 增量最大值无限制
 )
 LOG  ON(
NAME='test.ldf', -- 日志文件
FILENAME='D:\database\test.ldf', -- 日志文件的存储位置
SIZE=16MB, -- 日志文件初始大小
FILEGROWTH=8MB, -- 日志文件每次增加的容量大小
MAXSIZE=UNLIMITED -- 增量最大值无限制
)
```

单击工具栏上的“执行”按钮，可观察执行结果。

五、修改数据库

1. 通过 SSMS 窗口修改数据库

（1）启动 SSMS，成功连接服务器，展开操作的服务器节点下的“数据库”节点，右击选中对应的数据库（如 ssts），在弹出的快捷菜单中，选择“属性”选项，如图 2-1-4 所示。

（2）在弹出的图 2-1-5 所示的“数据库属性”对话框中，可以查看数据库的文件和文件组等信息。在左边的“选择页”中选择要修改的数据库信息，在对应的选项下修改后，单击“确定”按钮，即可完成对数据库属性的修改。

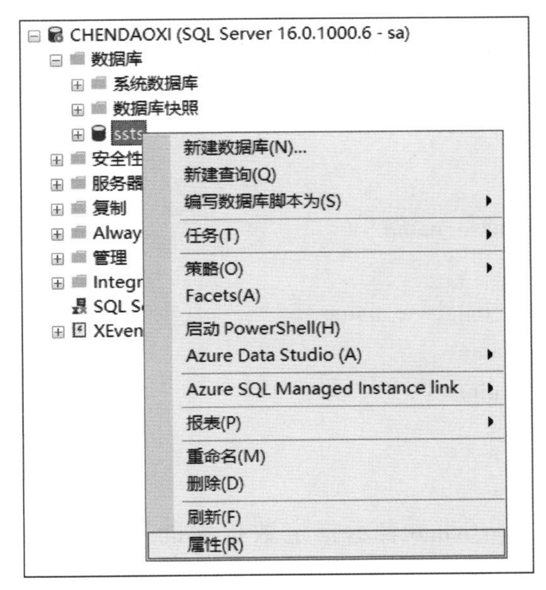

图 2-1-4　选择“属性”选项

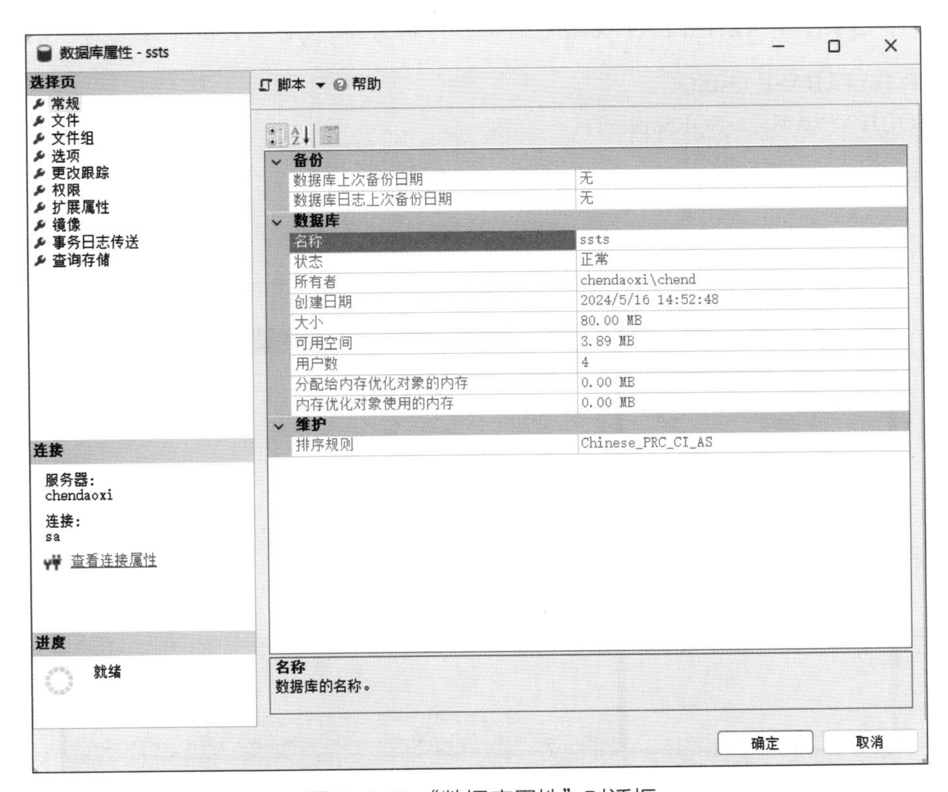

图 2-1-5　“数据库属性”对话框

2. 通过 T-SQL 语句修改数据库

使用 T-SQL 语句 ALTER DATABASE，可以修改数据库的属性和文件设置，完整的语法格式如下。

```
ALTER DATABASE database_name
{
   MODIFY NAME = new_database_name
   | COLLATE collation_name
   | <file_and_filegroup_options>
   | <set_database_options>
}
```

其中，COLLATE collation_name 表示指定数据库的排序规则；collation_name 既可以是 Windows 排序规则名称，又可以是 SQL 排序规则名称。如果不指定排序规则，那么将 SQL Server 2022 实例的排序规则指定为数据库的排序规则。

【例 2-1-3】使用 ALTER DATABASE 语句，将名为 testSQL 的数据库修改为 SQLServerTest。

```
ALTER DATABASE testSQL
     MODIFY NAME = SQLServerTest
```

ALTER DATABASE 语句的运行结果如图 2-1-6 所示。

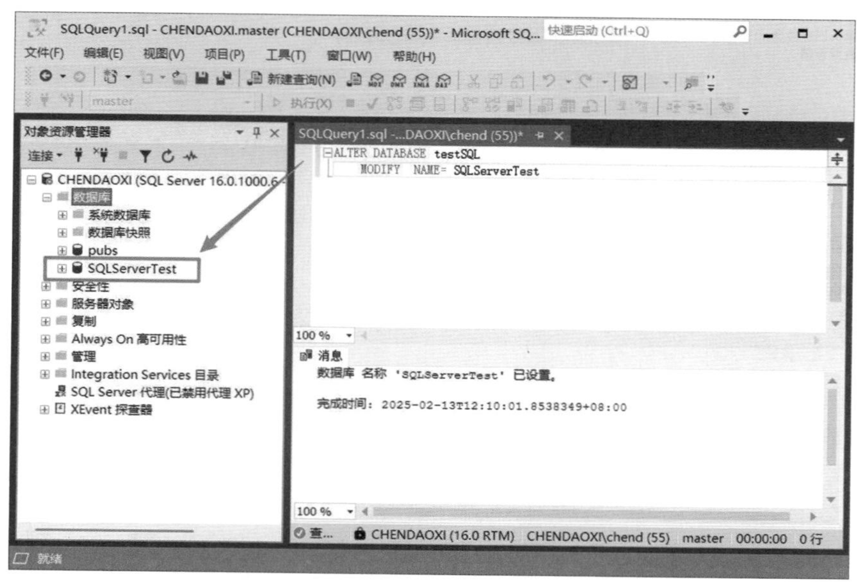

图 2-1-6　ALTER DATABASE 语句的运行结果

小提示

使用 ALTER DATABASE 语句可以修改一个数据库或与该数据库关联的文件和文件组，可以在数据库中添加或删除文件和文件组、更改数据库的属性或其文件和文件组、更改数据库排序规则和设置数据库选项，但不能修改数据库快照。除了使用 ALTER DATABASE 语句修改数据库的名称外，还可以使用系统存储过程达到此目的，代码如下。

```
sp_renamedb 'testSQL', 'SQLServerTest'
```

六、删除数据库

1. 通过 SSMS 窗口删除数据库

（1）启动 SSMS，成功连接服务器，展开操作的服务器节点下的“数据库”节点，右击选中对应的数据库（如 ssts），在弹出的快捷菜单中，选择“删除”选项，如图 2-1-7 所示。

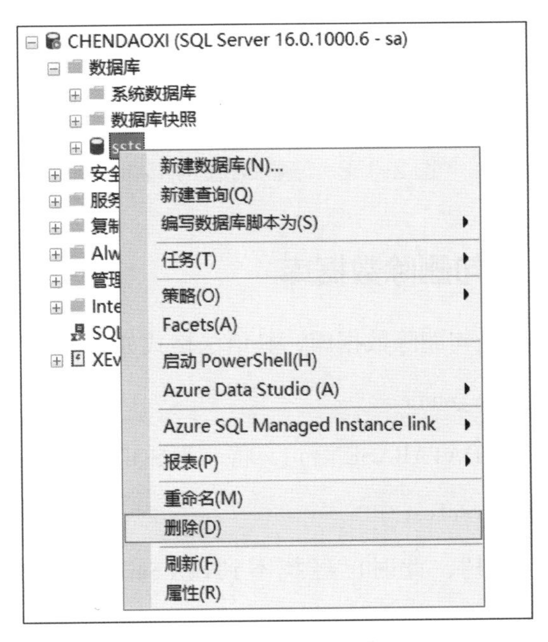

图 2-1-7　选择“删除”选项

（2）在弹出的图 2-1-8 所示的“删除对象”对话框中，选中要删除的数据库（如 ssts），单击“确定”按钮，即可完成对数据库的删除操作。

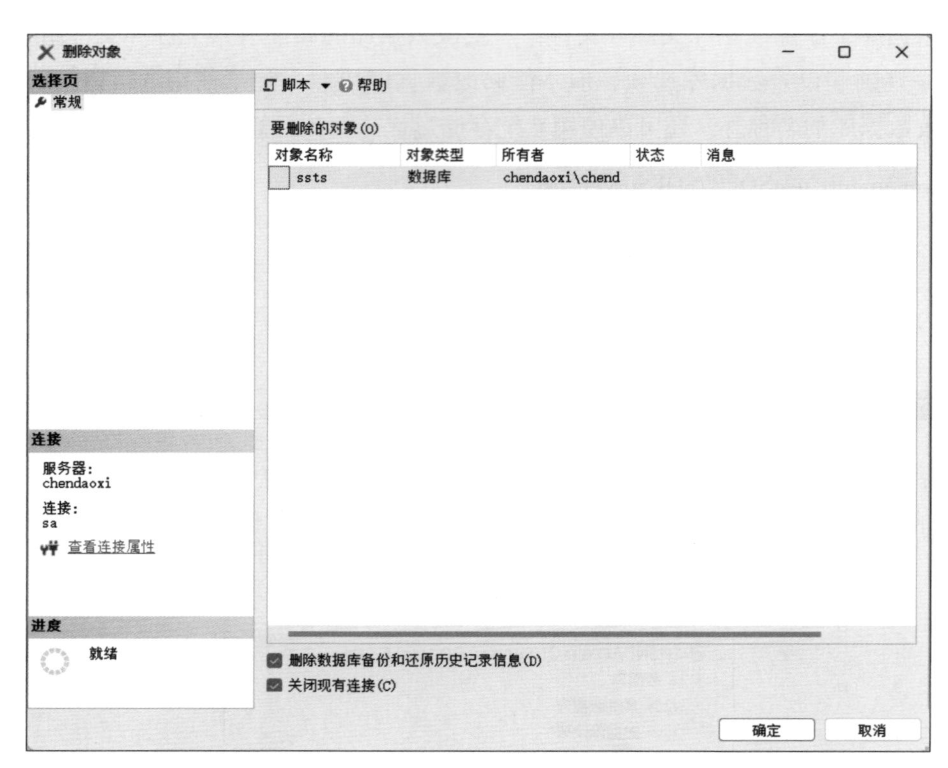

图 2-1-8 “删除对象”对话框

2. 通过 T-SQL 语句删除数据库

使用 DROP DATABASE 语句删除数据库，其语法格式如下。

```
DROP DATABASE database_name
```

【例 2-1-4】使用 DROP DATABASE 语句，将名为 SQLServerTest 的数据库删除。

```
DROP DATABASE SQLServerTest
```

刷新并观察数据库目录树，此时已经找不到 SQLServerTest 数据库，说明删除操作成功。

一、通过 SSMS 窗口创建数据库 ssts

1. 启动 SSMS 并连接本地数据库服务器。

2. 在左侧对象资源管理器的树型界面中，单击“+”按钮展开“数据库”列表，右击“数据库”选项，在弹出的快捷菜单中，选择“新建数据库”选项，如图 2-1-9 所示。

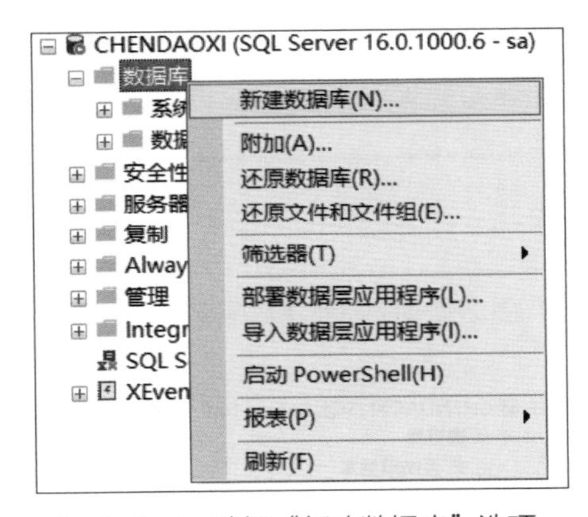

图 2-1-9　选择“新建数据库”选项

3. 在弹出的图 2-1-10 所示的“新建数据库”对话框中，单击左侧的“常规”选项，在右侧的“数据库名称”文本框中输入“ssts”，更改初始文件大小为“10”（也可以不改变，默认为 8 MB），更改路径为“D:\Database\SQLServer”（可以根据本地计算机的实际情况选取合适的路径，便于存放和寻找数据库文件），其他选项保持默认，单击“确定”按钮。

4. 数据库 ssts 已经创建完成，右击“数据库”选项，在弹出的快捷菜单中，选择“刷新”选项，数据库 ssts 如图 2-1-11 所示。

5. 在 Windows 操作系统中，打开存储数据库文件 ssts 的文件夹，可以发现有两个文件，名为 ssts.mdf 的是数据库文件，名为 ssts_log.ldf 的是事务日志文件，如图 2-1-12 所示。

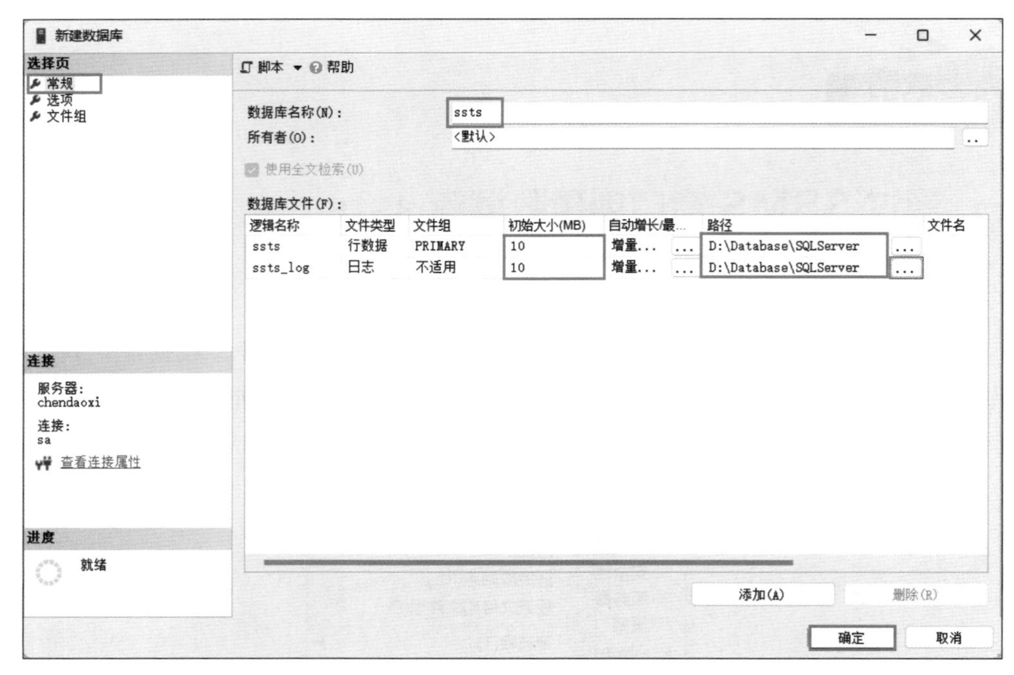

图 2-1-10 “新建数据库”对话框

CHENDAOXI (SQL Server 16.0.1000.6 - sa)
数据库
系统数据库
数据库快照
ssts
安全性
服务器对象
复制
Always On 高可用性
管理
Integration Services 目录

图 2-1-11 数据库 ssts

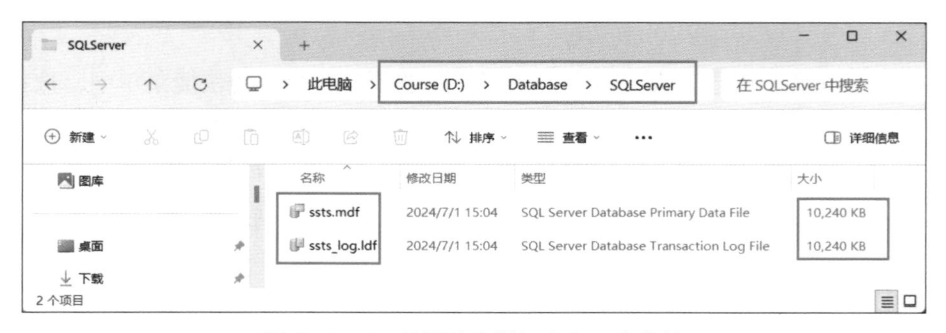

图 2-1-12 数据库文件与事务日志文件

扩展名为 .mdf 的文件是主要数据库文件，mdf 是 primary data files 的缩写，用户数据和对象可存储在此文件中。扩展名为 .ndf 的文件是次要数据文件，ndf 是 secondary data files 的缩写，次要数据文件是可选的，由用户定义并存储用户数据，所以这里并没有看见。扩展名为 .ldf 的文件是日志文件，ldf 是 log data files 的缩写，事务日志文件保存用于恢复数据库的日志信息。每个数据库必须至少有一个事务日志文件。

二、通过 T-SQL 语句创建数据库 ssts

使用 T-SQL 语句创建一个名为 ssts 数据库。

1. 在 SSMS 窗口中，单击工具栏上的“新建查询”按钮，打开查询窗口。

2. 在查询窗口内输入如下 T-SQL 语句。

```
CREATE DATABASE ssts
```

3. 单击工具栏上的“执行”按钮，完成数据库的创建。在左侧的对象资源管理器中，右击“数据库”目录，在弹出的快捷菜单中，选择“刷新”选项，CREATE DATABASE 语句的运行结果如图 2-1-13 所示。

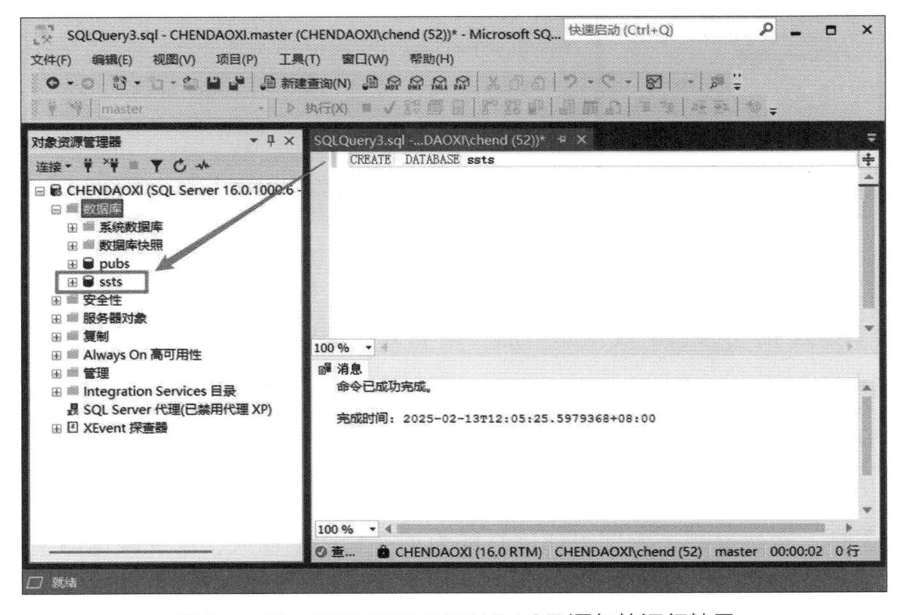

图 2-1-13　CREATE DATABASE 语句的运行结果

三、通过 T-SQL 语句修改数据库 ssts

1. 使用 T-SQL 语句修改数据库，将名为 ssts 的数据库修改为 usts。

```
ALTER DATABASE ssts
    MODIFY NAME=usts
```

ALTER DATABASE 语句的运行结果如图 2-1-14 所示。

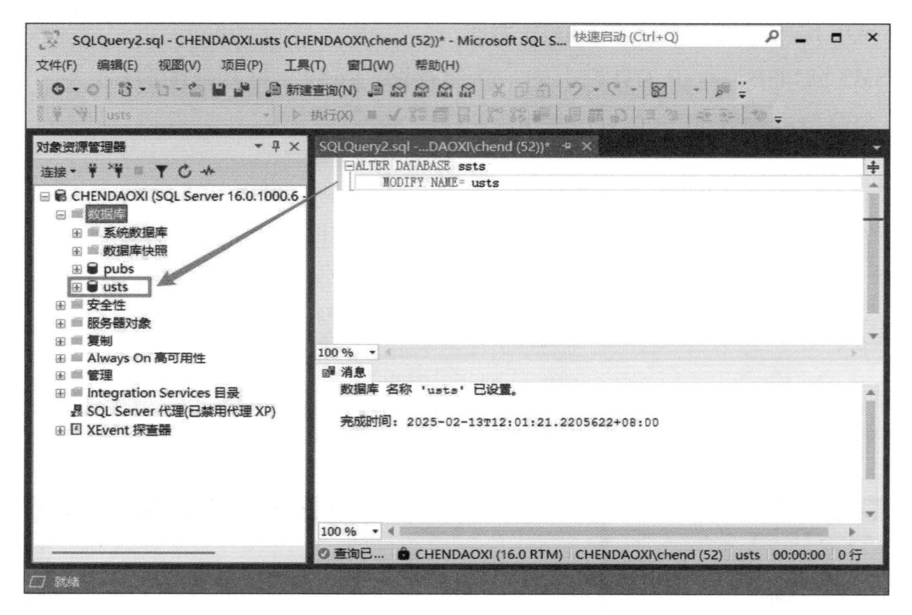

图 2-1-14　ALTER DATABASE 语句的运行结果

2. 使用 T-SQL 语句为 usts 数据库增加一个名为 usts_second 的数据库文件，并将其保存到 D 盘根目录下。

```
ALTER DATABASE usts
        ADD FILE (NAME=usts_second, FILENAME='D:\usts_second.ndf')
```

输入命令时，注意逗号、下划线和反斜杠为英文状态下输入，增加数据库文件的运行结果如图 2-1-15 所示。

3. 通过查看 usts 数据库的属性，在“文件”选项对应列表中可以发现增加后的文件信息，查看数据库的文件属性如图 2-1-16 所示。

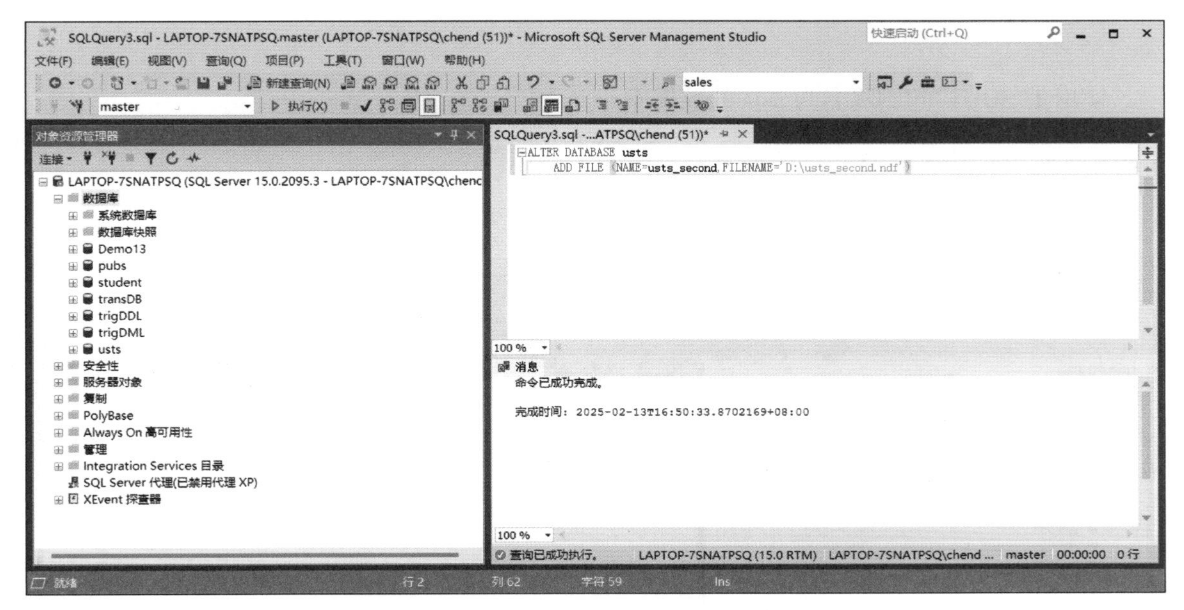

图 2-1-15　增加数据库文件的运行结果

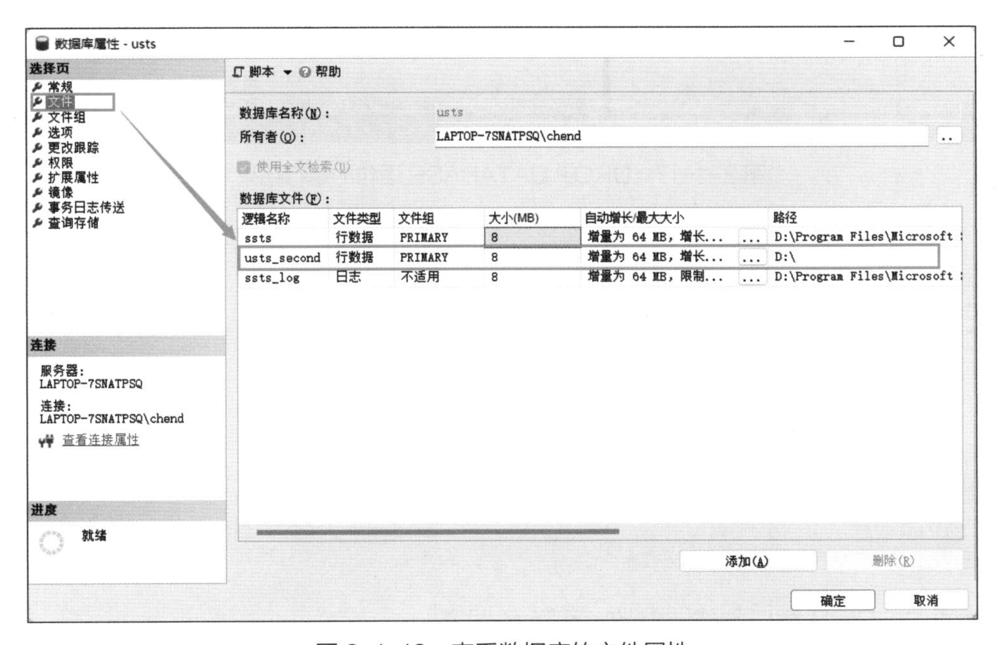

图 2-1-16　查看数据库的文件属性

四、通过 T-SQL 语句删除 usts 数据库

使用 T-SQL 语句删除名为 usts 的数据库。

```
DROP DATABASE usts
```

DROP DATABASE 语句的运行结果如图 2-1-17 所示。

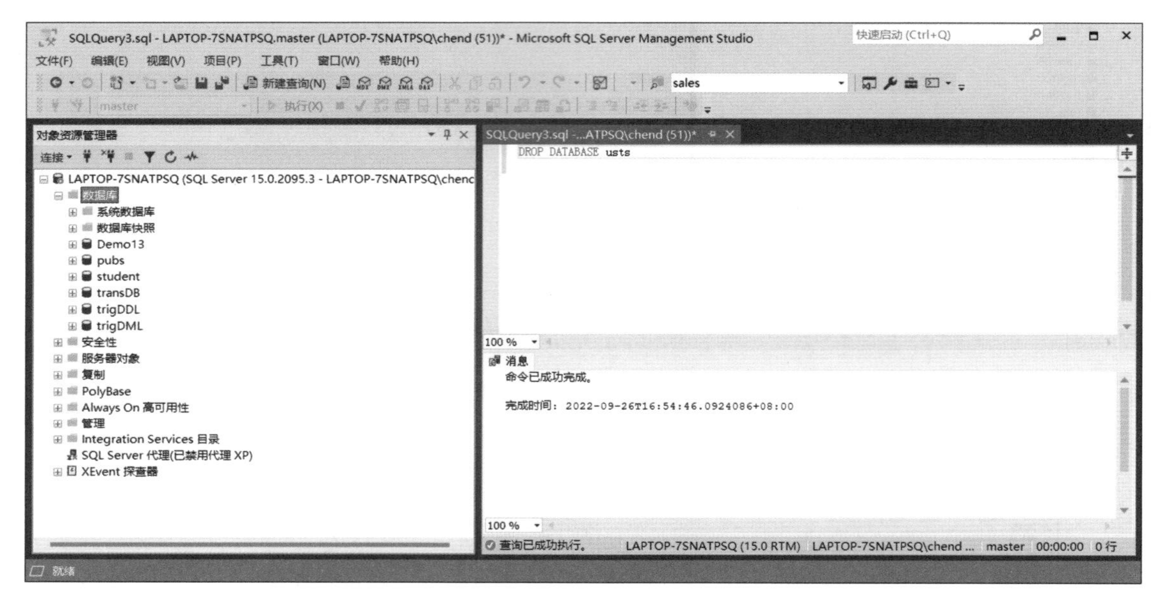

图 2-1-17　DROP DATABASE 语句的运行结果

任务 2　通过 SSMS 窗口创建数据表

1. 能通过 SSMS 窗口创建、修改、删除数据表。
2. 能依据所需要创建的表，推举合理的列名、选用合适的数据类型，并设置主键约束。

任务描述

数据库中的数据表是用来存储和组织数据的。通过定义表结构，可以明确指定每个字段的数据类型、长度和约束条件，从而保证数据的完整性和一致性。在前面的任务中已经创建了一个空的数据库 ssts，现在需要在这个数据库中创建一个数据表 users。

数据表 users 见表 2-2-1，在数据表创建完成后，追加 hobby（兴趣）列，数据类型为 varchar(20)，约束说明为 NOT NULL；修改已有表的 address 列的数据类型为 text；删除表中的邮政编码 zip 列。

表 2-2-1　数据表 users

列名	说明	数据类型	约束说明	参考样例
id	用户编号	varchar(11)	PK（主键）	409-56-7008
name	姓名	varchar(40)	NOT NULL	陈政
phone	电话	char(11)	NOT NULL	13922××××55
address	地址	varchar(40)		江苏省苏州市
city	城市	varchar(20)		苏州
zip	邮政编码	char(6)		215000

最后，数据表 users 的设计如图 2-2-1 所示。

	列名	数据类型	允许 Null 值
🔑	id	varchar(11)	☐
	name	varchar(40)	☐
	phone	char(11)	☐
	address	text	☑
	city	varchar(20)	☑
	hobby	varchar(20)	☐

图 2-2-1　数据表 users 的设计

一、数据表的概念

数据表是 SQL Server 2022 中最主要的数据库对象，它是用来存储和操作数据的一种逻辑结构，由行和列组成，因此也被称为二维表。

每个表都有一个名字，以标识该表。学生情况表见表 2-2-2，表的名字是“学生情况表”，共有 5 个字段，分别是学号、姓名、性别、出生时间和专业。有两条学生记录，一个是张亮，另一个是王丽。一般来说，学号是主关键字，不能重复，班级中可能会出现姓名一样的学生，但是学号不能一样，因此，姓名一般不用作关键字。若一个表中有多个候选关键字，则选择其中一个为主关键字，也被称为主键。若一个表中只有一个侯选关键字，则该候选关键字就是主关键字。

表 2-2-2　学生情况表

学号	姓名	性别	出生时间	专业
2022180101	张亮	男	2000-7-20	计算机网络
2022180102	王丽	女	2000-5-5	工商管理

表的第一行为各列的标题栏，其他各行称为记录，表是记录的有限集合。在计算机专业数据库理论课程中，用字母的组合来表示表结构的相关信息。例如，用 student 来表示学生情况表，学号用 sno 表示、姓名用 name 表示、性别用 sex 表示、出生时间用 datetime 表示、专业用 profession 表示，上述表结构可以描述为 student(sno, name, sex, datetime, profession)。

二、数据类型

在创建数据表时，需要指明字段的数据类型。数据类型是一种属性，表示某列可以存储数据的类型。在 SQL Server 2022 中，数据类型可分为整数类型、浮点类型、字符类型、日期类型、时间类型、文本类型、图像类型、货币类型、位数据类型、二进制数据类型等。

1. 整数类型

整数类型数据是常用的数据类型之一，主要用于存储数值，可以直接进行数据运算而不必使用函数转换。整数类型可以分为以下几种。

（1）bigint

每个 bigint 类型的数据占用 8 个字节的存储空间，其中 1 个二进制位表示符号位，其他 63 个二进制位表示长度和大小，可以表示 $-2^{63} \sim 2^{63}-1$ 范围内的所有整数。

（2）int

每个 int 类型的数据占用 4 个字节的存储空间，其中 1 个二进制位表示符号位，其他 31 个二进制位表示长度和大小，可以表示 $-2^{31} \sim 2^{31}-1$ 范围内的所有整数。

（3）smallint

每个 smallint 类型的数据占用 2 个字节的存储空间，其中 1 个二进制位表示符号位，其他 15 个二进制位表示长度和大小，可以表示 $-2^{15} \sim 2^{15}-1$ 范围内的所有整数。

（4）tinyint

每个 tinyint 类型的数据占用 1 个字节的存储空间，可以表示 0 ~ 255 范围内的所有整数。

2. 浮点类型

浮点类型数据包括整数部分和小数部分，浮点类型包括 real、float、numeric 和 decimal 等。

（1）real

real 类型数据的存储范围为 -3.40E+38 ~ -1.18E-38、0，以及 1.18E-38 ~ 3.40E+38，每个 real 类型的数据占用 4 个字节的存储空间。

（2）float

float 类型数据的存储范围为 -1.79E+308 ~ -2.23E-308、0，以及 2.23E-308 ~ 1.79E+308，如果不指定数据类型 float 的长度，它占用 8 个字节的存储空间。float 数据类型可以写成 float(n) 的形式，n 为指定 float 数据的精度，n 为 1 ~ 53 的整数值。当 n 取 1 ~ 24 时，实际上定义了一个 real 类型的数据，系统用 4 个字节存储它。当 n 取 25 ~ 53 时，系统认为其是 float 类型，用 8 个字节存储，n 的默认值是 53，double precision 的同义词是 float(53)。

（3）numeric 和 decimal

real 与 float 属于近似数字数字类型，而 numeric 和 decimal 属于精确数字数字类型，它们是带固定精度和小数位数的数值数据类型。使用最大精度时，有效值为 $-10^{38}+1 \sim 10^{38}-1$。decimal(10,5) 表示共有 10 位数，其中整数有 5 位，小数有 5 位。numeric 在功能上完全等同于 decimal 数据类型，但是对于 decimal 和 numeric 数据类型，SQL Server 2022 会将精度和确定位数的每个组合视为不同的数据类型，例如，将 decimal(5,5) 和 decimal(5,0) 视为不同的数据类型。

3. 字符类型

字符类型用来存储各种字符、数字符号和特殊符号。在使用字符类型数据时，需要在其前后加上英文单引号或双引号。

（1）char(n)

该类型的数据每个字符占用 1 个字节存储空间，n 表示所有字符所占的存储空间，如不指定 n 的值，系统默认 n 的值为 1。若输入数据的字符串长度小于 n，则系统自动在其后添加空格来填满设定好的空间；若输入的数据过长，则系统会截掉其超出部分。

（2）varchar(n)

n 为存储字符的最大长度，但可根据实际存储的字符数改变存储空间。存储大小是输入数据的实际长度加 2 个字节。所输入数据的长度可以为 0 个字符。例如，varchar(20) 对应的变量最多只能存储 20 个字符，不够 20 个字符的，则按实际存储。

（3）nchar(n)

该数据类型用于存储 n 个字符的固定长度 Unicode 数据。如不指定 n 的值，则默认长度为 1。此类型数据采用 Unicode 字符集，因此每一个存储单位占用 2 个字节。

（4）nvarchar(n)

该数据类型与 varchar 类似，存储可变长度 Unicode 字符数据。如不指定 n 的值，则默认长度为 1。存储大小是输入字符个数的两倍再加 2 个字节。

4. 日期类型

日期类型 date 用于存储用字符串表示的日期数据，数据格式为“YYYY-MM-DD”，如 2022-09-27。该类型数据占用 3 个字节的存储空间。

5. 时间类型

（1）time

该数据类型以字符串形式记录一天的某个时间，格式为“hh:mm:ss[.nnnnnnn]”，如11:20:38，该类型数据占用5个字节的存储空间。[.nnnnnnn]是0到7位数字，范围为0～9 999 999，它表示秒的小数部分。

（2）datetime

该数据类型用于存储时间和日期数据，从1753年1月1日到9999年12月31日，默认值为1900–01–01 00:00:00。当插入数据或在其他地方使用时，需用英文状态下的单引号或双引号引起来。可以使用“/”“–”“.”作为分隔符，该类型数据占用8个字节的存储空间。

6. 文本类型

（1）ntext

该数据类型用于存储长度可变的Unicode数据。

（2）text

该数据类型用于存储长度可变的非Unicode数据。

7. 图像类型

图像类型image用于存储照片、目录图片或图画，存储该字段的数据一般不能使用insert语句直接输入，实际存储长度为0～2^{31}–1个字节。

8. 货币类型

（1）money

money类型的数据可以精确到货币单位的万分之一，范围比smallmoney更大。该类型数据占用8个字节的存储空间。

（2）smallmoney

smallmoney类型的数据可以精确到货币单位的万分之一，为–214 748.364 8～214 748.364 7。该类型数据占用4个字节的存储空间。

货币数据不需要用英文状态下的单引号引起来。注意，虽然可以指定前面带有货币符号的货币值，但SQL Server 2022不存储任何与符号关联的货币信息，它只存储数值。

9. 位数据类型

位数据类型 bit 的取值只有 0 或 1，长度为 1 个字节。bit 值可以当作逻辑值，用于判断 true(1) 或 false(0)。输入非 0 值时，系统将其替换为 1。

10. 二进制数据类型

（1）binary(n)

该数据类型用于存储固定长度二进制数据，其中 n 的取值范围为 1～8 000，存储大小为 n 字节。

（2）varbinary [(n | max)]

该数据类型用于存储可变长度二进制数据。其中 n 的取值范围为 1～8 000，max 是指最大存储大小为 $2^{31}-1$ 字节，存储大小为所输入数据的实际长度再加上 2 个字节。

在定义的范围内，不论输入的长度是多少，binary 类型的数据都占用相同的存储空间，即定义的空间；而对于 varbinary 类型的数据，在存储时以实际值的长度使用存储空间。

一、通过 SSMS 窗口创建数据表 users

在数据库 ssts 中创建表 users，在 SSMS 窗口中单击左侧列表中的“+”按钮，展开数据库。

依次展开数据库→ssts→表，右击“表”目录，在弹出的快捷菜单中，依次选择“新建”→“表”选项，如图 2-2-2 所示。

完成数据表的设计，如图 2-2-3 所示。

单击工具栏上的“保存”按钮，保存该表，并为其取名为 users。展开并右击表目录，在弹出的快捷菜单中，选择“刷新”选项，以显示出新创建的数据表 users，如图 2-2-4 所示。

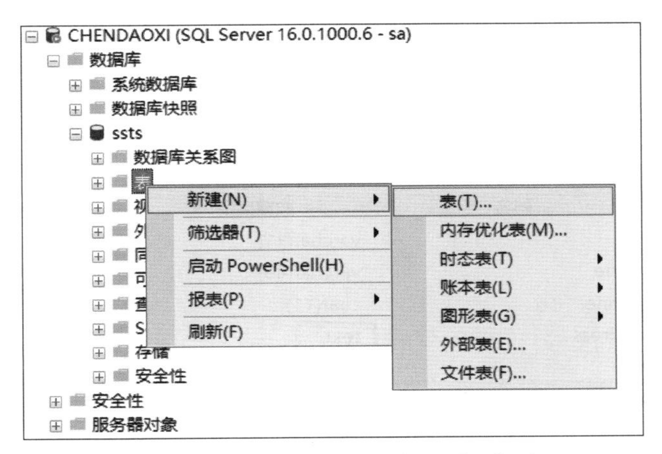

图 2-2-2　依次选择“新建”→“表”选项

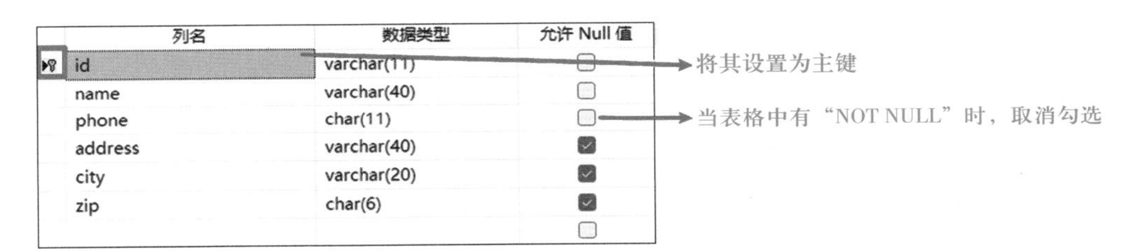

图 2-2-3　完成数据表的设计

图 2-2-4　数据表 users

二、通过 SSMS 窗口修改数据表

1. 向数据表 users 中追加 hobby（兴趣）列，数据类型为 varchar（20），约束说明为 NOT NULL。

2. 修改已有数据表 users 中的 address 列定义，将数据类型改为 text，约束说明为 NULL。

3. 删除 zip（邮政编码）列。在 zip 列上右击，在弹出的快捷菜单中，选择“删除列”选项。保存以上操作，修改后的数据表 users 的设计如图 2-2-5 所示。

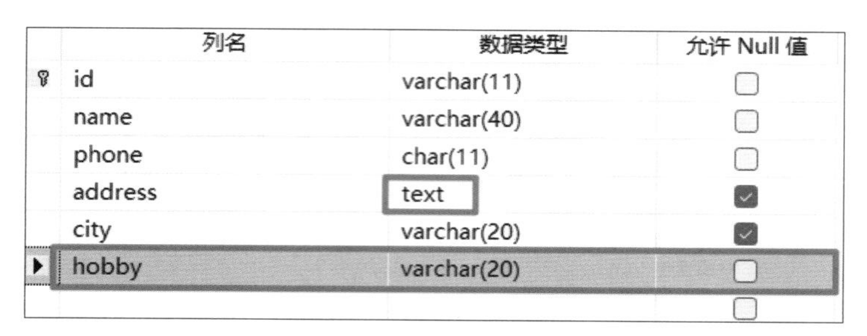

图 2-2-5　修改后的数据表 users 的设计

小提示

在使用 SSMS 窗口删除数据表时，如果弹出错误提示“不允许保存更改，……阻止保存要求重新创建表的更改”，那么需要在软件菜单中进行修改。在图 2-2-6 所示的“选项”对话框中，取消勾选“阻止保存要求重新创建表的更改”复选框。

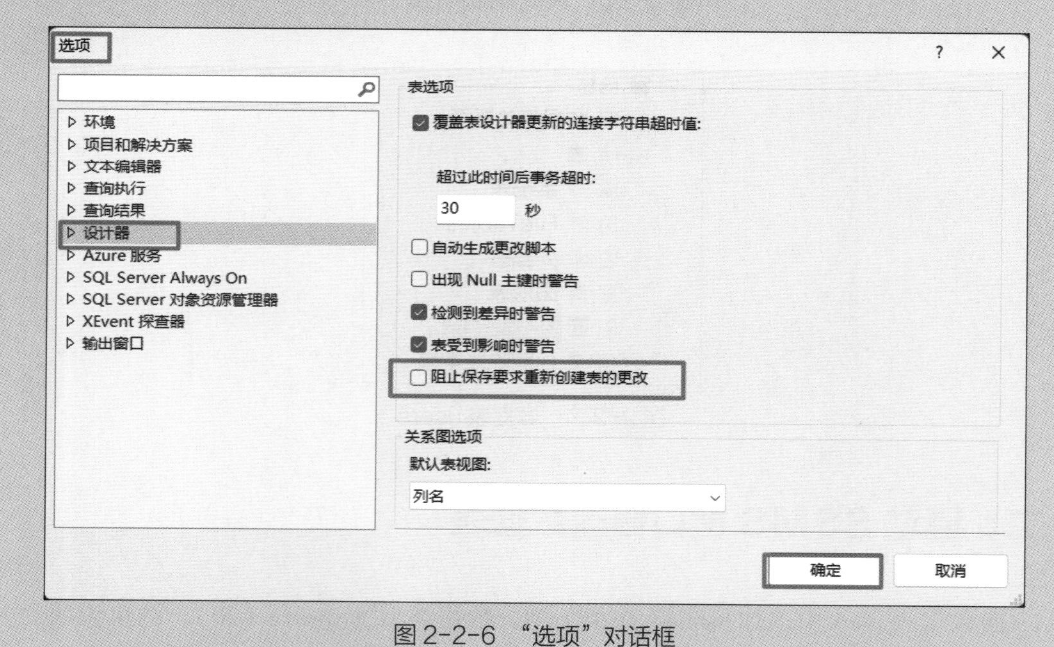

图 2-2-6　“选项”对话框

任务 3　通过 T-SQL 语句创建数据表

学习目标

1. 能通过 T-SQL 语句 (CREATE TABLE) 创建表，检查创建结果。
2. 能通过 T-SQL 语句 (ALTER TABLE) 修改表，验证修改结果。
3. 能通过 T-SQL 语句 (DROP TABLE) 删除表。

任务描述

前面的任务中已经创建了一个空的数据库 ssts，现在要求使用 T-SQL 语句在数据库 ssts 中创建学生表 student、教师表 teacher、课程表 course、选课表 sc。

学生表 student 需要的字段有学号 sno、姓名 name、性别 sex、年龄 age、系别 dept；教师表 teacher 需要的字段有工号 tno、姓名 name、性别 sex、年龄 age、系别 dept；课程表 course 需要的字段有课程号 cno、课程名 name、先修的课程号 pno、学分 credit；选课表 sc 需要的字段有学号 sno、课程号 cno、成绩 grade。

使用 T-SQL 语句修改学生表 student，增加民族 nation 列；对性别 sex 列的数据类型进行修改，由 bit 改为 char(2)，最终建成的 4 张数据表如图 2-3-1 所示，删除教师表 teacher。

ssts
- 数据库关系图
- 表
  - 系统表
  - FileTables
  - 外部表
  - 图形表
  - dbo.course
  - dbo.sc
  - dbo.student
  - dbo.teacher

chendaoxi.ssts - dbo.student

列名	数据类型	允许 Null 值
sno	char(10)	☐
name	nchar(10)	☐
sex	char(2)	☑
age	int	☑
dept	nchar(15)	☑
nation	char(10)	☑

chendaoxi.ssts - dbo.teacher

列名	数据类型	允许 Null 值
tno	char(10)	☐
name	char(8)	☑
sex	char(2)	☑
age	smallint	☑
dept	char(20)	☑

chendaoxi.ssts - dbo.course

列名	数据类型	允许 Null 值
cno	char(4)	☐
name	char(20)	☑
pno	char(4)	☑
credit	smallint	☑

chendaoxi.ssts - dbo.sc

列名	数据类型	允许 Null 值
sno	char(10)	☐
cno	char(4)	☐
grade	smallint	☑

图 2-3-1　最终建成的 4 张数据表

一、通过 T-SQL 语句创建表

CREATE TABLE 语句的语法格式如下。

```
CREATE TABLE 表名（列名 列属性 列约束）[, …n]
```

其中列属性的格式如下。

```
数据类型 [（长度）] [ NULL | NOT NULL] [IDENTITY（初始值，步长）]
```

列约束的格式如下。

```
[CONSTRAINT 约束名 ] PRIMARY KEY [（列名）]
```

其中，[NULL | NOT NULL] 表示是否允许为空；[IDENTITY（初始值，步长）] 表示列值的自动增长方式；[ ] 号中的内容为可选内容，可以省略；[, …n] 表示可以有多列；[CONSTRAINT 约束名] PRIMARY KEY [（列名）] 表示设置主键约束。

【例 2-3-1】通过 T-SQL 语句创建学生信息表 stuInfo。

```
CREATE TABLE stuInfo(
        stuNo int PRIMARY KEY,
        stuName varchar(20),
        stuSex char(2),
        stuTel varchar(11)
)
```

通过 T-SQL 语句创建的学生信息表 stuInfo，表中有学号 stuNo，数据类型为 int，将其设置为主键；姓名 stuName，数据类型为 varchar(20)；性别 stuSex，数据类型为 char(2)，数据只有“男”或“女”；电话 stuTel，数据类型为 varchar(11)，手机号码一般为 11 位。各列属性之间用逗号分隔，最后一列属性后不加逗号。

二、通过 T-SQL 语句修改表

1. 添加新字段

通过在 ALTER TABLE 语句中使用 ADD 子句，可以在表中增加一个或多个字段，语法格式如下。

```
ALTER TABLE 表名 ADD 数据类型 [ ( 长度 ) ] [ NULL | NOT NULL]
```

【例 2-3-2】通过 T-SQL 语句修改学生信息表 stuInfo，增加 department（系部）列，可以为空，其语句如下。

```
ALTER TABLE stuInfo ADD department varchar(20) NULL
```

2. 修改字段的属性

通过在 ALTER TABLE 语句中使用 ALTER COLUMN 子句，可以修改列的数据类型、长度等属性，语法格式如下。

```
ALTER TABLE 表名 ALTER COLUMN 列名 数据类型 [ ( 长度 ) ] [NULL | NOT NULL]
```

【例 2-3-3】通过 T-SQL 语句修改学生信息表 stuInfo，修改 department 列，数据类型为 char，长度为 10，其语句如下。

```
ALTER TABLE stuInfo ALTER COLUMN department char(10)
```

3. 修改列名

使用存储过程 sp_rename 可修改列名，语法格式如下。

```
EXEC sp_rename '表名 . 列名 ', ' 新列名 ', 'COLUMN'
```

【例 2-3-4】通过 T-SQL 语句修改学生信息表 stuInfo，将 department 列名改为 dept，其语句如下。

```
EXEC sp_rename 'stuInfo. department', 'dept', 'COLUMN'
```

4. 删除字段

通过在 ALTER TABLE 语句中使用 DROP COLUMN 子句，可以删除表中的字段，语法格式如下。

```
ALTER TABLE 表名 DROP COLUMN 列名
```

【例 2-3-5】通过 T-SQL 语句修改学生信息表 stuInfo，删除 dept 列，其语句如下。

```
ALTER TABLE stuInfo DROP COLUMN dept
```

三、通过 T-SQL 语句重命名表

重命名表的语法格式如下。

```
EXEC sp_rename '原表名', '新表名'
```

【例 2-3-6】将表 customers 重命名为 customer。

```
EXEC sp_rename 'customers', 'customer'
```

四、通过 T-SQL 语句删除表

删除表的语法格式如下。

```
DROP TABLE 表名 [, …n]
```

【例 2-3-7】通过 T-SQL 语句删除学生信息表 stuInfo，其语句如下。

```
DROP TABLE stuInfo
```

小提示

在使用 DROP TABLE 语句删除表时，有时会出现删除失败的情况，可能是该表与其他表之间存在联系。应先删除表之间的联系，再使用 DROP TABLE 语句删除表。

一、创建学生表 student 和教师表 teacher

1. 在 SSMS 窗口中检查有没有数据库 ssts，若没有，先创建数据库 ssts。单击工具栏上的“新建查询”按钮，打开 SQL 脚本编辑窗口，如图 2-3-2 所示。

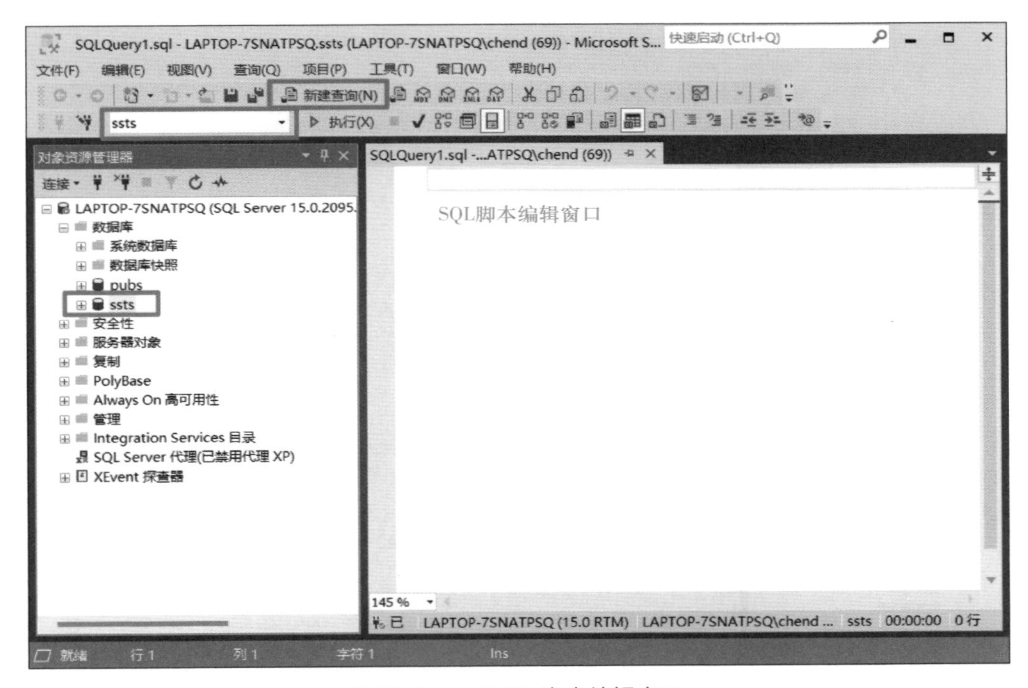

图 2-3-2　SQL 脚本编辑窗口

2. 在右侧的 SQL 脚本编辑窗口中输入以下代码。

```
USE ssts
GO
CREATE TABLE student
(
        sno char(10) PRIMARY KEY,
```

```
        name nchar(10) NOT NULL,
        sex bit,
        age int,
        dept nchar(15)
)
```

3. 单击工具栏上的“执行”按钮，完成数据表的创建，在左侧的表目录上执行“刷新”操作，得到新的数据表 student，数据表创建完成，如图 2-3-3 所示。

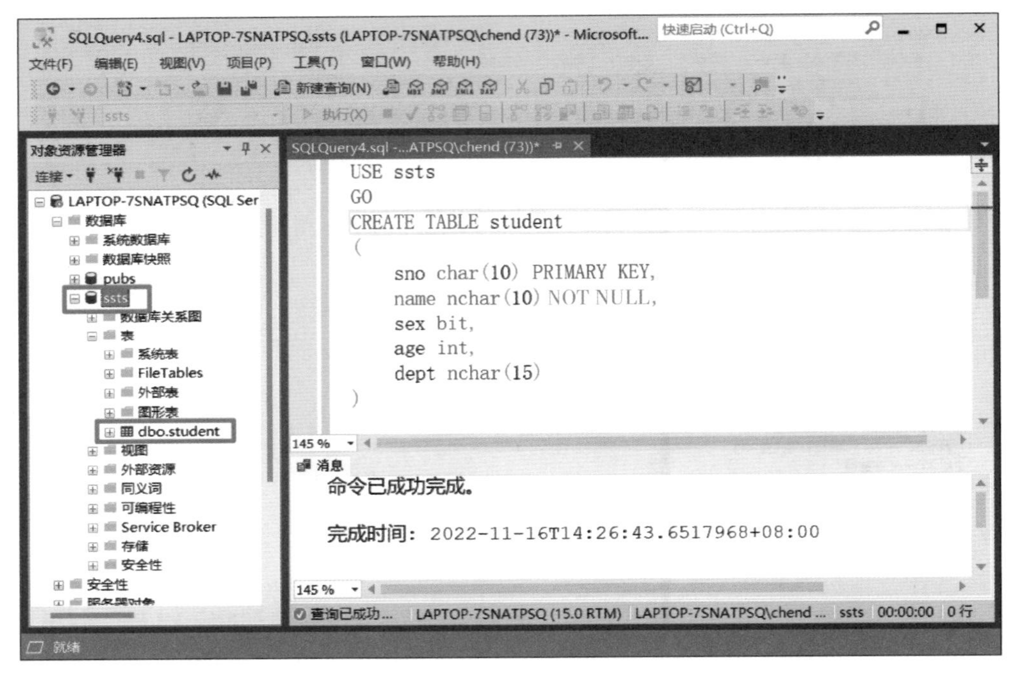

图 2-3-3　数据表创建完成

4. 重复上述过程，单击工具栏上的“新建查询”按钮，打开 SQL 脚本编辑窗口，输入以下代码，创建教师表 teacher。

```
USE ssts
CREATE TABLE teacher
(
    tno char(10) PRIMARY KEY,
```

```
    name char(8) UNIQUE,
    sex char(2) CHECK (sex='男' OR sex='女'),
    age smallint,
    dept char(20)
)
```

单击“执行”按钮，并刷新表结点，新创建的教师表 teacher 如图 2-3-4 所示。

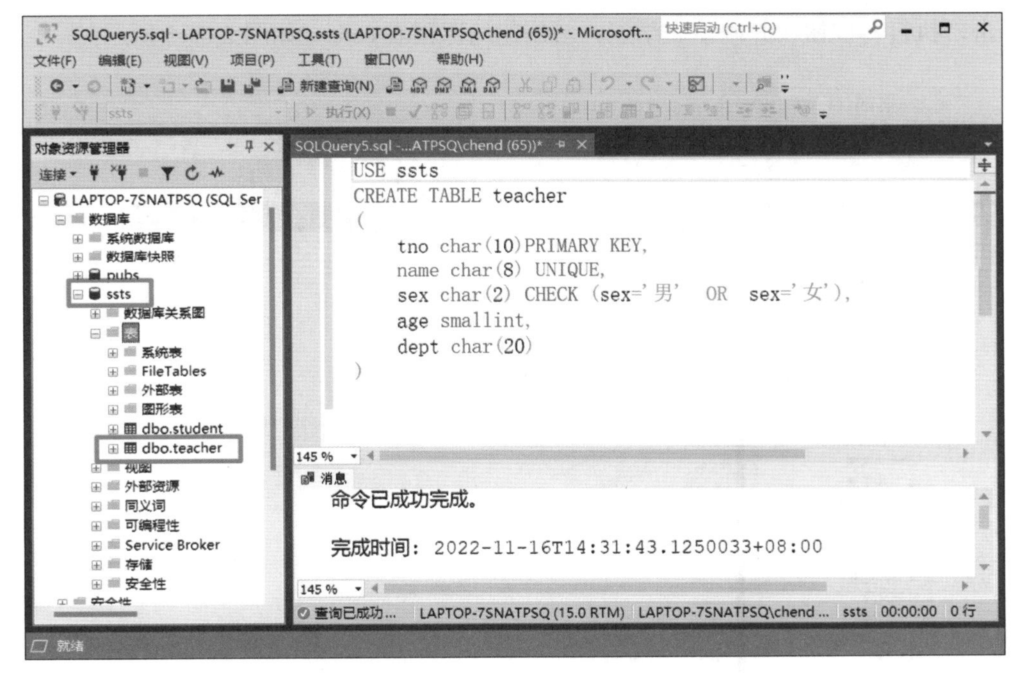

图 2-3-4　新创建的教师表 teacher

其中 CHECK (sex='男' OR sex='女') 还可以用语句 CHECK (sex in ('男','女')) 来代替。

5. 重复上述过程，单击工具栏上的“新建查询”按钮，打开 SQL 脚本编辑窗口，输入以下代码，创建课程表 course。

```
USE ssts
GO
CREATE TABLE course(
    cno char(4) PRIMARY KEY,
```

```
    name char(20),
    pno char(4),
    credit smallint,
    FOREIGN KEY (pno) REFERENCES course (cno)
)
```

列名 pno 表示要学习某课程之前先要学习的课程号，FOREIGN KEY (pno) REFERENCES course (cno) 表示 pno 为外键约束，pno 列要参考课程表 course 中的 cno 列建立。

单击“执行”按钮，并刷新表结点，新创建的课程表 course 如图 2-3-5 所示。

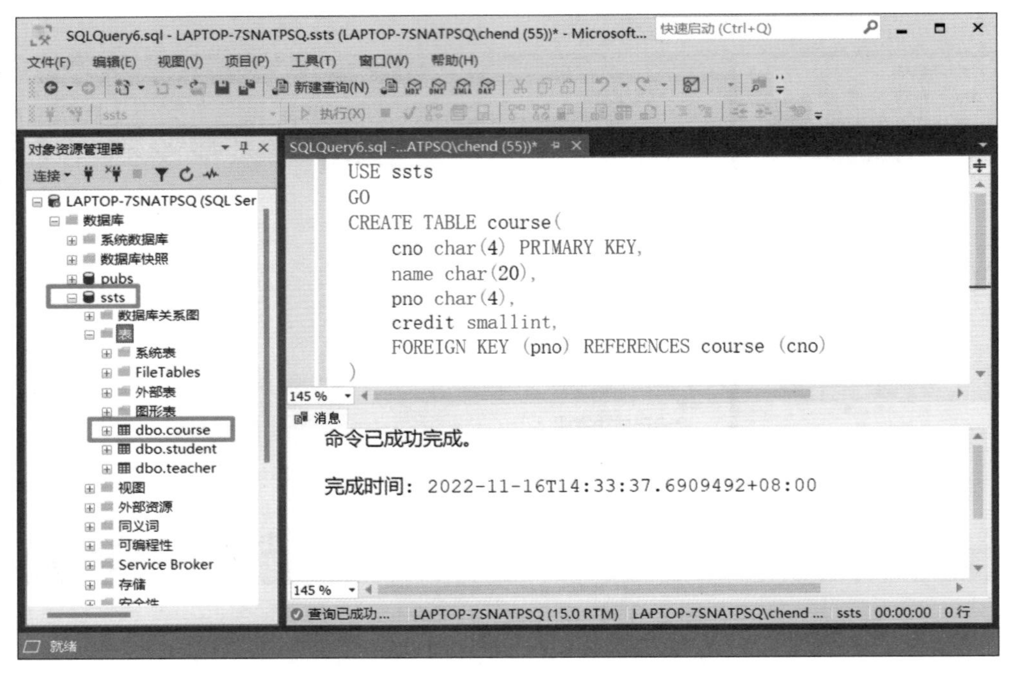

图 2-3-5 新创建的课程表 course

6. 重复上述过程，单击工具栏上的“新建查询”按钮，打开 SQL 脚本编辑窗口，输入以下代码，创建选课表 sc。

```
USE ssts
GO
CREATE TABLE sc
(
```

```
    sno char(10),
    cno char(4),
    grade smallint,
    PRIMARY KEY (sno,cno),
    FOREIGN KEY (sno) REFERENCES student(sno),
    FOREIGN KEY (cno) REFERENCES course(cno)
)
```

PRIMARY KEY (sno, cno) 表示学号 sno 与课程号 cno 一起作为联合主键使用，FOREIGN KEY (sno) REFERENCES student (sno) 表示选课表 sc 中的学号参考学生表 student 中的学号 sno 建立，FOREIGN KEY (cno) REFERENCES course(cno) 表示选课表 sc 中的课程号参考课程表 course 中的课程号 cno。

单击“执行”按钮，并刷新表结点，新创建的选课表 sc 如图 2-3-6 所示。

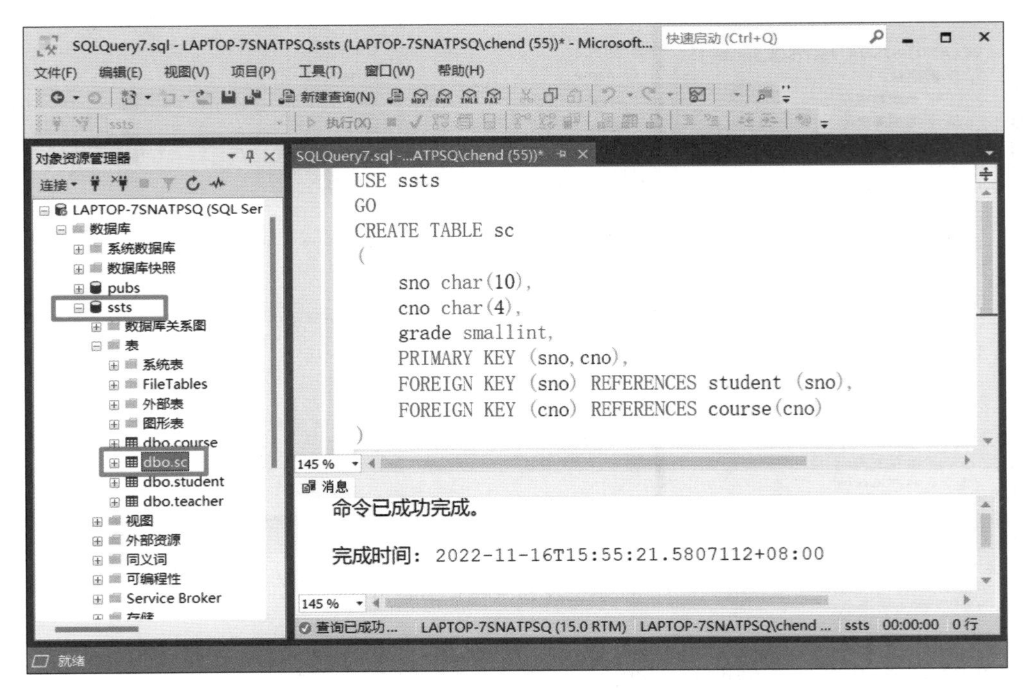

图 2-3-6　新创建的选课表 sc

二、修改学生表 student

1. 在学生表 student 中增加 nation 列。

单击工具栏上的“新建查询”按钮，输入以下代码。

```
ALTER TABLE student ADD nation char(10)
```

单击“执行”按钮，右击学生表 student 结点，在弹出的快捷菜单中，选择“设计”选项，在学生表 student 中增加 nation 列，如图 2-3-7 所示。

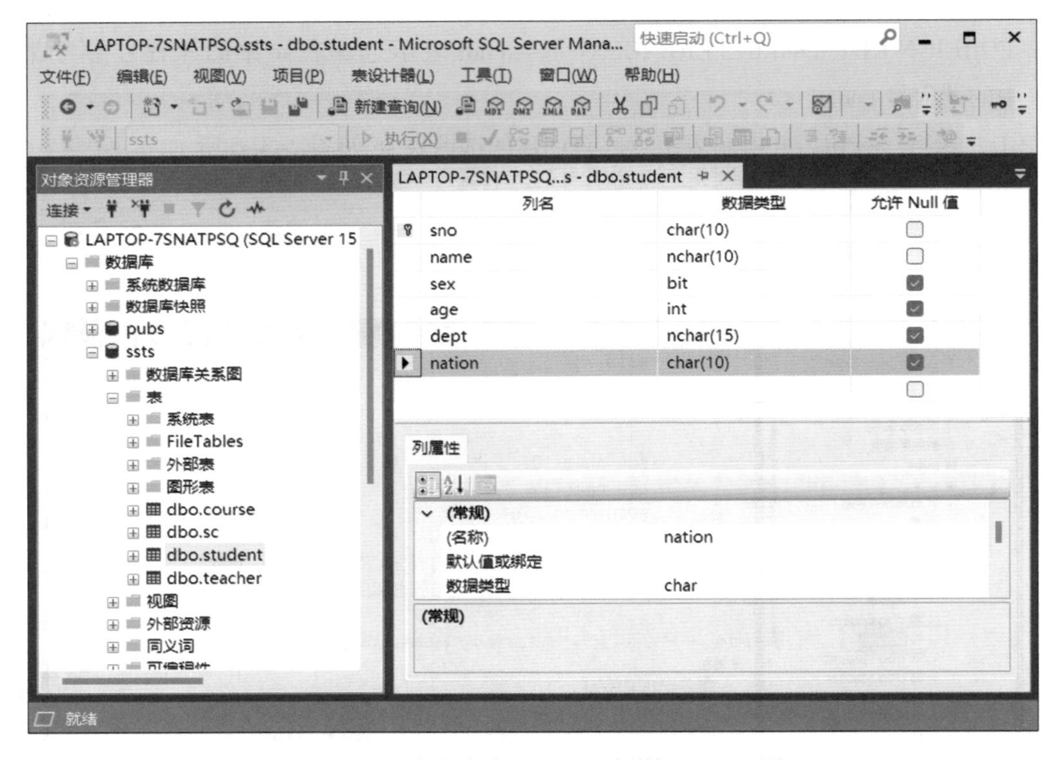

图 2-3-7　在学生表 student 中增加 nation 列

2. 在学生表 student 中修改 sex 列的数据类型，将其由 bit 改为 char(2)。

单击工具栏上的“新建查询”按钮，输入以下代码。

```
ALTER TABLE student ALTER COLUMN sex char(2)
```

单击“执行”按钮，右击学生表 student 结点，在弹出的快捷菜单中，选择“设计”选项，修改 sex 列的数据类型，如图 2-3-8 所示。

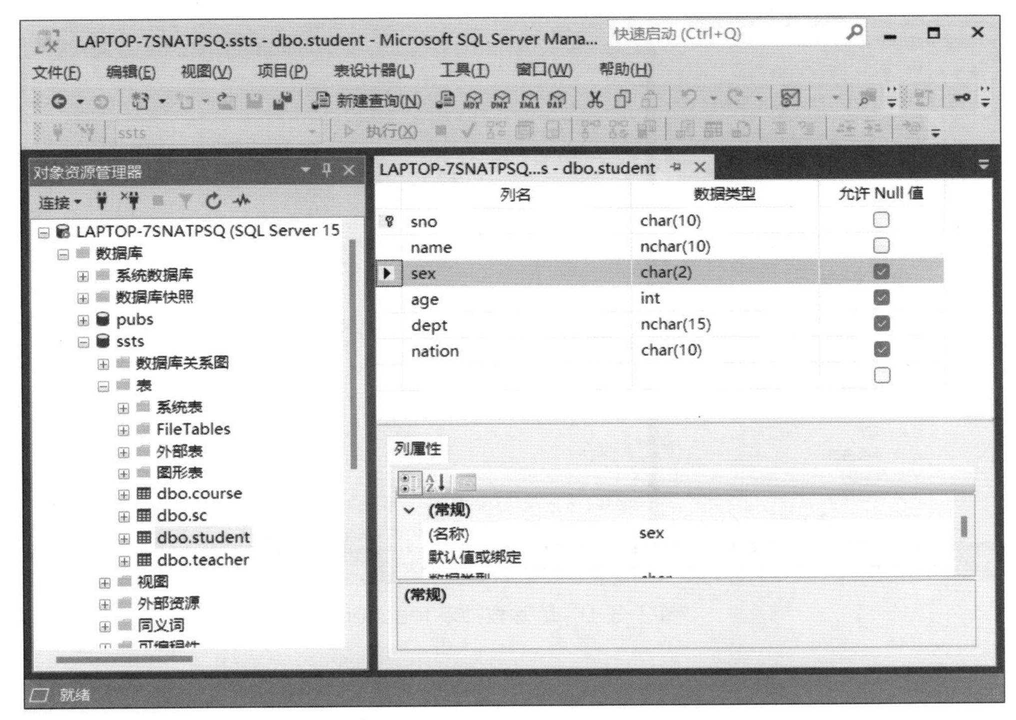

图 2-3-8　修改 sex 列的数据类型

三、删除教师表 teacher

删除教师表 teacher，单击工具栏上的“新建查询”按钮，输入以下代码。

```
DROP TABLE teacher
```

单击“执行”按钮，右击表结点，在弹出的快捷菜单中，选择“刷新”选项，如图 2-3-9 所示，此时看不到 teacher 数据表了。

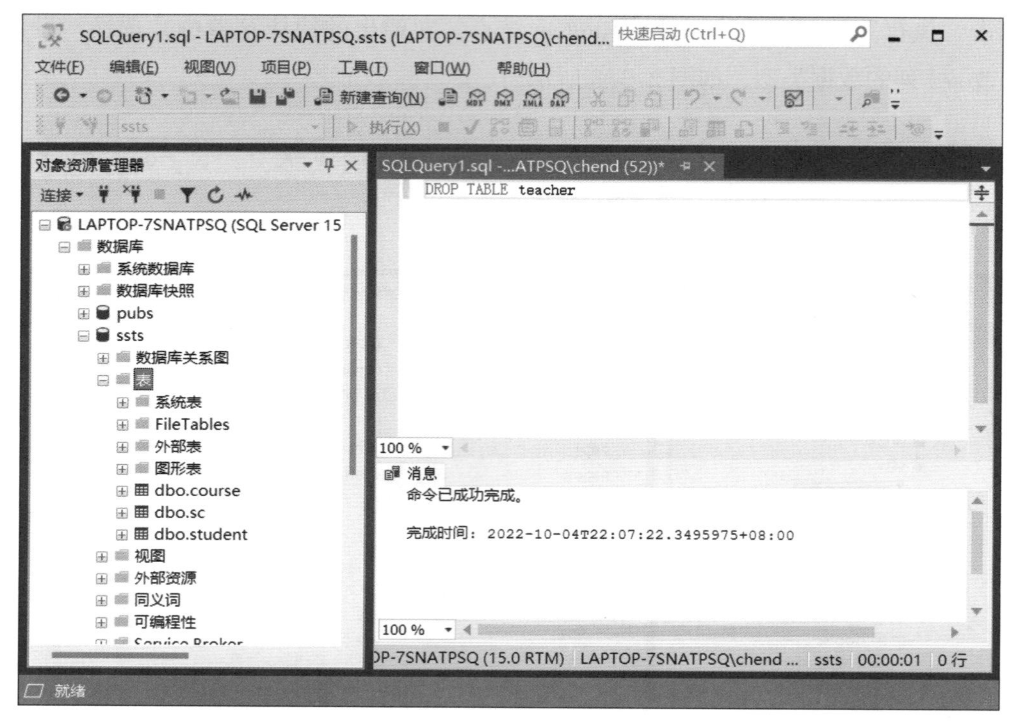

图 2-3-9 删除教师表 teacher

任务 4 设置约束

1. 能通过 SSMS 窗口添加、修改、删除约束，验证所使用的约束。
2. 能使用 T-SQL 语句创建表时设置约束，并能删除约束。
3. 能根据任务要求，使用 T-SQL 语句修改表，并添加新的约束。

任务描述

SQL Server 2022 是一种功能强大的关系数据库管理系统，它提供了多种方式来设置数据完整性，数据完整性可以使用约束、默认和规则等来实现。一种常用的方式是通过 SSMS 窗口来设置约束条件，另一种常用的方式是通过 T-SQL 语句来设置约束条件。

在前面任务的基础上，在数据库 ssts 中对学生表 student 的 age 列添加 not null 约束，不允许年龄为空。增加 telephone（手机号）列，并设置 telephone 列取值唯一。设置 dept 列的默认值为“信息工程系”。为 sex 列添加检查约束，只有“男”和“女”两个选项可供选择。以上任务可以通过 SSMS 窗口完成，仔细验证约束条件，确保数据完整性和一致性。

接下来，使用 T-SQL 语句在数据库 ssts 中，删除原有的课程表 course，在重新创建课程表 course 的同时添加约束，设置课程号 cno 为主键。在选课表 sc 中，修改课程号 cno 为外键约束，参照课程表 course 中的主键 cno。在选课表 sc 中，更改 grade 列名为 score，将学生成绩字段 score 设置为 CHECK 约束，要求学生的成绩为 0～100。student、course、sc 表结构与约束如图 2-4-1 所示。对数据表设置约束，可为后继项目的录入数据提供保障。

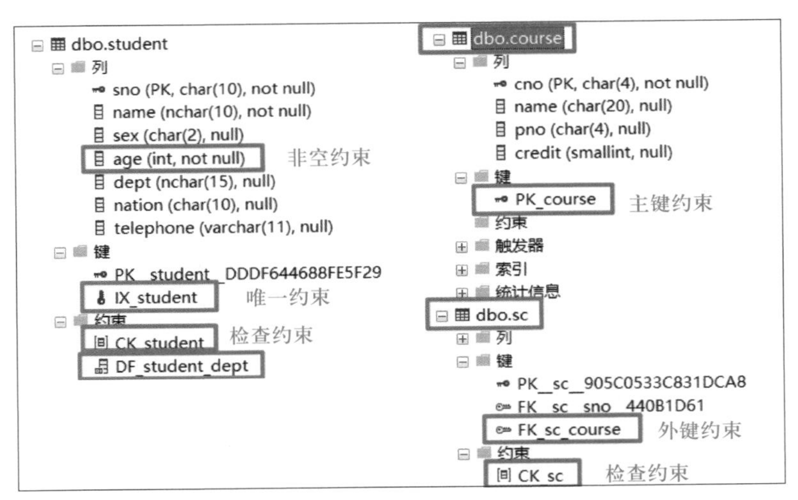

图 2-4-1　student、course、sc 表结构与约束

一、数据完整性

通常情况下，多个用户在同一时间访问某个数据时，可能导致一部分用户获取的数据是无效的，而数据库中的数据必须是有效的。

数据完整性用于保证数据库中数据的正确性、一致性和可靠性。数据完整性有实体完整性、域完整性、参照完整性、用户定义完整性 4 种类型。

1. 实体完整性

实体完整性体现了实体的唯一性，保证数据表中的每个实体的唯一性。针对表中的行数据，要求主键字段不能为空，也不能为重复的值，如身份证号码是唯一的，学号是唯一的，银行卡号是唯一的。

2. 域完整性

域完整性保证指定列的数据具有正确的数据类型、格式和有效的数据范围，可以通过数据类型、FOREIGN KEY 约束、CHECK 约束、DEFAULT 定义、NOT NULL 和规则实现限制数据范围，保证只有在有效范围内的值才能存储到列中。例如，二代身份证号码为 18 位，年龄为 1 ~ 120。

3. 参照完整性

参照完整性保证数据库中相关联表的数据正确性，可以使用 FOREIGN KEY 约束。确保数据表的参照完整性，可以避免错误地删除和增加数据。例如，学生成绩表的课程名必须是在学校的总课程表中有该项课程名，不能出现有这门课成绩，没有对应的课程名的情况。再如，学生成绩表中所有学生的学号，如果都能在学生信息表中找到唯一对应的学号信息，那么称为参照完整，否则称为参照不完整。

4. 用户定义完整性

用户定义完整性是根据实际应用情况来制定的，不应由应用程序提供，而应由关系模型定义并检验，是由用户自己定义的，所有的完整性类型都支持用户定义完整性。

数据完整性可以通过声明数据完整性或过程完整性来实现，声明数据完整性可以使用约束、默认和规则等来实现，过程完整性可以通过在脚本语言中定义，如通过触发器和存储过程来实现。

二、约束的类型

约束是保证数据库表中数据完整性的手段之一，定义约束可以在创建表时进行，也可以通过修改已有表添加约束。

1. 主键（PRIMARY KEY）约束

主键约束在每个数据表中只有一个，但是一个主键约束可以由多个列组成。主键约束可以保证主键列的数据没有重复且值不为空。

在 SSMS 窗口中设置主键约束，如果主键由多列组成，要按住 Ctrl 键选中多个列并右击，在弹出的快捷菜单中，选择“设置主键”选项。当创建主键时，系统将自动生成一个以 PK_ 为前缀，后跟表名的主键索引，系统自动按聚集索引方式组织。若用 T-SQL 语句把学号 sno 设置为主键约束，可以写成 sno char(10) CONSTRAINT PK_sno PRIMARY KEY NOT NULL。若要删除主键，可以选中已经是主键的列并右击，在弹出的快捷菜单中，选择“删除主键”选项删除主键。

使用 T-SQL 语句创建表时，还可以设置主键约束，语法格式如下。

```
CREATE TABLE 数据表名
(列名 数据类型 [ CONSTRAIN 约束名 ] [PRIMARY KEY ])
```

其中，[CONSTRAIN 约束名] 为可选项，给主键约束取个名字，可省略；PRIMARY KEY 为定义主键的关键字。

【例 2-4-1】 通过 T-SQL 语句创建学生表 student，设置学号 sno 为主键。

```
USE ssts
GO
CREATE TABLE student(
        sno char(10) CONSTRAINT PK_student PRIMARY KEY NOT NULL,
```

```
        name nchar(10) NOT NULL,
        sex char(2),
        age int NOT NULL,
        dept nchar(15)
    )
```

2. 外键（FOREIGN KEY）约束

外键约束也称参照约束，用于将两个表中的数据进行关联，当对两个相关联的表进行数据插入或删除时，保证数据的参照完整性。

在 SSMS 窗口中选择“表设计器”→“关系”菜单，在外键关系设置对话框中，添加一个以 FK_ 为前缀，后跟两个表的名称的外键约束名称。前面项目中建立的 student、course、sc 这 3 个表的主键和这 3 个表之间的外键约束，表的主键和 3 个表之间的外键约束如图 2-4-2 所示。选课表 sc 中的学号 sno 参照学生表 student 中的 sno，选课表 sc 中的课程号 cno 参照课程表 course 中的 cno，课程表 course 中的 pno 参照课程表 course 中的 cno。

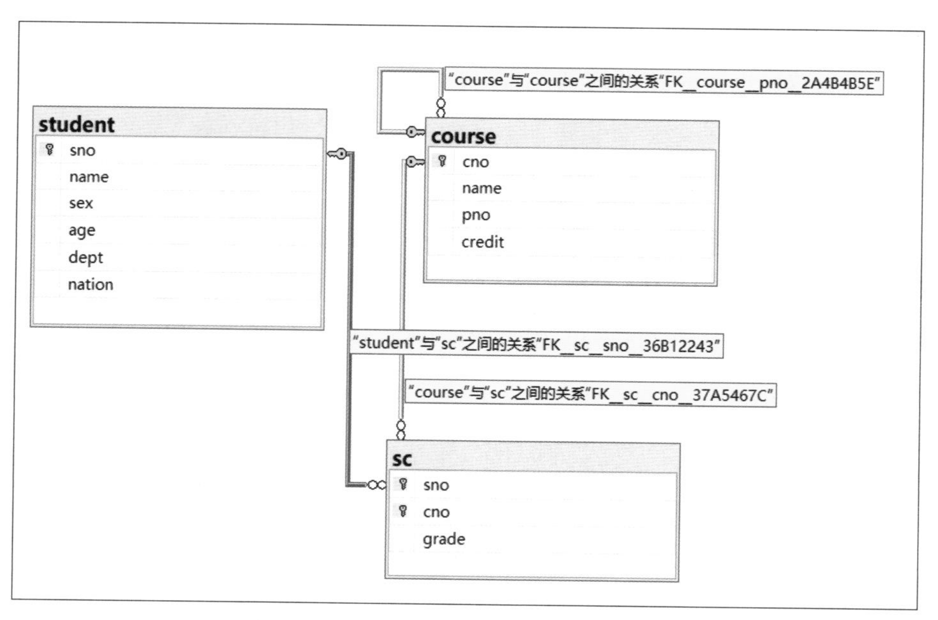

图 2-4-2　表的主键和 3 个表之间的外键约束

使用 T-SQL 语句创建表时，还可以设置外键约束，语法格式如下。

```
CREATE TABLE 数据表名
(列名 数据类型 [ CONSTRAIN 约束名 ] [FOREIGN KEY ]
REFERENCES 参照主键表 [ ( 参照列 ) ]][ON DELETE CASCADE | ON UPDATE CASCADE]
[, …] )
```

其中，[CONSTRAIN 约束名] 为可选项，给外键约束取个名字，可省略；FOREIGN KEY 为定义外键的关键字；REFERENCES 是关键字，后面跟被引用主键列“表名（列名）”；ON DELETE CASCADE 表示级联删除，即父表中删除被引用行时，也将从引用表中删除引用行；ON UPDATE CASCADE 表示级联更新，即父表中更新被引用行时，也将从引用表中更新引用行。

【例 2-4-2】 通过 T-SQL 语句创建选课表 sc，参照学生表 student 中的主键 sno，设置选课表 sc 的学号 sno 为外键。

```
USE ssts
GO
CREATE TABLE sc(
            sno char(10) CONSTRAINT FK_sc_student FOREIGN KEY REFERENCES
student(sno) NOT NULL,
            cno char(4) NOT NULL,
            grade smallint
      )
```

3. 唯一（UNIQUE）约束

唯一约束和主键约束一样，都用于设置表中的列不能重复的约束，区别是一个表中只能有一个主键约束，却可以有多个唯一约束。如果某列有空值，不能设置其为主键约束，但可以设置其为唯一约束。

一般在创建主键约束时，系统会自动生成索引，索引的默认类型为聚簇索引。而创建唯一约束时，系统会自动生成一个 UNIQUE 索引，索引的默认类型为非聚簇索引。若用 T-SQL 语句把学生表 student 中的身份证号码 IdentityCardNo 字段设置为唯一约束，可以写成 ALTER TABLE student ADD CONSTRAINT UK_IC UNIQUE NONCLUSTERED (IdentityCardNo)。

在 SSMS 中创建唯一约束时，选择“索引 / 键”选项，在常规选项中，设置类型为“唯一键”。若要删除唯一约束，可在“索引/键”选项中选中选定的索引名，单击“删除”按钮。

使用 T-SQL 语句创建表时，还可以设置唯一约束，语法格式如下。

```
CREATE TABLE 数据表名
(列名 数据类型 [ CONSTRAIN 约束名 ] [ UNIQUE ] [, …] )
```

其中，[CONSTRAIN 约束名] 为可选项，给唯一约束取个名字，可省略；UNIQUE 为定义唯一约束的关键字。

4. 检查（CHECK）约束

检查约束是用来指定表中列的值的取值范围的，当输入的值不在有效范围内时，弹出错误提示信息。

检查约束实际上是字段输入内容的验证规则，表示一个字段的输入内容必须满足检查约束的条件。对于 timestamp 类型字段，不能定义检查约束。

使用 T-SQL 语句创建表时，还可以设置检查约束，语法格式如下。

```
CREATE TABLE 数据表名
(列名 数据类型 [ CONSTRAIN 约束名 ] [ CHECK（逻辑表达式）] [, …] )
```

其中，[CONSTRAIN 约束名] 为可选项，给检查约束取个名字，可省略；CHECK 为定义检查约束的关键字，后面跟逻辑表达式，如性别 in ('男','女')。

5. 非空（NOT NULL）约束

非空约束可以在表中定义允许为空值或不允许为空值，如果允许某列可以不输入数据，那么应在该列加上空约束。如果某列必须输入数据，那么应在该列加上非空约束。默认情况下，创建表列允许空值。

数据库中 NULL 是特殊值，空格字符串“ ”不等于 NULL，0 也不等于 NULL，NULL 只表明该列是未知的。

使用 T-SQL 语句创建表时，还可以设置非空约束，语法格式如下。

```
CREATE TABLE 数据表名
(列名 数据类型 [ CONSTRAIN 约束名 ] [NULL | NOT NULL ] [, …] )
```

其中，[CONSTRAIN 约束名] 为可选项，给非空约束取个名字，可省略；NULL | NOT

NULL 允许空或不允许空，默认为允许空。

其使用方法参考【例 2-4-1】和【例 2-4-2】。

6. 默认（DEFAULT）约束

默认约束是指在用户未提供某些列的数据时，数据库系统为用户提供的默认值。如果插入的新行在定义了默认值的列上没有给出值，那么这个列上的数据就是定义的默认值。如果插入的记录给出了这个列的值，那么该列的数据就是插入的数据。

默认值必须与所约束的列的数据类型保持一致，每一列只能定义一个默认值。对于 Timestamp 和 Identity 两种类型的字段，不能定义默认值约束。

使用 T-SQL 语句创建表时，还可以设置默认约束，语法格式如下。

```
CREATE TABLE 数据表名
(列名 数据类型 [ CONSTRAIN 约束名 ] [ DEFAULT 默认值 ][, …])
```

其中，[CONSTRAIN 约束名] 为可选项，给默认约束取个名字，可省略；DEFAULT 为定义默认约束的关键字。

三、在已有表上添加约束

在已有表上添加约束的语法格式如下。

```
ALTER TABLE table_name
    ADD CONSTRAINT contraint_name 约束类型（列名）
```

【例 2-4-3】修改选课表 sc，添加外键约束，选课表 sc 的课程号 cno 列参照课程表 course 的 cno 列。

```
USE ssts
GO
ALTER TABLE sc
WITH CHECK
        ADD CONSTRAINT FK_sc_c FOREIGN KEY(cno) REFERENCES course (cno)
```

其中，WITH CHECK 表示创建约束时，对数据进行检查。

【例 2-4-4】修改学生表 student，给 dept 列添加默认约束，默认值为“信息工程系”。

```
USE ssts
GO
ALTER TABLE student
    ADD CONSTRAINT DF_student_dept DEFAULT '信息工程系' FOR dept
```

【例 2-4-5】修改学生表 student，给 sex 列添加检查约束，性别只有“男”或“女”两个选项。

```
USE ssts
GO
ALTER TABLE student
    ADD  CONSTRAINT CK_student CHECK (sex in ('男','女'))
```

四、使用 SSMS 窗口在表中修改和删除约束

在 SSMS 窗口中修改和删除约束的方法与添加约束的方法基本相同。

1. 主键约束的修改和删除

删除学生表 student 中的学号 sno 主键，在学生表 student 设计器窗口中右击 sno 字段，在弹出的快捷菜单中，选择“删除主键”选项，如图 2-4-3 所示。修改主键的方法是先删除主键，再设置新的主键。

2. 外键的修改与删除

在 SSMS 窗口中选中 sc 表并右击，在弹出的快捷菜单中，选择“设计”选项，打开表设计器窗口，在表设计器窗口的任意位置右击，在弹出的快捷菜单中，选择“关系”选项，弹出图 2-4-4 所示的“外键关系”对话框，在左侧选中一个关系的名称，再单击“删除”按钮即可删除外键，单击“关闭”按钮退出当前窗口。

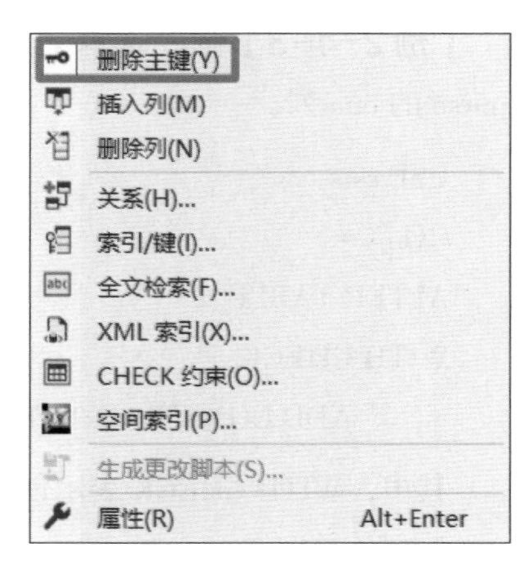

图 2-4-3　选择“删除主键”选项

若要修改外键，在图 2-4-4 所示的“常规”选项下单击“表和列规范”后面的 ... 按钮，弹出图 2-4-5 所示的

"表和列"对话框，可以修改对应的表和列。因为这里的外键是正确的，所以不用修改，只修改外键的关系名为 FK_sc_cno，单击"确定"按钮即可。

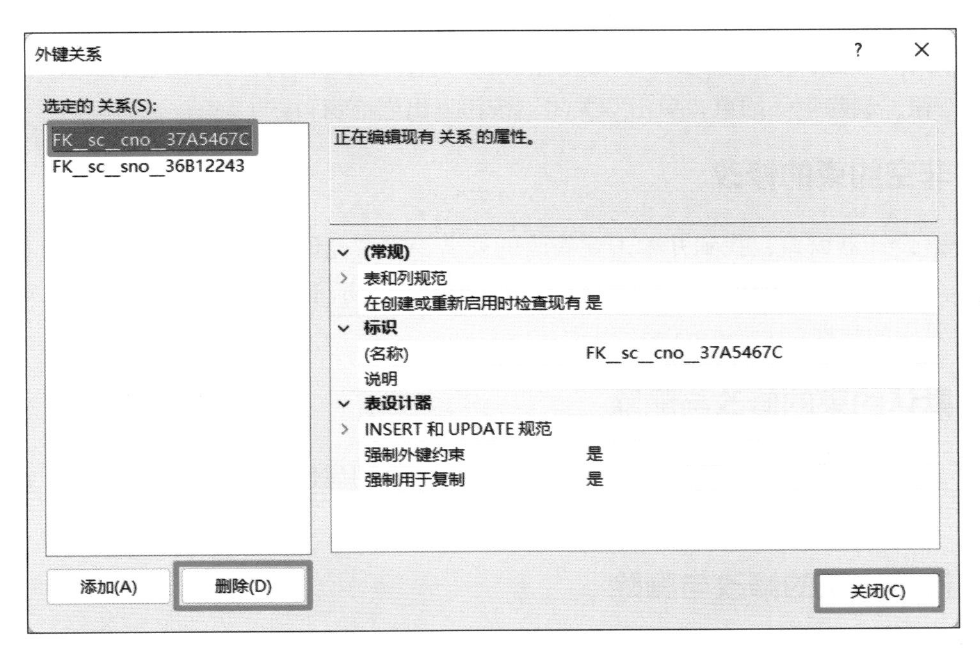

图 2-4-4 "外键关系"对话框

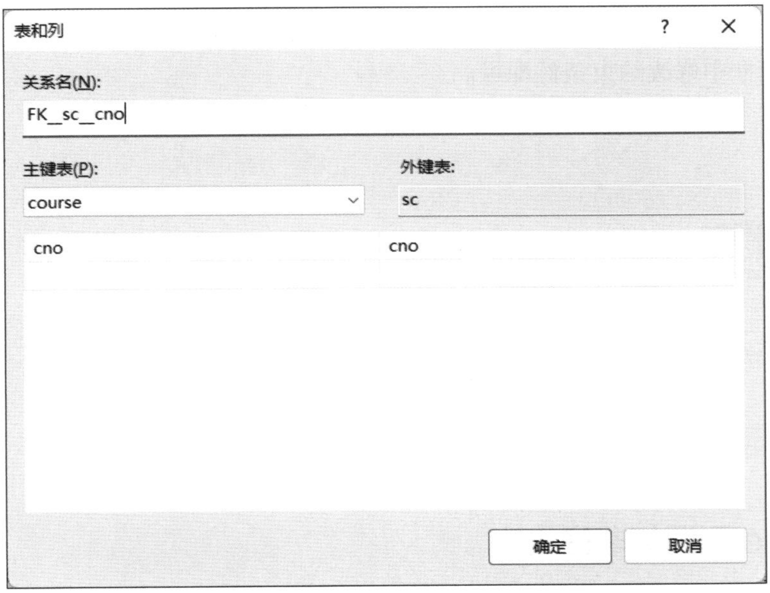

图 2-4-5 "表和列"对话框

3. 唯一约束的修改与删除

打开表设计器窗口，在表设计器窗口的任意位置右击，在弹出的快捷菜单中，选择“索引 / 键”选项，弹出索引 / 键窗口，在左侧选中一个关系的名称（如 IX_student），再单击“删除”按钮，删除唯一约束，单击“关闭”按钮退出当前窗口。

4. 非空约束的修改

打开表设计器窗口，找到并单击要修改的列名，在“允许 Null 值”列，可以直接修改是否为空。勾选该复选框表示可以为空；不勾选该复选框表示不能为空，在录入或插入记录时，必须要有对应的数据。

5. 默认约束的修改与删除

打开表设计器窗口，找到并单击要修改的列名，在列属性的“常规”选项中，在“默认值或绑定”后面的单元格中可以修改或删除已经定义的值。

6. 检查约束的修改与删除

打开表设计器窗口，在表设计器窗口的任意位置右击，在弹出的快捷菜单中，选择“CHECK 约束”选项。选中左侧的约束名称，单击“删除”按钮则可以删除检查约束。若要修改约束，在右侧的“常规”选项中单击“表达式”后面的 ... 按钮，在弹出的“CHECK 约束表达式”对话框中修改约束条件即可。

在前一个任务的基础上，在数据库 ssts 中对 student 数据表进行相关操作。

一、使用 SSMS 窗口在表中添加约束

1. 对 age 列添加非空约束

为学生表 student 中的 age 列添加 NOT NULL 约束，不允许年龄为空。

在 SSMS 窗口中，选中学生表 student 并右击，在弹出的快捷菜单中，选择“设计”选项，如图 2-4-6 所示。

图 2-4-6　选择“设计”选项

在打开的表设计器窗口中，将 age 行中的“允许 Null 值”取消勾选，设置 age 列不允许为空，如图 2-4-7 所示，单击工具栏上的“保存”按钮保存修改。

列名	数据类型	允许 Null 值
sno	char(10)	☐
name	nchar(10)	☐
sex	char(2)	☑
age	int	☐
dept	nchar(15)	☑
nation	char(10)	☑
		☐

图 2-4-7　设置 age 列不允许为空

2. 增加 telephone 列，添加唯一约束

在学生表 student 中增加唯一约束，在表中增加 telephone 列，并设置 telephone 列取值唯一，每位学生的手机号码是唯一的，与其他同学不相同。

在 SSMS 窗口中选中学生表 student 并右击，在弹出的快捷菜单中，选择“设计”选项，打开表设计器窗口，在“列名”最后一行输入“telephone”，数据类型为“varchar(11)”，允许为空。在表设计器窗口的任意位置右击，在弹出的快捷菜单中，选择“索引 / 键”选项，单击“添加”按钮，在右侧的“常规”选项中，设置类型为“唯一键”，指定列名为“telephone”，设置 telephone 列为唯一约束，如图 2-4-8 所示，单击“关闭”按钮完成设置，单击工具栏上的“保存”按钮保存修改。

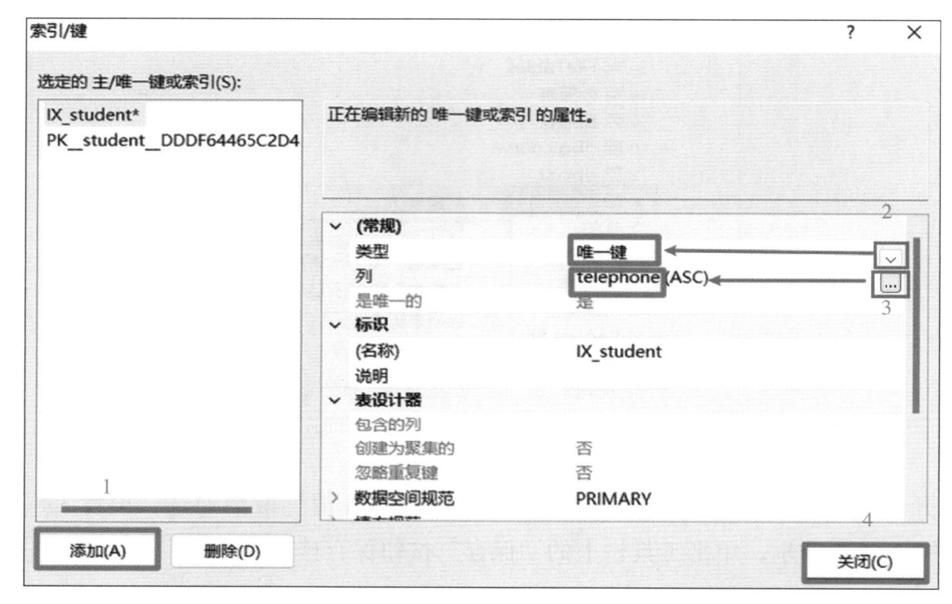

图 2-4-8　设置 telephone 列为唯一约束

3. 对 dept 列添加默认约束

该班学生的系部都是“信息工程系”，所以可以设置“dept”字段的默认属性为“信息工程系”。打开表设计器窗口，设置 dept 列的默认值为“信息工程系”。选中要建立默认值约束的列名“dept”，在列属性的“常规”选项中，在“默认值或绑定”中添上要定义的值，输入“信息工程系”，设置默认值约束，如图 2-4-9 所示，单击工具栏上的“保存”按钮保存修改。

4. 对 sex 列添加检查约束

在学生表 student 中的性别 sex 列添加检查约束，只有“男”或“女”两个选项可供选择。

打开表设计器窗口，在表设计器窗口的任意位置右击，在弹出的快捷菜单中，选择“CHECK 约束”选项，如图 2-4-10 所示。

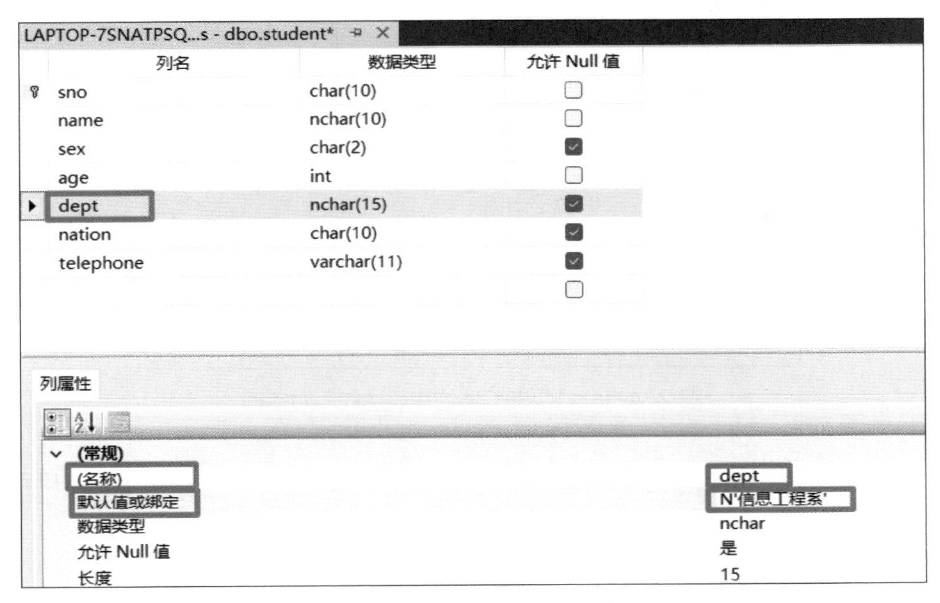

图 2-4-9　设置默认值约束

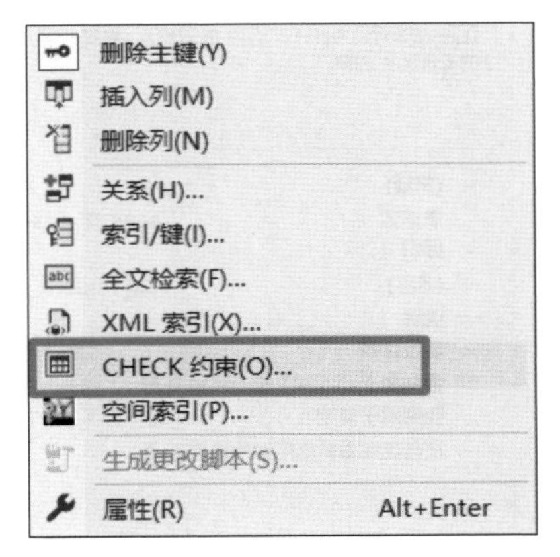

图 2-4-10　选择“CHECK 约束”选项

在弹出的“检查约束”对话框中单击“添加”按钮，在右侧的“常规”选项中单击“表达式”后面的 ... 按钮，弹出图 2-4-11 所示的“CHECK 约束表达式”对话框，输入约束条件“sex='女' or sex='男'”。注意，必须输入英文状态的标点符号。输入完成后，单击“确定”按钮。

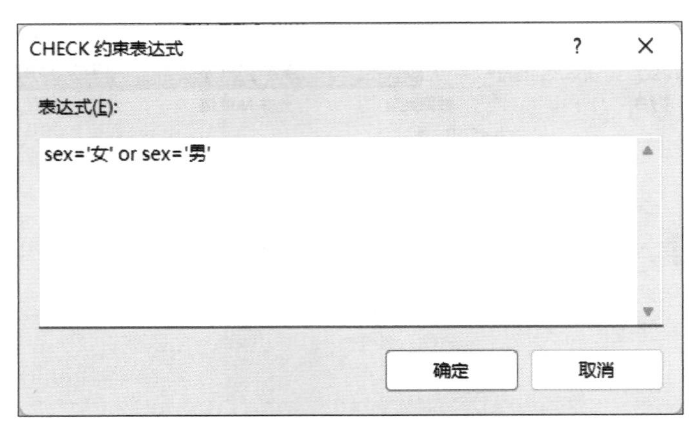

图 2-4-11 “CHECK 约束表达式”对话框

返回“检查约束”对话框，设置性别的 CHECK 约束，如图 2-4-12 所示，单击“关闭”按钮，单击工具栏上的“保存”按钮保存修改。

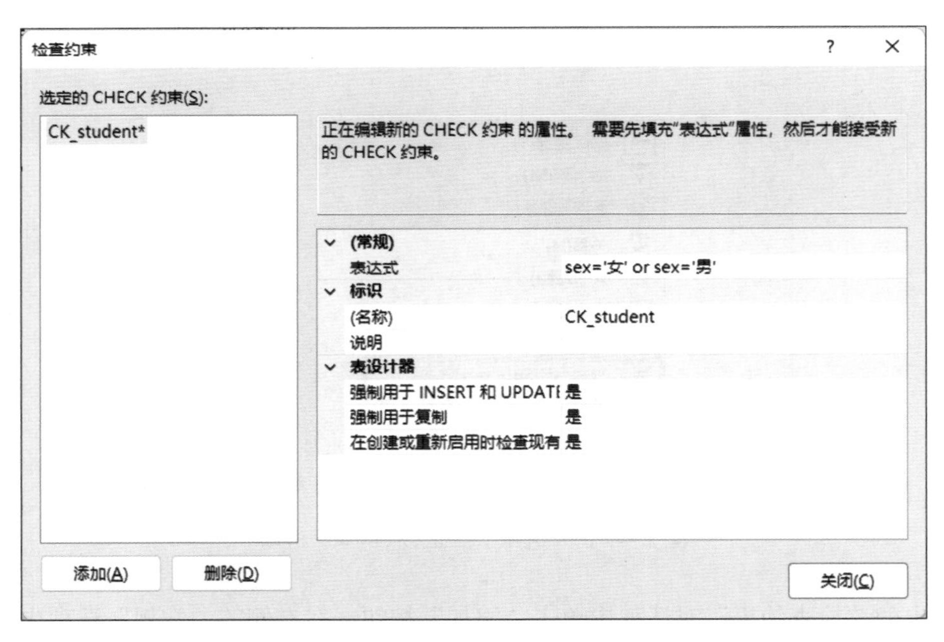

图 2-4-12 设置性别的 CHECK 约束

二、验证约束在保证数据完整性的作用

在 SSMS 窗口中选中学生表 student 并右击，在弹出的快捷菜单中，选择“编辑前 200 行”选项。

1. 验证 age 列的 NOT NULL 约束

手动添加一条记录“sno:xx20220405，name: 史空约，sex: 男，nation: 汉，dept: 信息工程系，telephone：135666××××7”，列 age 不填任何内容，为 NULL，当光标再移动至下一行，弹出图 2-4-13 所示的提示信息，因为违反非空约束，所以增加的行不成功，未提交的字段后面出现红色的感叹号，解决的方法是在 age 下填写年龄数字即可，如填写“18”。

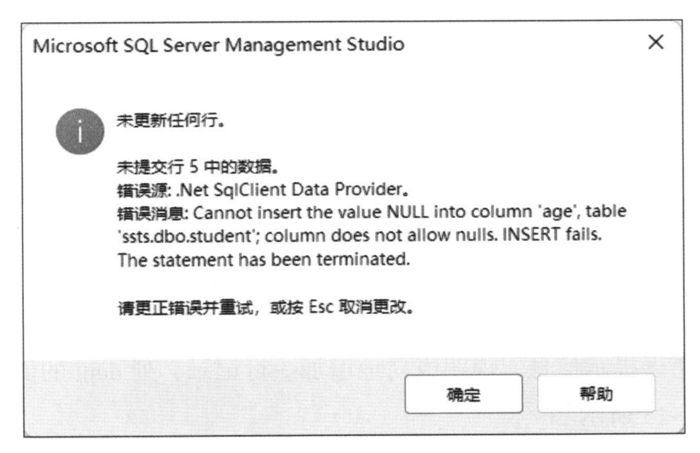

图 2-4-13　提示信息 1

2. 验证 telephone 列的唯一约束

手动添加一条记录“sno:xx20220406，name: 史唯约，sex: 男，age:18，nation: 汉，dept: 信息工程系，telephone:134555××××6”，列 telephone 的值与表中某条记录的 telephone 重复。当光标再移动至下一行，弹出图 2-4-14 所示的提示信息，因为违反唯一约束，所以增加的行不成功，未提交的字段后面出现红色的感叹号，解决的方法是填写不同于其他记录的手机号码。

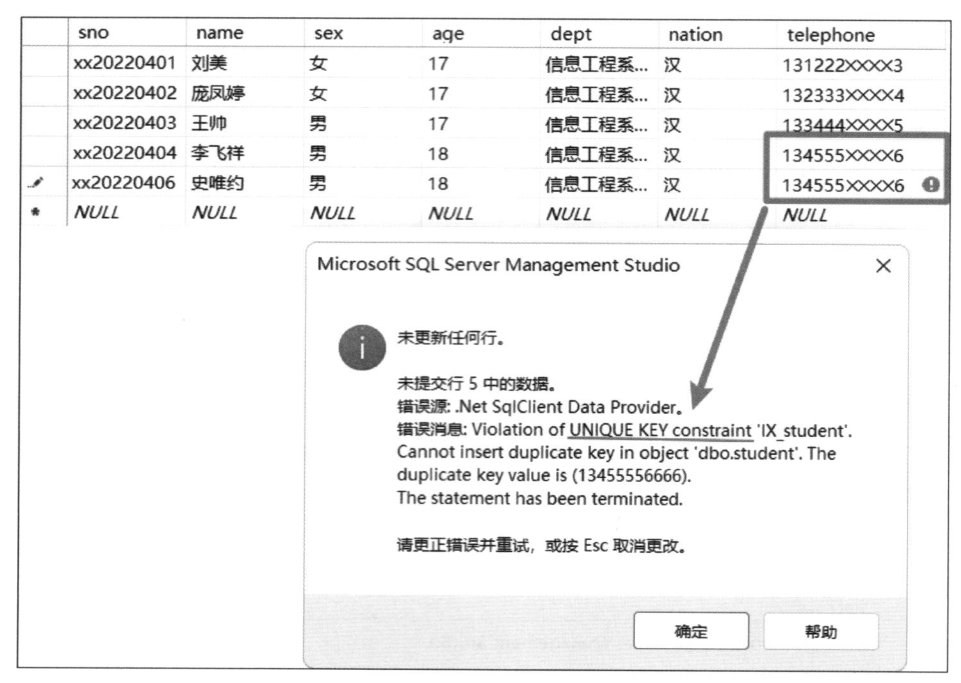

图 2-4-14　提示信息 2

3. 验证 dept 列的默认约束

手动添加一条记录“sno:xx20220407，name: 史默约，sex: 女，age:17，dept: 不填写任何内容，nation: 汉，telephone:136777××××8”，列 dept 的值不填写任何内容。当光标再移动至下一行，没有任何错误提示信息，说明成功地增加一行记录，列 dept 的值自动填写为“信息工程系”，如图 2-4-15 所示。

sno	name	sex	age	dept	nation	telephone
xx20220401	刘美	女	17	信息工程系	汉	131222××××3
xx20220402	庞凤婷	女	17	信息工程系	汉	132333××××4
xx20220403	王帅	男	17	信息工程系	汉	133444××××5
xx20220404	李飞祥	男	18	信息工程系	汉	134555××××6
xx20220407	史默约	女	17	信息工程系	汉	136777××××8
NULL	NULL	NULL	NULL	NULL	NULL	NULL

图 2-4-15　自动填写默认值

4. 验证 sex 列的检查约束

手动添加一条记录“sno:xx20220408，name: 史检约，sex: 妇女，age:17，nation: 汉，dept: 信息工程系，telephone: 137888××××9”，列 sex 的值“妇女”不符合 CHECK 约束，CHECK 约束只有“男”或“女”两个选项。当光标再移动至下一行，弹出图 2-4-16 所示的提示信息，因为违反检查约束，所以增加的行不成功，未提交的字段后面出现红色的感叹号。

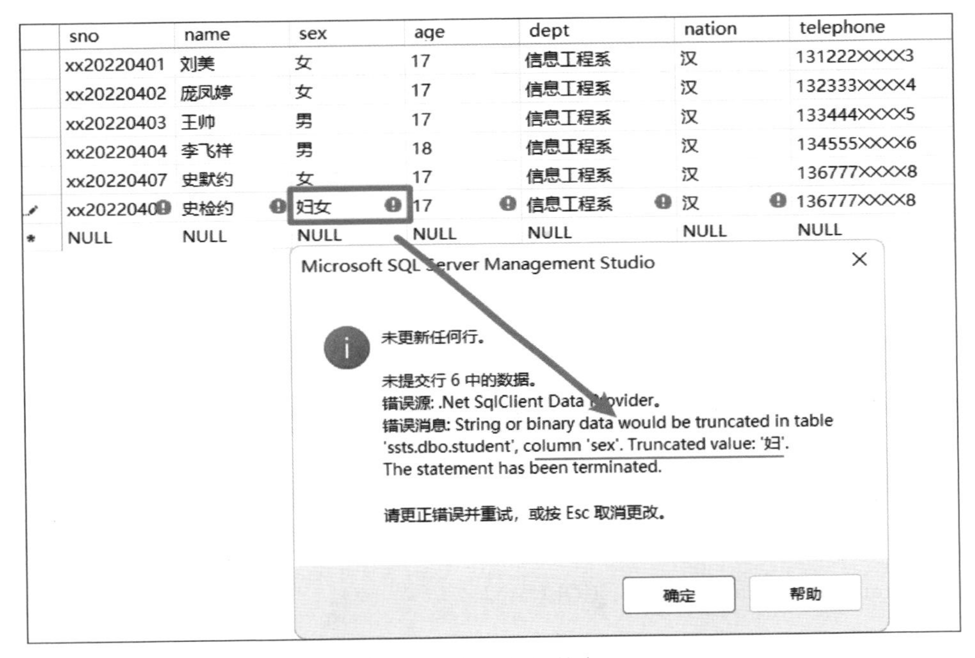

图 2-4-16　提示信息 3

三、使用 T-SQL 语句在表中添加约束

1. 创建课程表 course，设置课程号 cno 为主键

在创建课程表 course 之前，检查数据库 ssts 中是否有这个表。如果有课程表 course，删除课程表 course 和选课表 sc 相关的外键约束，再删除课程表 course。使用 T-SQL 语句重新创建课程表 course，并设置主键约束，相关语句如下。

```
USE ssts
GO
CREATE TABLE course(
        cno char(4) CONSTRAINT PK_course PRIMARY KEY NOT NULL,
        name char(20),
        pno char(4),
        credit smallint
    )
```

2. 修改选课表 sc 中的课程号 cno 为外键约束

修改选课表 sc 中的课程号 cno 为外键约束，参照课程表 course 中的主键 cno。

```
USE ssts
GO
ALTER TABLE sc
  ADD CONSTRAINT FK_sc_course FOREIGN KEY(cno) REFERENCES course(cno)
```

3. 修改选课表 sc 中的字段 grade 列名为 score，设置检查约束

将学生成绩字段 score 设置为 CHECK 约束，要求学生的成绩为 0 ~ 100。

（1）修改选课表 sc 中的字段 grade 的列名为 score。

```
EXEC sp_rename 'sc.grade', 'score', 'COLUMN'
```

（2）修改选课表 sc 中的列 score，添加 CHECK 约束。

```
USE ssts
GO
ALTER TABLE sc
      ADD CONSTRAINT CK_sc CHECK (score>=0 AND score<=100)
```

小提示

可以用 T-SQL 语句删除各种约束，语法格式如下。

ALTER TABLE 表名 DROP CONSTRAINT constraint_name

例如，删除 CHECK 约束，代码如下。

```
USE ssts
GO
ALTER TABLE sc
        DROP CONSTRAINT CK_sc
```

项目三　操作数据表

创建数据表并设置约束后，就可以向数据表中插入数据，以便进行后续的数据查询等操作。数据表的数据在使用过程中经常要进行更新，常用数据更新操作包括插入数据、修改数据和删除数据，可以通过 SSMS 窗口直接更新数据，也可以通过 T-SQL 语句更新数据。

本项目通过“通过 SSMS 窗口操作数据表”“插入数据”“修改和删除数据”任务实例，帮助读者掌握在数据表中插入数据、修改数据、删除数据、查看操作结果等技能。

任务 1　通过 SSMS 窗口操作数据表

能通过 SSMS 窗口插入、修改、删除数据。

任务描述

在前面的任务中，已经创建了学生表 student，并且设置了约束。本任务要求录入新生的相关信息。

可以使用 SSMS 窗口向学生表 student 插入一条记录，记录为“学号 :2022010901，姓名 : 李十雨，性别 : 女，年龄 :18，系别 : 创意服务系”。再插入一条记录“学号 :2022010902，姓名 : 沈十一，性别 : 女 ，年龄 :17”，再修改其系别为“创意服务系”。插入记录后，要求删除学生表 student 中姓名为“沈十一”的记录。学生表的记录如图 3-1-1 所示。

	sno	name	sex	age	dept
▶	2022010901	李十雨	女	18	创意服务系
*	NULL	NULL	NULL	NULL	NULL

图 3-1-1　学生表的记录

一、通过 SSMS 窗口插入数据

插入记录是将新记录添加在表尾，可在表中插入多条记录，也可以边插入边修改。如果某列不允许为空，那么必须输入值。

连接到服务器后，展开已经建立的数据库 ssts，再展开表结点，右击学生表 student，在弹出的快捷菜单中，选择“编辑前 200 行”选项，如图 3-1-2 所示。

将光标定位在表格中，逐行逐列输入数据信息。在各个字段下输入所有学生的信息内容，如果输入错误，可以直接修改。编辑学生表 student，如图 3-1-3 所示，学号的数据类型为 char(10)，若输入“xxgc20220401”，则超过了 10 位，会提示“未更新任何行”，需要截断数据，所以在输入学号时要考虑数据类型。其他字段的输入也是如此，与数据类型息息相关。

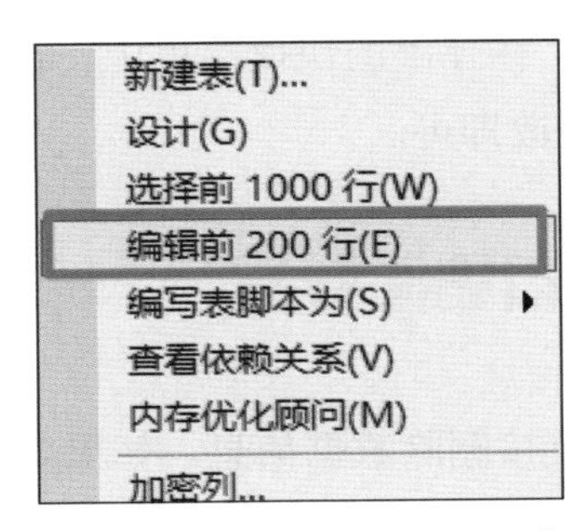

图 3-1-2　选择“编辑前 200 行”选项

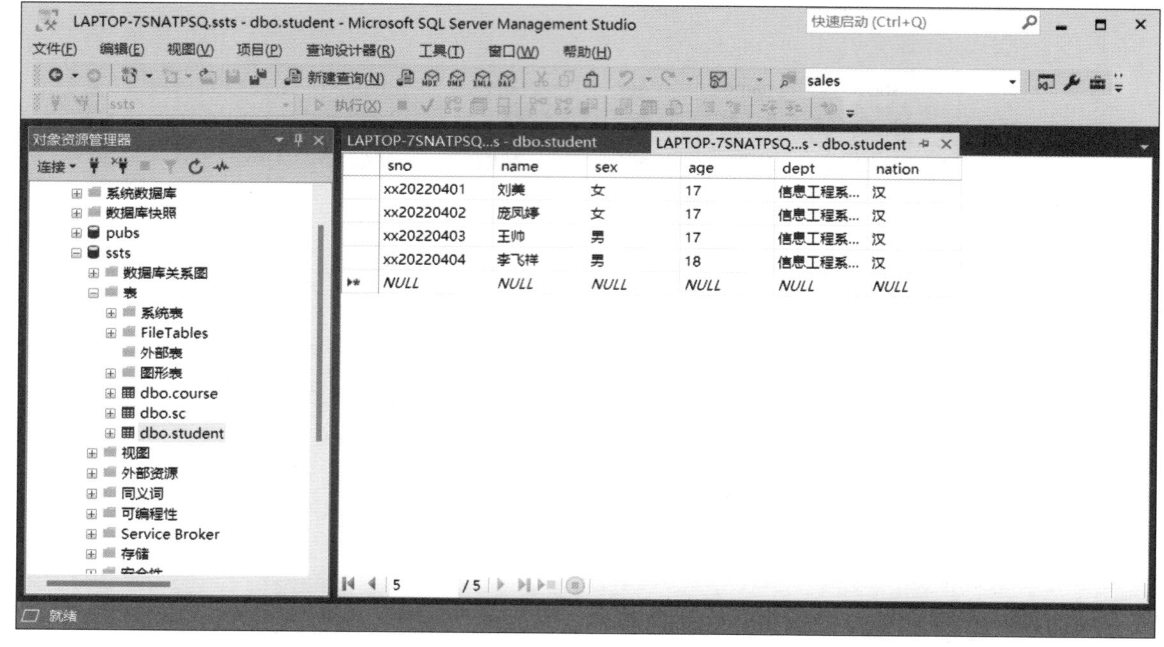

图 3-1-3　编辑学生表 student

二、通过 SSMS 窗口修改数据

如果输入的某条记录有错误，可以进行修改。将插入点定位到要修改的地方，直接修改即可。在修改数据时，应注意数据类型、长度、约束等要符合要求，否则修改可能不成功。

若要修改学生表 student 中的数据，在连接到服务器后，展开已经建立的数据库 ssts，再展开表结点，右击学生表 student，在弹出的快捷菜单中，选择“编辑前 200 行”选项，将插入点定位到要修改的位置，直接修改即可。

三、通过 SSMS 窗口删除数据

将光标定位在表格中，可以直接删除数据信息。如果要删除一行信息，也就是删除一条记录，可以单击记录当前行最前面的单元格，选中当前数据行并右击，在弹出的快捷菜单中，选择“删除”选项，如图 3-1-4 所示，在弹出的对话框中单击“是”按钮，即可删除一条记录。

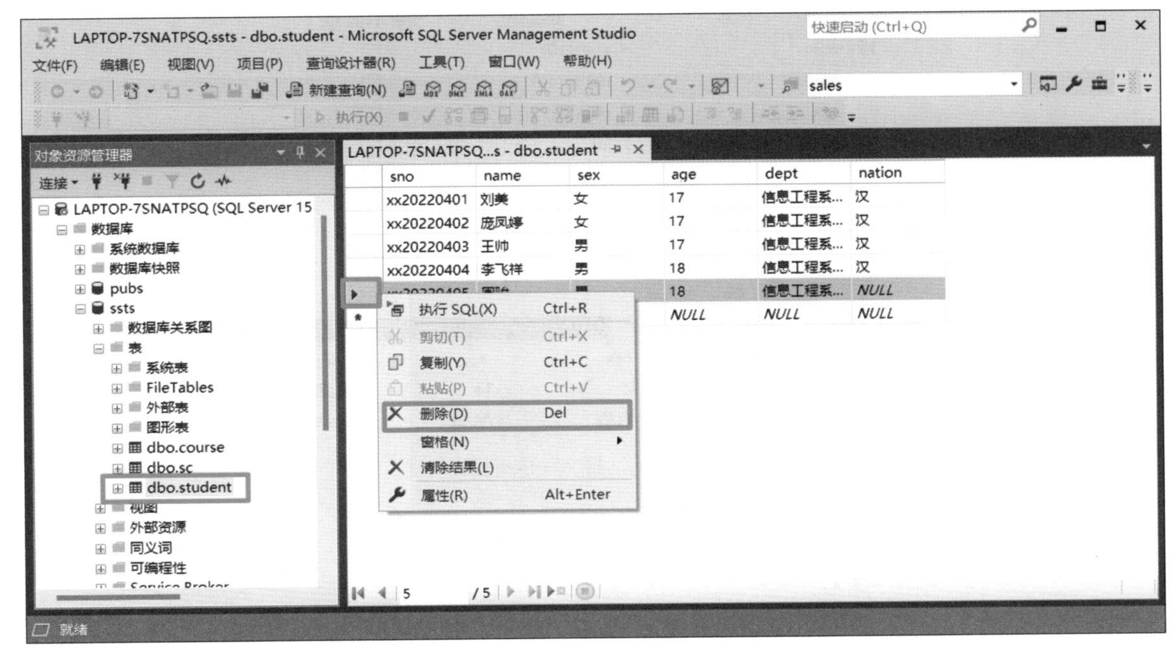

图 3-1-4　选择“删除”选项

在插入、修改、删除数据后，单击工具栏上的“保存”按钮，保存操作结果。

一、向学生表 student 插入记录

在插入学生记录前，学生表 student 的设计如图 3-1-5 所示，删除表结构多余的列，可知有学号 sno、姓名 name、性别 sex、年龄 age、系别 dept 几个字段。对每个字段的数据类型（包括数据长度）要有初步了解。另外，sno 为主键，系部有默认约束值“信息工程系”，因此在插入数据时，要符合这些约束。

右击学生表 student，在弹出的快捷菜单中选择“编辑前 200 行”选项，在右侧的空格中输入“2022010901，李十雨，女，18，创意服务系”，插入一条记录，如图 3-1-6 所示。插入数据后，保存数据表。

列名	数据类型	允许 Null 值
sno	char(10)	☐
name	nchar(10)	☐
sex	char(2)	☑
age	int	☐
dept	nchar(15)	☑

图 3-1-5　学生表 student 的设计

DESKTOP-PJKH5S1...ts - dbo.student

sno	name	sex	age	dept
2022010901	李十雨	女	18	创意服务系
NULL	NULL	NULL	NULL	NULL

图 3-1-6　插入一条记录

二、修改学生表 student 记录

右击学生表 student，在弹出的快捷菜单中选择“编辑前 200 行”选项，在右侧的空格中输入“2022010902，沈十一，女，17”。因为系部有默认约束值“信息工程系”，所以在输入 dept 字段时，不用输入任何文字，如图 3-1-7 所示。现在要把“信息工程系”改为“创意服务系”，直接修改即可。修改数据后，保存数据表。

DESKTOP-PJKH5S1...ts - dbo.student

sno	name	sex	age	dept
2022010901	李十雨	女	18	创意服务系
2022010902	沈十一	女	17	创意服务系
NULL	NULL	NULL	NULL	NULL

图 3-1-7　修改一条记录

三、删除学生表 student 记录

使用 SSMS 窗口删除学生表 student 姓名为“沈十一”的一条记录。右击学生表 student，在弹出的快捷菜单中选择“编辑前 200 行”选项，在右侧的窗格中，单击第二条记录最前面的单元格，选择第二行并右击，在弹出的快捷菜单中选择“删除”选项，如图 3-1-8 所示，在弹出的对话框中单击“是”按钮，即可删除一条记录。

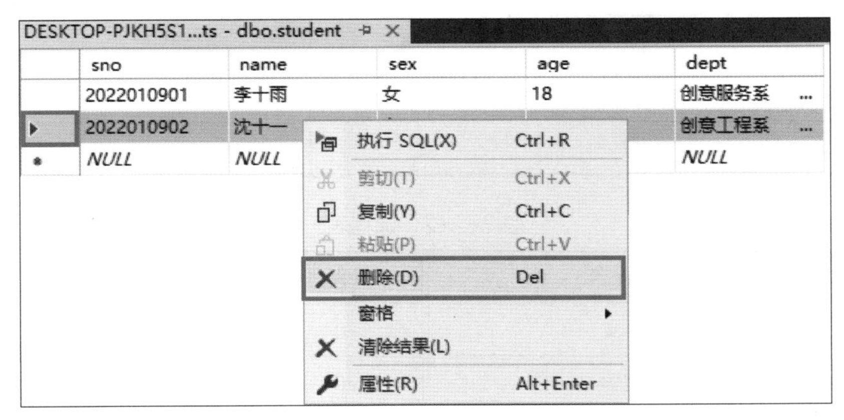

图 3-1-8 删除一条记录

任务 2 插入数据

1. 能使用 INSERT INTO VALUES 语句向表中插入一条或多条记录。
2. 能使用 INSERT SELECT 语句，将子查询结果插入表中。
3. 能使用 SELECT INTO 语句创建新表。

新学期开始，教务处要输入信息工程系和电气工程系新生的信息，要求清空数据库 ssts 中学生表 student 的所有记录，存储新生的信息，但表结构不变。新生信息表见表 3-2-1，课程表见表 3-2-2。

表 3-2-1　新生信息表

学号	姓名	性别	年龄	系部
xx20240101	张明亮	男	22	信息工程系
dq20240201	刘莉	女	20	电气工程系

表 3-2-2　课程表

课程号	课程名	课程号	课程名
c01	语文	c04	计算机基础
c02	数学	c05	SQL Server 数据库应用
c03	英语	c06	C 语言程序设计

学期结束，学生选修课成绩表见表 3–2–3。3 张表之间的关系是学生选修课成绩表中的学号来源于新生信息表中的学号，成绩表中的课程号来源于课程表中的课程号。

表 3-2-3　学生选修课成绩表

学号	课程号	成绩
xx20240101	c01	95
xx20240101	c02	96
xx20240101	c03	97
dq20240201	c01	85
dq20240201	c02	86
dq20240201	c03	87

教务处为了评定奖学金，要求单独创建一张表 sc90，用于存放 90 分以上的学生成绩；还要得到一张所有学生选课的成绩表，学生课程成绩表 studentCourseScore 如图 3–2–1 所示。

	姓名	课程名	分数
1	刘莉	语文	85
2	刘莉	数学	86
3	刘莉	英语	87
4	张明亮	语文	95
5	张明亮	数学	96
6	张明亮	英语	97

图 3-2-1　学生课程成绩表 studentCourseScore

可以使用 INSERT INTO VALUES 语句向学生表 student 和课程表 course 中插入记录。使用 SELECT INTO 语句创建 sc90 表，用于存放 90 分以上的学生成绩；使用 INSERT SELECT 语句插入查询结果到 sc90 表中；使用 SELECT INTO 语句创建学生课程成绩表 studentCourseScore。

一、CRUD 操作

CRUD 是一个数据库技术的缩写词，表示对数据的创建（create）、读取（read）、更新（update）和删除（delete）操作，这些操作属于处理数据的基本原子操作。原子操作是不可分割的，表示这种操作一旦开始，就会一直运行到结束，中间不会被任何其他任务或事件中断，不会切换到另一个线程。

二、INSERT 语句

INSERT 语句用于向数据表或视图中添加数据，INSERT 语句的语法格式如下。

```
INSERT [INTO] table_or_view [(column_list)] VALUES(data_values)
```

INSERT 语句将 VALUES 子句中的值按照 INTO 子句中指定列名的顺序插入表中。

其中，table_or_view 是指要插入新记录的表名或视图名；column_list 是可选项，指定待添加数据的字段列名，要用圆括号将所有的字段列名括起来，列与列之间用逗号分隔；VALUES 子句指定待添加数据的具体值。列名的排列顺序不一定要与表定义时的顺序一致。若指定列名表 column_list 时，VALUES 子句值 data_values 的排列顺序必须与列名表中的列名排列顺序一致、个数相等、数据类型一一对应。

【例 3-2-1】将字段 mycolumn 值为“some data”的记录插入 mytable 表中。

```
INSERT mytable (mycolumn) VALUES ('some data')
```

此语句把字符串“some data”插入表 mytable 的 mycolumn 字段中。将要被插入数据的字段的名字在第一个括号中指定，实际的数据在第二个括号中给出。如果一个表有多个字段，通过把列名和字段值用逗号隔开，可以向所有的字段中插入数据。

【例 3-2-2】mytable 表有 first_column、second_column、third_column 这 3 个字段，插入对应的值为“first data”“second data”“third data”。

```
INSERT mytable (first_column, second_column, third_column)
VALUES ('first data', 'second data', 'third data')
```

此语句添加了一条 3 个字段都有值的完整记录。

【例 3-2-3】将“日语”课程（课程编号为“c04”）插入课程表 course 中。

```
INSERT INTO course(cno, name)
VALUES('c04', ' 日语 ')
```

在进行数据插入操作时，需注意以下几点。

1. 在 VALUES 子句中，必须用英文状态下的逗号将各个数据分开，字符型数据和日期类型数据要用英文状态下的单引号引起来，数值型数据不需要加单引号。

2. 有时并不需要向表中插入完整的行，而需要将数据只插入到几个指定的字段内，在表名后加上字段列表，且 VALUES 子句中值的排列顺序要与表中各属性列的排列顺序一致。

3. 在列属性为 IDENTITY 的字段上，插入数据可分为两种情况：若插入显示值，则必须指定字段和值，而且 SET IDENTITY_INSERT 选项为 ON；若不插入显示值，可以不必指定字段和值，系统自动根据 seed 和 increment 值计算得到。

4. 在设有默认值字段上添加数据时，可以使用列的默认值，字段值可以不写到 T-SQL 语句中。

5. 对于 INTO 子句中没有出现的列，插入的新记录在这些列上字段可能为空，可能会被设置为默认值。但在表定义时，有 NOT NULL 约束的属性列不能取空值，必须要插入值。

三、SELECT INTO 复制数据表

如果要复制其他数据库中的数据表到数据库 ssts 中，表名 tableName 不变，表格的设计结构和内容全部复制，假定数据库的名称为 databaseName。

```
SELECT * INTO ssts.dbo.tableName
FROM databaseName.dbo.tableName
```

注意，写法为“数据库名 .dbo. 表名”。

若只复制表格的设计结构，而不复制内容，可在上述语句基础上加上不成立的条件即可。

```
SELECT * INTO ssts.dbo.tableName
FROM databaseName.dbo.tableName
WHERE 2=1
```

一、使用 INSERT INTO 语句向学生表 student 中插入记录

1. 选定数据库 ssts

找到学生表 student、课程表 course 和选课表 sc，检查字段的类型、长度与约束，如果不符合以下要求，修改表的结构。

（1）学生表 student

学号 sno 为主键，学号 sno、姓名 name、年龄 age 不能为空，性别 sex 和系别 dept 都可以为空，没有 telephone 列。

（2）课程表 course

课程号 cno 为主键，课程名 name 可以为空，只有 cno 和 name 两个字段，删除多余的 pno 和 credit 字段。

（3）选课表 sc

选课表 sc 包括学号 sno、课程号 cno 和分数 score 这 3 个字段，其中 sno 和 cno 为外键。

2. 使用 INSERT INTO 语句插入记录

```
INSERT INTO student
VALUES('xx20240101','张明亮','男',22,'信息工程系')
SELECT *
FROM student
```

上面的 INTO 子句可以省略，插入一条完整记录的结果如图 3-2-2 所示。

当插入一条完整的记录时，可以省略列名列表，如果有字段值为 NULL，也必须给出。也可以把表的字段全部列出，使用下面的语句，句中的 INTO 子句也可以省略。

结果　消息

	sno	name	sex	age	dept
1	xx20240101	张明亮	男	22	信息工程系

图 3-2-2　插入一条完整记录的结果

```
INSERT INTO student(sno,name,sex,age,dept)
VALUES('xx20240101',' 张明亮 ',' 男 ',22,' 信息工程系 ')
```

当只插入一条记录的部分字段时，需要写出列名并给出对应的字段值，将 VALUES 子句中的值按照 INTO 子句中指定列名的顺序插入表中。

```
INSERT student(sno,name,sex,age)
VALUES('dq20240201',' 刘莉 ',' 女 ',20)
SELECT *
FROM student
```

插入一条记录部分字段的结果如图 3-2-3 所示。

	sno	name	sex	age	dept
1	dq20240201	刘莉	女	20	信息工程系
2	xx20240101	张明亮	男	22	信息工程系

图 3-2-3　插入一条记录部分字段的结果

从图 3-2-3 中可以看出，由于 dept 字段允许为空且有默认值约束，插入记录时又没有给定值，所以 dept 字段的值为“信息工程系”。对于 INTO 子句中没有出现的列，插入的新记录在这些列上将取空值。在“任务描述”中，刘莉是电气工程系学生，所以再使 SSMS 窗口将 dept 列由“信息工程系”修改为“电气工程系”。

小提示

如果设置了主键约束，那么不能重复插入记录，否则会报类似“Violation of PRIMARY KEY constraint 'PK_table_name'”的错误。

二、使用 INSERT INTO 语句向课程表 course 中插入多条记录

在课程表 course 中包括：课程号 cno，cno 为主键；课程名 name，name 列可以为空，只有 cno 和 name 两个字段。在插入数据前，需要对课程表 course 进行设计，使用 INSERT INTO 语句的代码如下。

```
INSERT INTO course
VALUES ( 'c01', ' 语文 '),
        ( 'c02',' 数学 '),
        ( 'c03', ' 英语 '),
        ( 'c04', ' 计算机基础 '),
        ( 'c05', 'SQL Server 数据库应用 '),
        ( 'c06', 'C 语言程序设计 ')
SELECT *
FROM course
```

插入多条记录的结果如图 3-2-4 所示。

	cno	name
1	c01	语文
2	c02	数学
3	c03	英语
4	c04	计算机基础
5	c05	SQL Server数据库应用
6	c06	C语言程序设计

图 3-2-4　插入多条记录的结果

插入多条记录时，记录用括号括起来，记录之间用英文状态的逗号分隔。

三、使用 INSERT SELECT 语句插入子查询结果

1. 创建新表 sc90

先检查是否有表 sc90，若无则可以使用下面的 T-SQL 语句得到表 sc90 的结构。执行完成后，在“表”目录上进行“刷新”操作。

```
SELECT * INTO sc90
FROM sc
WHERE 1=2
```

2. 插入选课表 sc 中的数据

```
INSERT INTO sc (sno,cno,score)
VALUES ( 'xx20240101', 'c01',95),
       ( 'xx20240101', 'c02',96),
       ( 'xx20240101', 'c03',97),
       ( 'dq20240201', 'c01',85),
       ( 'dq20240201', 'c02',86),
       ( 'dq20240201', 'c03',87)
SELECT *
FROM sc
```

3. 把选课表 sc 中成绩大于 90 分的记录存入新表 sc90

```
INSERT sc90
SELECT *
FROM sc
WHERE score > 90
SELECT *
FROM sc90
```

使用 INSERT SELECT 语句插入记录的结果如图 3-2-5 所示。

在实际开发或测试过程中，经常会遇到需要复制表的情况，如将一个表中满足条件的部分数据复制到另一个表中。使用 INSERT SELECT 语句，可把 SELECT 语句的查询结果集添加到现有的表中。

	sno	cno	score
1	xx20240101	c01	95
2	xx20240101	c02	96
3	xx20240101	c03	97

图 3-2-5　使用 INSERT SELECT 语句插入记录的结果

注意，此处的 INSERT SELECT 语句没有 VALUES 子句，INSERT 关键字后写上已有的表名，可以根据需要加上字段列表。

四、使用 SELECT INTO 语句创建 studentCourseScore 表

查询学生的姓名、课程名和成绩，并生成新的 studentCourseScore 表，不同于上面的 INSERT SELECT 语句，这个新表不需要提前创建。

```
SELECT student. name AS 姓名 , course. name AS 课程名 , sc. score AS 分数 INTO
studentCourseScore
FROM  student, course, sc
WHERE student. sno=sc. sno and course. cno=sc. cno
SELECT *
FROM studentCourseScore
```

使用 SELECT INTO 语句创建表的结果如图 3-2-6 所示。

	姓名	课程名	分数
1	刘莉	语文	85
2	刘莉	数学	86
3	刘莉	英语	87
4	张明亮	语文	95
5	张明亮	数学	96
6	张明亮	英语	97

图 3-2-6　使用 SELECT INTO 语句创建表的结果

SELECT INTO 语句可以把查询结果集生成一张新表。使用时，在 INTO 关键字后紧跟用于保存查询结果的新表的名字。

任务 3　修改和删除数据

1. 能使用 UPDATE SET 语句修改记录，对符合条件的数据进行修改。
2. 能使用 DELETE 语句删除数据表中符合条件的数据。
3. 能使用 TRUNCATE TABLE 语句快速删除数据。
4. 能使用 DROP TABLE 语句删除表。

一年过去了，同学们的年龄也增长了 1 岁，需要在学生表 student 中将所有学生的年龄增加 1 岁。将“信息工程系”更名为“电子信息系”，需要对学生表 student 中系别 dept 做相应的更改，修改后的学生表 student 如图 3-3-1 所示。

	sno	name	sex	age	dept
1	dq20240201	刘莉	女	21	电子信息系
2	xx20240101	张明亮	男	23	电子信息系

图 3-3-1　修改后的学生表 student

接到教务处通知，需要删除数据表 studentCourseScore 中姓名为“刘莉”的全部记录。一段时间后学生成绩有了新的样式表格，发现 studentCourseScore 过于简单，需要删除 studentCourseScore 表，包括删除数据和结构的全部信息。

一、UPDATE 语句

UPDATE 语句用于修改数据表或视图中特定记录或字段的数据，其语法格式如下。

```
UPDATE table_or_view
SET <column>=<expression>[,<column>=<expression>]…
[WHERE <search_condition>]
```

其中，table_or_view 是指要修改的表或视图；SET 子句给出要修改的列及其修改后的值，column 为要修改的列名，expression 为其修改后的值；WHERE 子句用于指定待修改的记录应满足的条件，WHERE 子句省略时，则修改表中的所有记录。

1. 修改所有记录

【例 3-3-1】现有图书表 book，图书的价格为 price。现将 book 表前三本书的价格 price 打 9 折，保留整数。

```
SELECT top 3 bookName,price
FROM book
UPDATE top (3) book
SET price=CAST(ROUND(price*0.9,0) AS INT)
SELECT top 3 bookName,price
FROM book
```

ROUND 函数返回一个数值，该值是按照指定的小数位数进行四舍五入运算的结果。CAST 函数用于将某种数据类型的显式表达式转换为另一种数据类型。

修改前三条记录的结果如图 3-3-2 所示。

结果 消息

	bookName	price
1	动画概论	38
2	素描	39
3	动画剧本创作	36

	bookName	price
1	动画概论	34
2	素描	35
3	动画剧本创作	32

图 3-3-2 修改前三条记录的结果

2. 修改符合条件的记录

修改符合条件的记录，一般使用“UPDATE…SET…WHERE…”语句。

【例 3-3-2】将学生表 student 中姓名为“刘美”的同学的系别改为“创意服务系”。

UPDATE student SET dept='创意服务系' WHERE name='刘美'。

带有 WHERE 条件的修改语句，可以修改满足指定条件的记录，如果条件不满足，那么将不进行修改。

【例 3-3-3】将课程表 course 中课程为“语文”“数学”“英语”“日语”的学分 credit 都设置为 5，其他课程学分都设置为 4。

```
SELECT * FROM course
UPDATE course
SET credit = CASE
    WHERE name IN ('语文', '数学', '英语', '日语') THEN 5
    ELSE 4
```

```
END;
SELECT * FROM course
```

先查询出课程表 course 的所有记录，再根据条件修改相应的学分，最后再次查询课程表 course 的所有记录，验证修改是否成功。

二、DELETE 语句

DELETE 语句用于删除数据表或视图中一行或多行数据，其语法格式如下。

```
DELETE
FROM table_or_view
[WHERE <search_condition>]
```

其中，table_or_view 是指要修改的表或视图；WHERE 子句用于指定待删除的记录应满足的条件，WHERE 子句省略时，则删除表中的所有记录。

1. 删除所有记录

（1）没有 WHERE 的 DELETE 语句

【例 3-3-4】将学生成绩表 studentScore 的记录全部删除。

```
DELETE
FROM studentScore
SELECT *
FROM studentScore
```

（2）使用 TRUNCATE TABLE 删除表数据

使用 TRUNCATE 删除表中所有的行，与没有 WHERE 的 DELETE 语句类似，但 TRUNCATE 速度更快。

【例 3-3-5】删除 sc90 表的所有记录。

```
TRUNCATE TABLE sc90
SELECT *
FROM sc90
```

小提示

使用 DELETE 和 TRUNCATE 删除表中所有的行，但表结构及其列、约束、索引等保持不变。

2. 删除指定记录

【例 3-3-6】删除学生表 student 中的姓名为“刘美”的记录。

```
DELETE
FROM student
WHERE name='刘美'
```

三、使用 DROP TABLE 删除表

```
DROP TABLE sc90
```

sc90 表的结构和数据将被全部删除。

一、将学生表 student 中所有学生的年龄增加 1 岁

```
SELECT *
FROM student
UPDATE student
SET age=age+1
SELECT *
FROM student
```

年龄增加 1 岁的结果如图 3-3-3 所示。

	sno	name	sex	age	dept
1	dq20240201	刘莉	女	20	信息工程系
2	xx20240101	张明亮	男	22	信息工程系

	sno	name	sex	age	dept
1	dq20240201	刘莉	女	21	信息工程系
2	xx20240101	张明亮	男	23	信息工程系

图 3-3-3　年龄增加 1 岁的结果

二、将学生表 student 中系别 dept 为“信息工程系”的改为“电子信息系”

```
SELECT *
FROM student
UPDATE student
SET dept= '电子信息系'
WHERE dept= '信息工程系'
SELECT *
FROM student
```

更改 dept 名称的结果如图 3-3-4 所示。

	sno	name	sex	age	dept
1	dq20240201	刘莉	女	21	信息工程系
2	xx20240101	张明亮	男	23	信息工程系

	sno	name	sex	age	dept
1	dq20240201	刘莉	女	21	电子信息系
2	xx20240101	张明亮	男	23	电子信息系

图 3-3-4　更改 dept 名称的结果

三、删除指定记录

将学生表 studentCourseScore 中姓名为“刘莉”的记录全部删除。

```
SELECT *
FROM studentCourseScore
```

```
DELETE
FROM studentCourseScore
WHERE 姓名 = '刘莉'
SELECT *
FROM studentCourseScore
```

删除记录后的结果如图 3-3-5 所示。

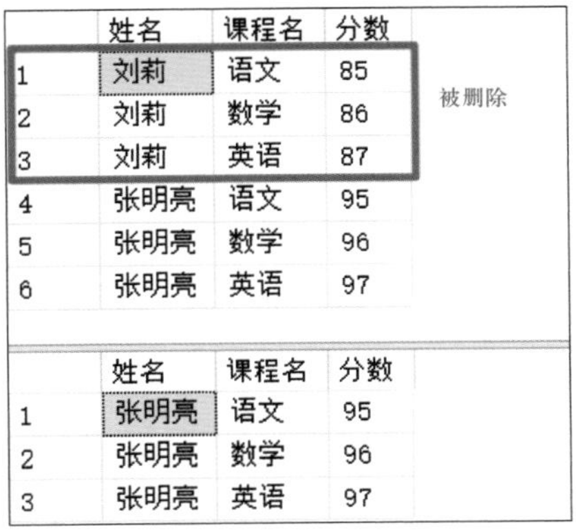

	姓名	课程名	分数
1	刘莉	语文	85
2	刘莉	数学	86
3	刘莉	英语	87
4	张明亮	语文	95
5	张明亮	数学	96
6	张明亮	英语	97

被删除

	姓名	课程名	分数
1	张明亮	语文	95
2	张明亮	数学	96
3	张明亮	英语	97

图 3-3-5　删除记录后的结果

四、删除 studentCourseScore 表

```
DROP TABLE studentCourseScore
```

若使用 DROP TABLE 语句，则 studentCourseScore 表的结构和数据被全部删除。如果使用 DELETE FROM 语句，只能删除 studentCourseScore 表中的数据。

项目四　管理数据库

建立数据库之后需要管理数据库，从而保障数据的安全性和可用性，确保数据的完整性和一致性。

本项目通过“导入与导出数据表”“分离与附加数据库”“备份与还原数据库”任务实例，帮助读者掌握管理数据库的基本技能。

任务1　导入与导出数据表

1. 能导入 Access 数据库中的数据表。
2. 能导入其他类型的数据源。
3. 能导出 SQL Server 数据库中的数据表，并导出为 Excel 文件。
4. 能导出为其他类型的数据源，并验证导出结果。

本任务要求删除数据库 ssts 中旧的 users 表，将已有的 Access 数据库中的 books 表和 user 表导入数据库 ssts 中，然后再将数据库 ssts 中的 student 和 course 两张表导出为 Excel 格式文件。

可以使用 SQL Server 导入和导出向导完成上述两项操作，导入和导出的结果如图 4-1-1 所示。

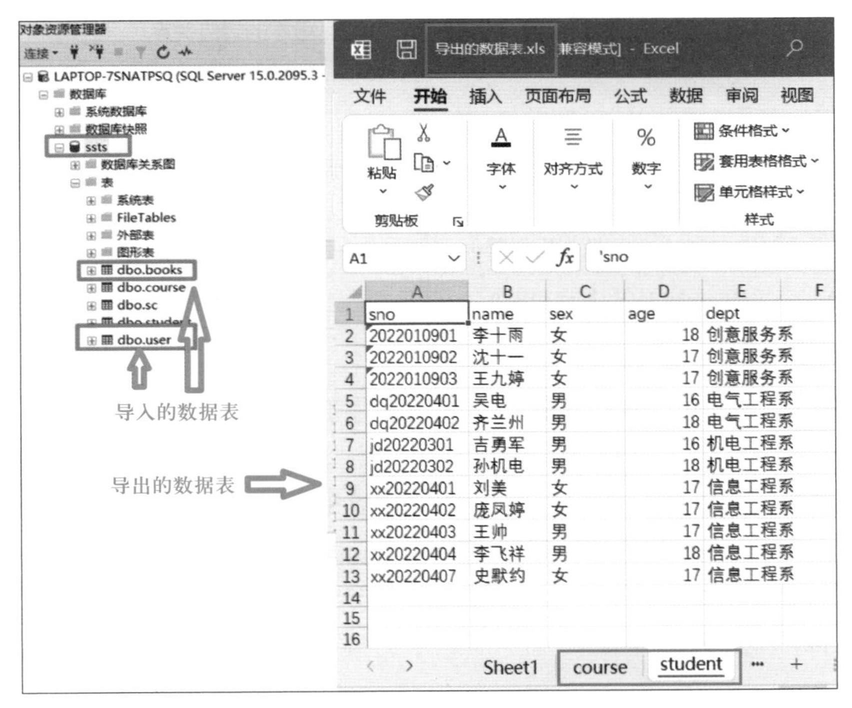

图 4-1-1　导入和导出的结果

一、Access 数据源

Microsoft Access 数据源版本较多，选择最新安装的版本，或与创建数据库文件的 Access 版本相对应的版本，Access 数据源与 Office 版本的对应关系见表 4-1-1。在 SQL Server 中，数据库文件的后缀名为 mdf；2003 版本的 Access 数据库文件的后缀名为 mdb，2007 版本以后的 Access 数据库文件的后缀名为 accdb；2003 版本的 Excel 文件的后缀名为 xls，2007 版本以后的 Excel 文件的后缀名为 xlsx。

如果尚未安装 Microsoft Office 数据源（包括 Access 和 Excel）的连接组件，需要下载并完成安装。

Excel 也是 Office 软件之一，Excel 2013 数据源的引擎与 Access 2013 一致，Excel 2016 数据源的引擎与 Access 2016 一致。

表 4-1-1　Access 数据源与 Office 版本的对应关系

数据源	Office 版本
Microsoft Access (Microsoft.ACE.OLEDB.16.0)	Office 2016
Microsoft Access (Microsoft.ACE.OLEDB.15.0)	Office 2013
Microsoft Access（Microsoft Access 数据库引擎）	Office 2010 和 Office 2007
Microsoft Access（Microsoft Jet 数据库引擎）	Office 2007 以前的版本

二、使用 SQL Server 导入和导出向导的数据源

使用 SQL Server 可以导入和导出的数据源，包括 SQL Server、Oracle、平面文件（文本文件）、Excel、Access、Azure Blob Storage、ODBC、PostgreSQL、MySQL 等。

在本任务的任务实施中，是从 Access 数据库中导入 SQL Server 数据库，其他数据源的导入操作方法类似，不再赘述。

1. 首行包含列名称

首行包含列名称是指数据的首行是否包含列名称。

（1）如果数据不包含列名称，但启用了此选项，那么向导会将源数据的首行作为列名称。

（2）如果数据包含列名称，但禁用了此选项，那么向导会将列名称一行作为数据的首行。

（3）如果指定数据不具有列名称，那么向导会使用 F1、F2 等作为列名称。

2.“选择源表和视图页”上的操作

（1）通过选择“编辑映射”选项可以查看源和目标之间的列映射。

（2）通过选择“预览”选项可以预览示例数据以确认是否需要。

三、导出为 Excel

1. 要使用“工作表”或“命名区域”，在“选择源表和视图”页的“目标”列中，选择目标工作表和命名区域。

2. 要使用其地址指定的“未命名区域”，在“选择源表和视图”页的“目标”列中输入区域，格式如“Sheet1$A1:B5”（不含分隔符），向导会添加分隔符。

一、导入数据

1. 启动向导

在 SSMS 的对象资源管理器窗口中，右击数据库 ssts，在弹出的快捷菜单中依次选择“任务”→“导入数据”选项，如图 4-1-2 所示，启动数据导入向导工具。

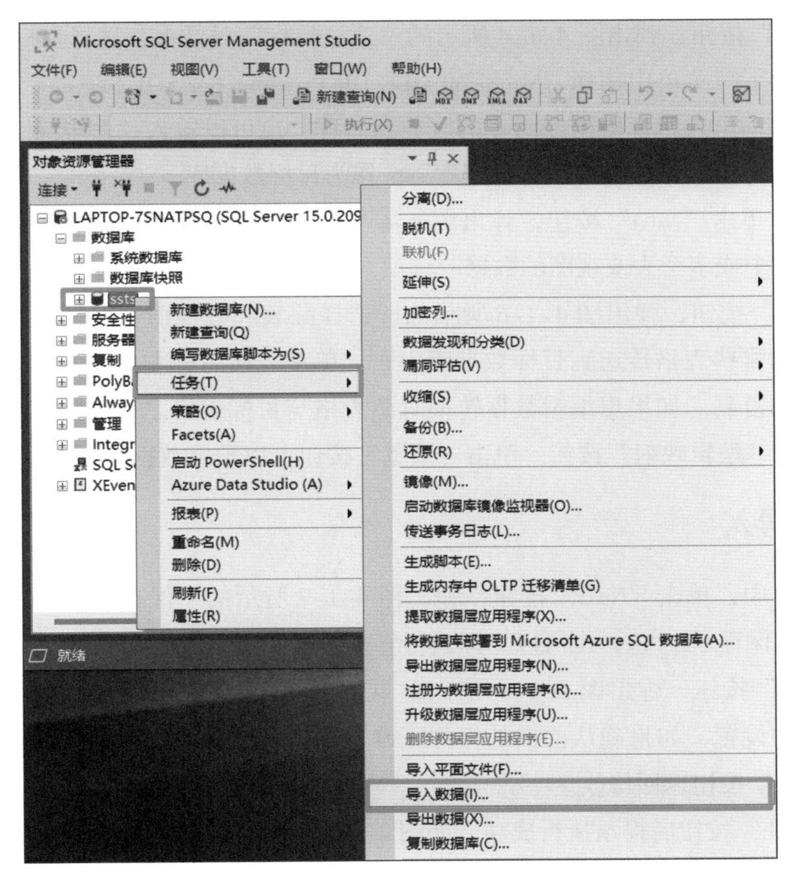

图 4-1-2　依次选择“任务”→“导入数据”选项

2. 选择数据源

单击“Next”按钮，弹出图 4-1-3 所示的“选择数据源”对话框，可以选择数据源的类型，本次操作数据源为“Microsoft Access(Microsoft Jet Database Engine)”，单击“浏览”按钮，选择要导入的 Access 文件 library.mdb。

注意：文件 library.accdb 是 Access2007 以后版本的文件，而 library.mdb 是 Access 2003 及以前版本的文件。由于本次操作数据源是“Microsoft Access（Microsoft Jet Database Engine）”，只能选择扩展名为 mdb 的文件。

3. 选择目标数据库类型

单击“Next”按钮，弹出图 4-1-4 所示的“选择目标”对话框，选择目标数据库的类型，在“目标”后的下拉菜单中选择“Microsoft OLE DB Provider For SQL Server”选项，服务器名称文本框中将自动填入目标数据库所在的服务器名称，也可以输入“.”代表当前服务器，默认使用 Windows 身份验证。本次使用数据库 ssts 作为目标数据库。

设定完毕，单击“Next”按钮，弹出图 4-1-5 所示的“指定表复制或查询”对话框，默认选择“复制一个或多个表或视图的数据”选项。

单击“Next”按钮，弹出图 4-1-6 所示的“选择源表和源视图”对话框，可以设定需要将源数据库中的哪些表格传送到目标数据库中去。单击表格名称左侧的复选框，可以选定或取消对该表格的复制。如果想编辑数据转换时源表格与目标表格之间列的对应关系，可单击表格名称下边的“编辑映射”按钮。单击“预览”按钮可以预览数据。

4. 执行导入

在图 4-1-6 中，单击“Next”按钮，弹出图 4-1-7 所示的“保存并运行包”对话框，可以指定是否希望保存 SSIS 包，也可以立即运行导入数据操作。

单击“Next”按钮，弹出图 4-1-8 所示的“Complete the Wizard”对话框，其中显示了在该向导中进行的设置，如果确认前面的操作正确，单击“Finish”按钮后进行数据导入操作，否则单击“Back”按钮返回修改。

单击“Finish”按钮后提示执行成功，如图 4-1-9 所示，并显示导入成功的信息。

单击“Close”按钮关闭向导。在 SSMS 的对象资源管理器中，展开数据库 ssts，展开表节点，查看执行结果，如图 4-1-10 所示，此时，Access 数据库中的 books 表和 user 表已经全部导入数据库 ssts 中了。

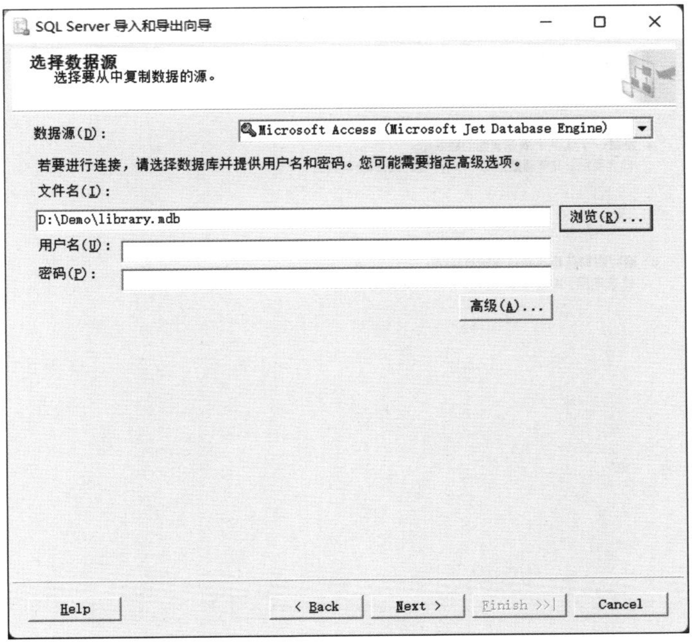

图 4-1-3　“选择数据源”对话框

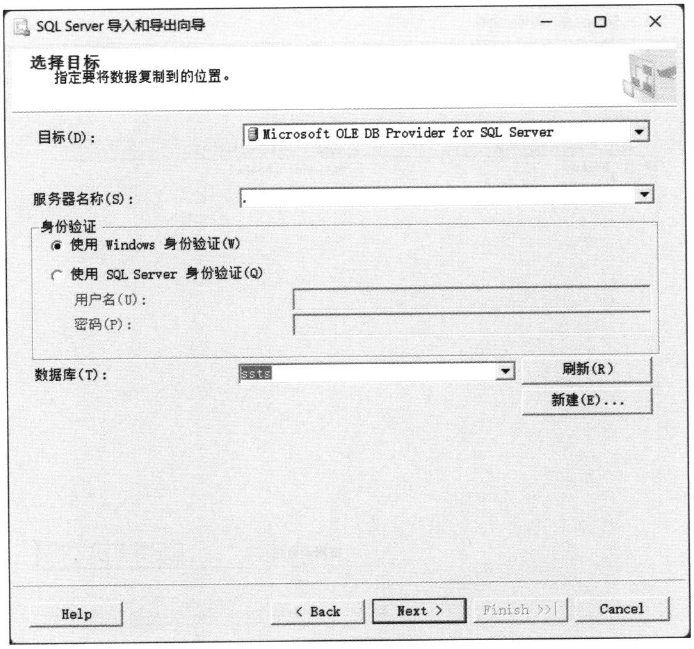

图 4-1-4　“选择目标”对话框

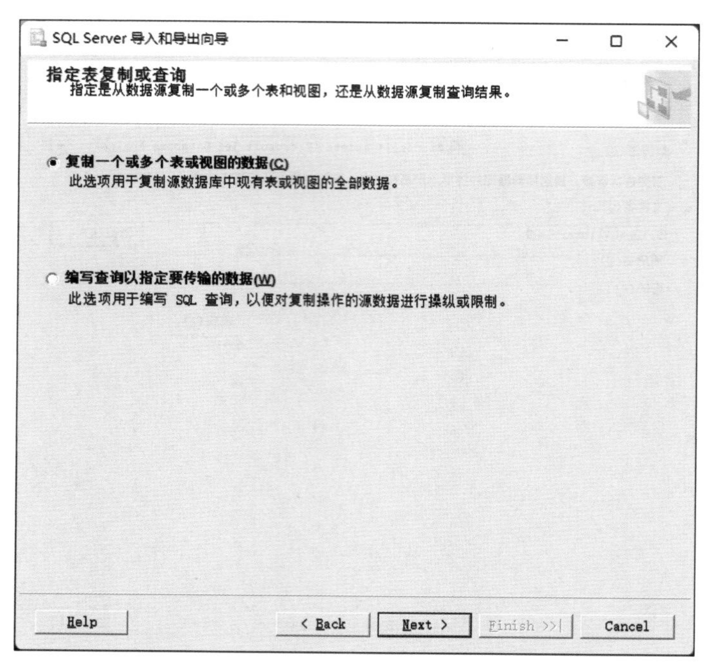

图 4-1-5 “指定表复制或查询”对话框

图 4-1-6 “选择源表和源视图”对话框

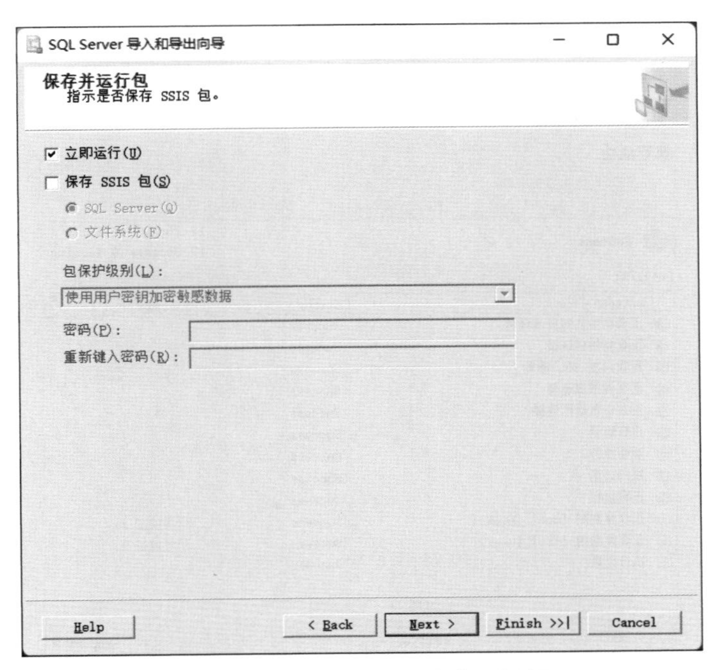

图 4-1-7　“保存并运行包”对话框

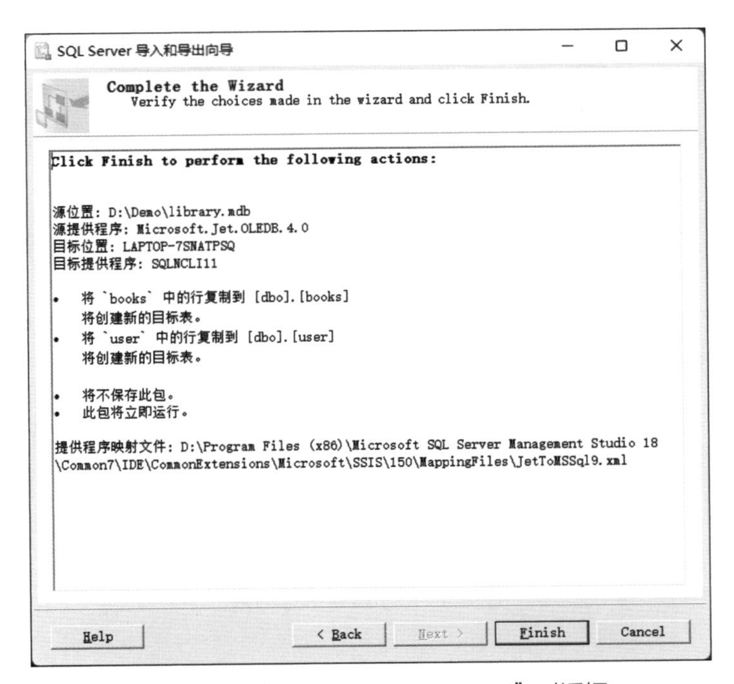

图 4-1-8　“Complete the Wizard”对话框

图 4-1-9 “执行成功”对话框

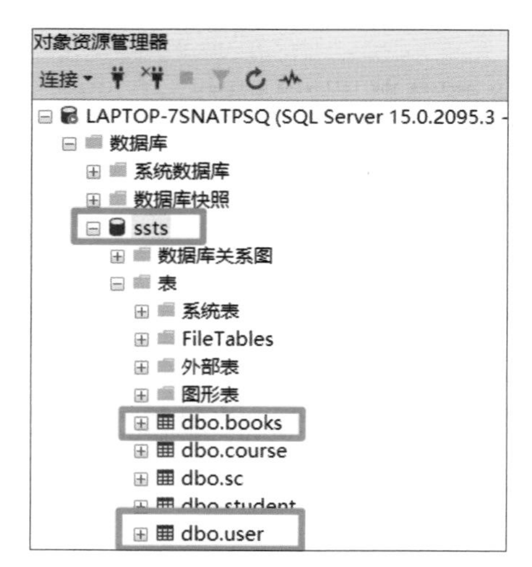

图 4-1-10 查看执行结果

二、导出数据表

1. 启动向导

在 SSMS 的对象资源管理器窗口中，右击数据库 ssts，在弹出的快捷菜单中依次选择“任务”→“导出数据”选项，如图 4-1-11 所示。

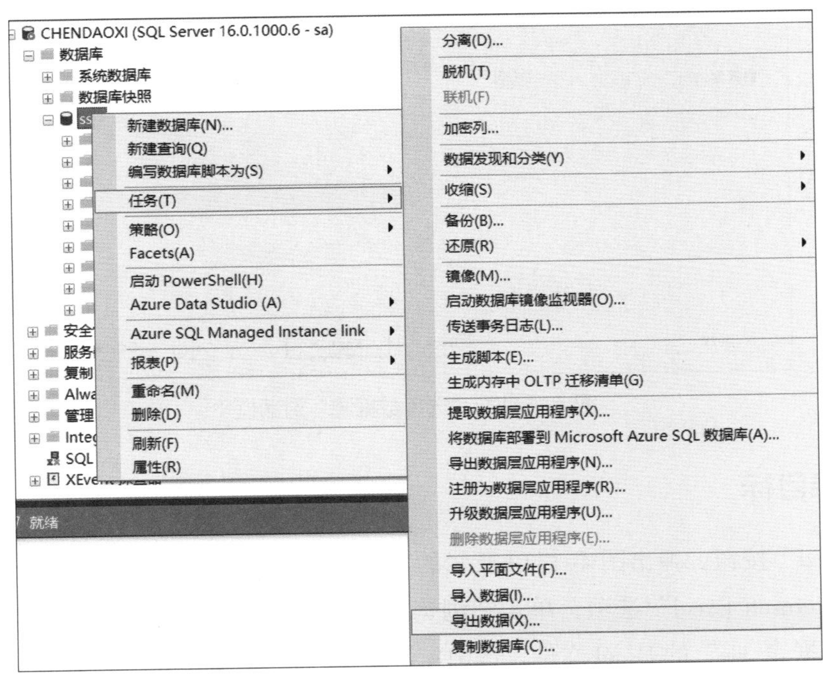

图 4-1-11　依次选择“任务”→“导出数据”选项

在弹出的“SQL Server 导入和导出向导”对话框中，单击“Next”按钮。

2. 选择数据源

在图 4-1-12 所示的“选择数据源”对话框中，数据源为“Microsoft OLE DB Provider for SQL Server”，服务器名称自动填充为当前服务名称，默认使用 Windows 身份验证，数据库为 ssts。

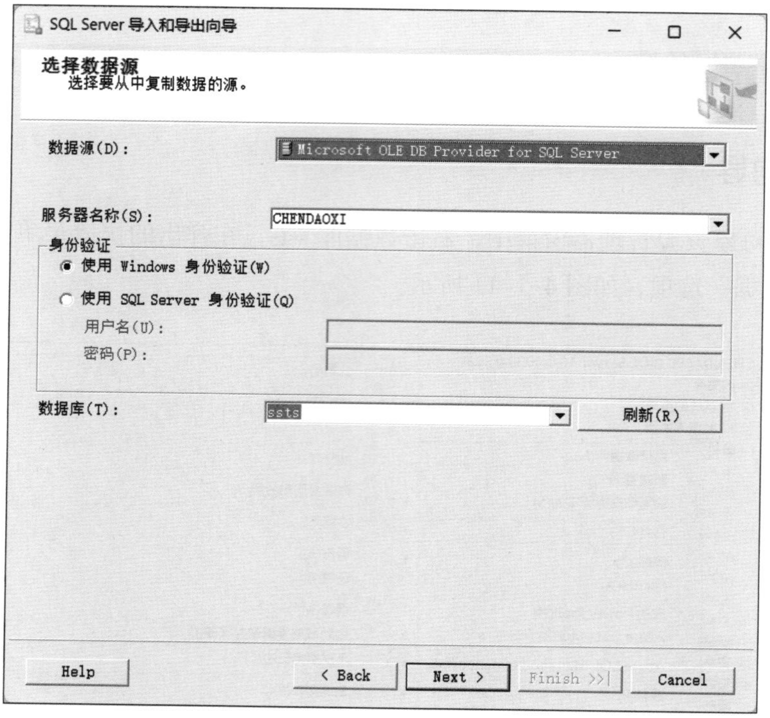

图 4-1-12 “选择数据源”对话框

3. 选择目标

单击“Next”按钮，弹出图 4-1-13 所示的“选择目标”对话框，在“目标”后的下拉菜单中选择“Microsoft Excel”选项，单击“浏览”按钮，在“D:\Demo”目录下，新建一个名为“导出的数据表 .xls”的 Excel 文件，选中新建的 Excel 文件，单击“打开”按钮。Excel 版本根据计算机的实际情况进行选择，本次选择“Microsoft Excel 97-2003”，勾选“首行包含列名称”复选框。Excel 版本选择用于创建文件的 Microsoft Excel 版本，或另一个可兼容的版本。如果安装 Excel 2016 连接组件遇到问题，可安装 Excel 2010 组件，然后选择该列表中的“Microsoft Excel 2007-2010”。

设定完成后，单击“Next”按钮，弹出“指定表复制或查询”对话框，默认选择第一项“复制一个或多个表或视图的数据”，单击“Next”按钮，弹出图 4-1-14 所示的“选择源表和源视图”对话框，勾选“course”和“student”复选框。

单击“Next”按钮，弹出图 4-1-15 所示的“查看数据类型映射”对话框。

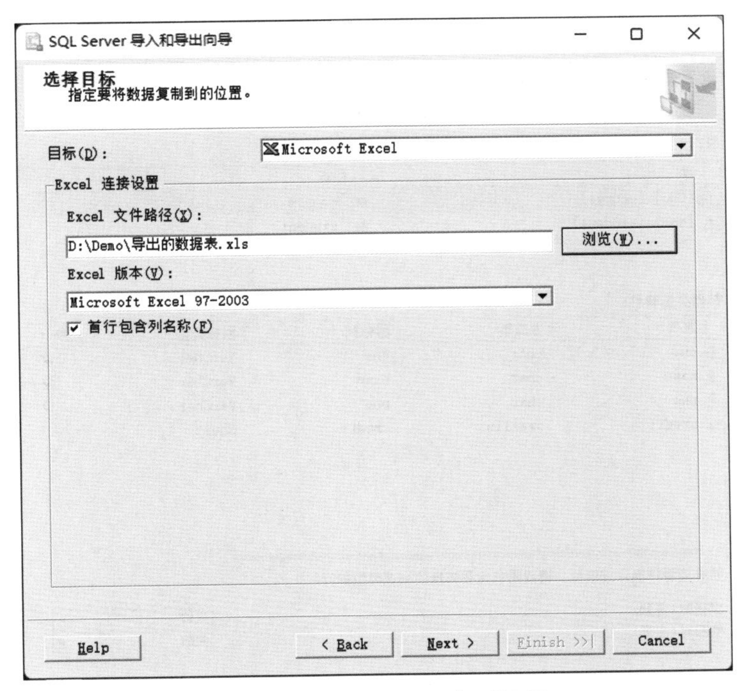

图 4-1-13　“选择目标”对话框

图 4-1-14　“选择源表和源视图”对话框

图 4-1-15 “查看数据类型映射”对话框

4. 执行导出

单击“Next”按钮，弹出“保存并运行包”对话框，可以指定是否希望保存 SSIS 包，也可以立即运行导出数据操作，本次选择“立即运行”选项。

单击“Next”按钮，弹出图 4-1-16 所示的“Complete the Wizard”对话框，其中显示了在该向导中进行的设置，如果确认前面的操作正确，单击“Finish”按钮后进行数据导出操作，否则单击“Back”按钮返回修改。

单击“Finish”按钮后提示执行成功，如图 4-1-17 所示，显示导出成功的信息。

单击“Close”按钮关闭向导。在 Windows 资源管理器中，双击打开“D:\Demo\ 导出的数据表 .xls”文件，检查导出的文件，如图 4-1-18 所示，数据库 ssts 中的课程表 course 和学生表 student 已经全部导出到 Excel 文件中，说明导出信息成功，已经成为 Excel 文件中的两个工作簿，每个工作簿第一行是列标题。

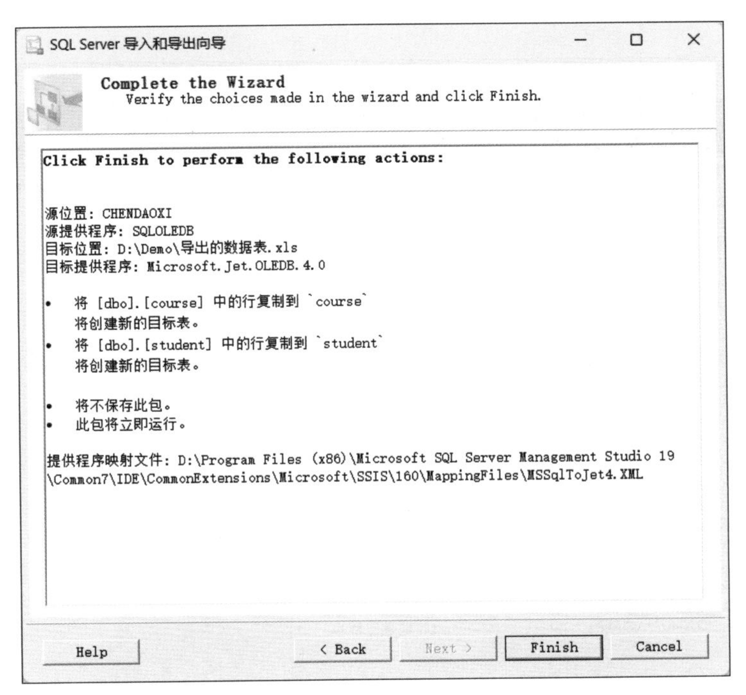

图 4-1-16　“Complete the Wizard”对话框

图 4-1-17　“执行成功”对话框

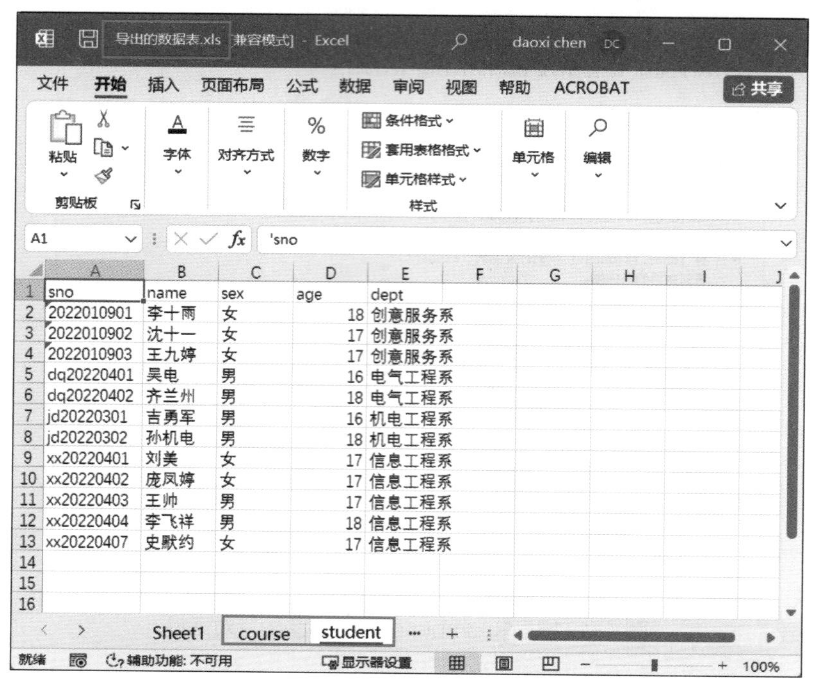

sno	name	sex	age	dept
2022010901	李十雨	女	18	创意服务系
2022010902	沈十一	女	17	创意服务系
2022010903	王九婷	女	17	创意服务系
dq20220401	吴电	男	16	电气工程系
dq20220402	齐兰州	男	18	电气工程系
jd20220301	吉勇军	男	16	机电工程系
jd20220302	孙机电	男	18	机电工程系
xx20220401	刘美	女	17	信息工程系
xx20220402	庞凤婷	女	17	信息工程系
xx20220403	王帅	男	17	信息工程系
xx20220404	李飞祥	男	18	信息工程系
xx20220407	史默约	女	17	信息工程系

图 4-1-18　检查导出的文件

任务 2　分离与附加数据库

1. 能正确分离与附加数据库。
2. 能解决附加数据库时出现的“拒绝访问”错误。

本任务要求在 SSMS 对象资源管理器中，连接到 SQL Server 数据库引擎，附加上数据库 FlightDatabase，再将已经附加上的数据库重新分离出来。附加与分离的结果如图 4-2-1 所示。

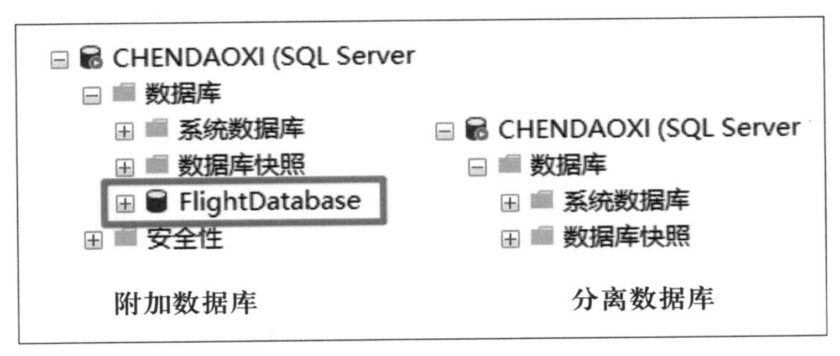

图 4-2-1　附加与分离的结果

一、附加数据库

附加数据库是指把已有的数据库的数据文件（mdf 文件）和日志文件（ldf 文件）直接附加到当前的数据库服务器中。待附加的数据库中的所有数据文件必须是可用的。如果任何数据文件的路径不同于首次创建数据库或上次附加数据库时的路径，那么必须指定文件的当前路径。

复制数据库文件（包括数据文件和日志文件）到本机时，是不能直接双击打开使用的，这时使用附加数据库的方法，将其附加到当前的数据库服务器中，才可以正常使用。在附加数据库的过程中，经常出现图 4-2-2 所示的错误提示信息，其主要原因是权限不足。

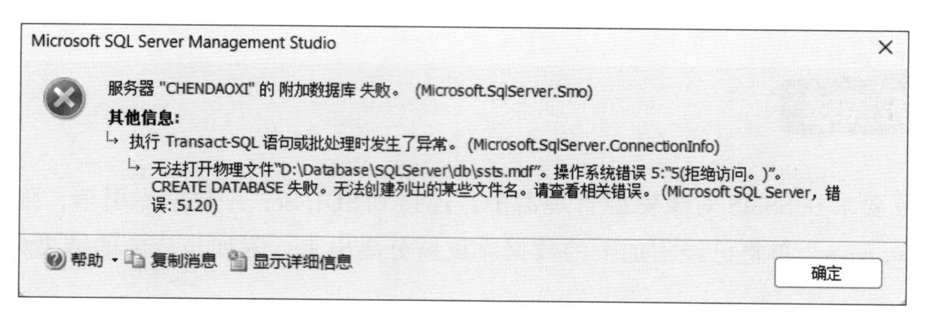

图 4-2-2　错误提示信息

二、分离数据库

分离数据库是指从 SQL Server 实例中删除连接，但不是删除数据库文件，使数据库的数据文件和日志文件保持不变，之后就能使用这些文件将数据库附加到任何 SQL Server 实例，包括分离该数据库的服务器。

一、附加 FlightDatabase 数据库

1. 准备好 SQL Server 数据库 FlightDatabase，包括数据文件 FlightDatabase.mdf 和事务日志文件 FlightDatabase_log.ldf，如图 4-2-3 所示。

名称	修改日期	类型	大小
FlightDatabase.mdf	2022/3/20 18:58	SQL Server Database Primary Data File	10,240 KB
FlightDatabase_log.ldf	2022/3/20 18:58	SQL Server Database Transaction Log File	2,304 KB

图 4-2-3　数据文件和事务日志文件

2. 在 SSMS 的对象资源管理器窗口中，连接到 SQL Server 数据库引擎的实例，然后单击展开该实例的视图。右击“数据库”目录，然后在弹出的快捷菜单中，选择“附加”选项，如图 4-2-4 所示。

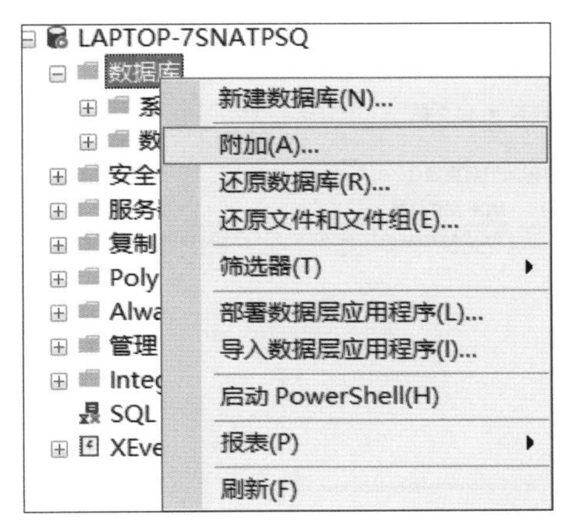

图 4-2-4　选择“附加”选项

3. 在弹出的“附加数据库”对话框中，单击“添加”按钮，指定要附加的数据库，然后在弹出的图 4-2-5 所示的“定位数据库文件”对话框中，选择数据库数据文件和位置为“D:\Database\book2022”，以查找并选择数据库的 FlightDatabase.mdf 文件，单击“确定”按钮。

4. 返回到图 4-2-6 所示的“附加数据库”对话框，单击“确定”按钮。

5. 在服务器下的数据库目录中，已经有了“FlightDatabase”数据库，附加数据库完成，如图 4-2-7 所示。

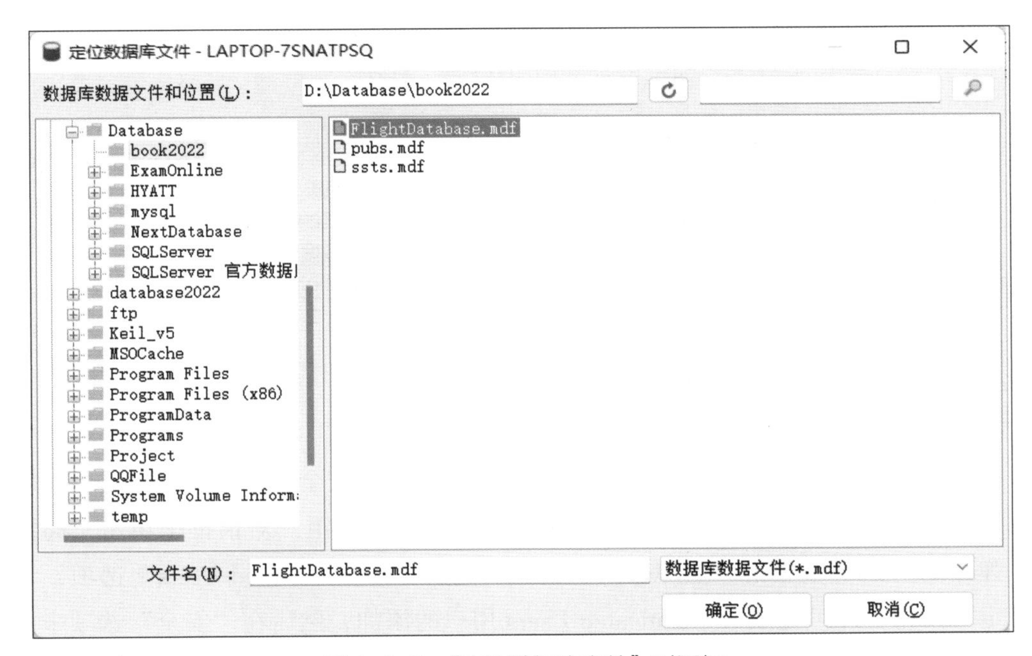

图 4-2-5　“定位数据库文件”对话框

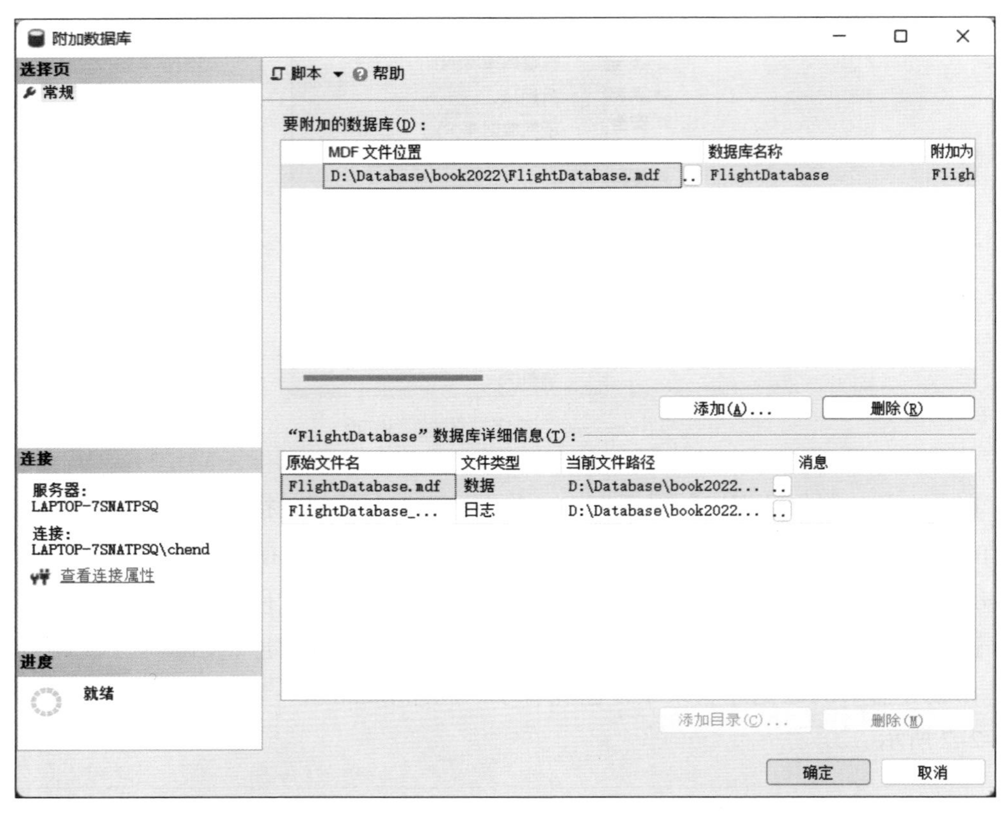

图 4-2-6 “附加数据库”对话框

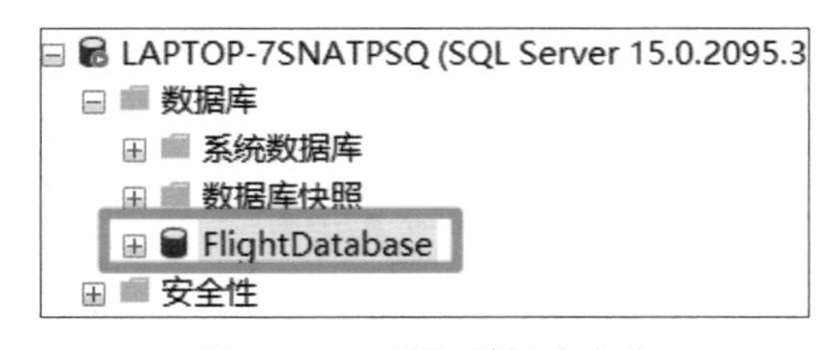

图 4-2-7 附加数据库完成

6. 如果在附加数据库时，弹出图 4-2-8 所示的错误提示信息。解决方法是右击 mdf 文件，在弹出的快捷菜单中选择“属性”选项，弹出文件属性窗口，单击“安全”选项卡，单击“编辑”按钮，在弹出的对话框中的“组或用户名”中选择“Authenticated Users”选项，在“Authenticated Users 的权限”选项下勾选“完全控制”复选框，单击“确定”按钮即可，事务日志文件也是类似操作。如果没有 Authenticated Users 用户，可以在“安全”选项卡中单击“编辑”按钮，在弹出的对话框中单击“添加”按钮，在“选择用户和组”对话框中单击“高级”按钮，在弹出的对话框中单击“立即查找”按钮，选择“Authenticated Users”选项，依次单击“确定”按钮，即可完成 Authenticated Users 用户的添加，然后在“安全”选项卡中，为 Authenticated Users 用户分配完全控制权限。

图 4-2-8　错误提示信息

小提示

附加数据库是附加已分离的数据库文件，分离和脱机都可以使数据库不能再被使用，但是分离后需要附加才能使用，而脱机后只需联机就可以使用。脱机与联机是相对的概念，它表示数据库所处的一种状态，脱机状态时数据库是存在的，在 SSMS 中可以看到数据库的名字，只是被关闭了，用户不能访问而已，要想访问可以设为联机状态。

二、分离 FlightDatabase 数据库

1. 在 SSMS 的对象资源管理器窗口中，连接到 SQL Server 数据库引擎，然后展开数据库。选择要分离的用户数据库的名称，如 FlightDatabase 数据库。右击数据库名称，在弹出的快捷菜单中依次选择“任务”→“分离”选项，如图 4–2–9 所示。

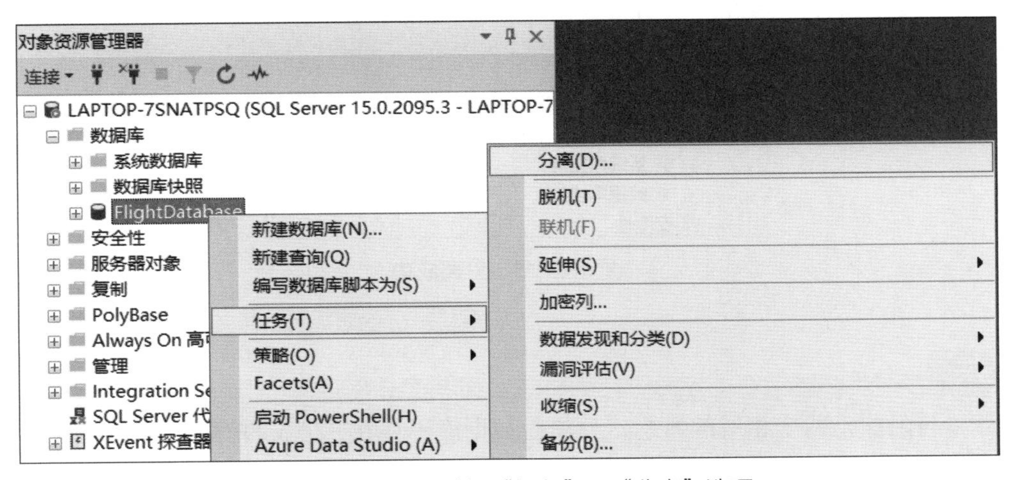

图 4-2-9　依次选择“任务”→“分离”选项

2. 在弹出的图 4-2-10 所示的“分离数据库”对话框中，“数据库名称”显示要分离的数据库为 FlightDatabase。勾选“删除连接”和“更新统计信息”复选框，断开与指定数据库的连接，单击“确定”按钮即可分离数据库。

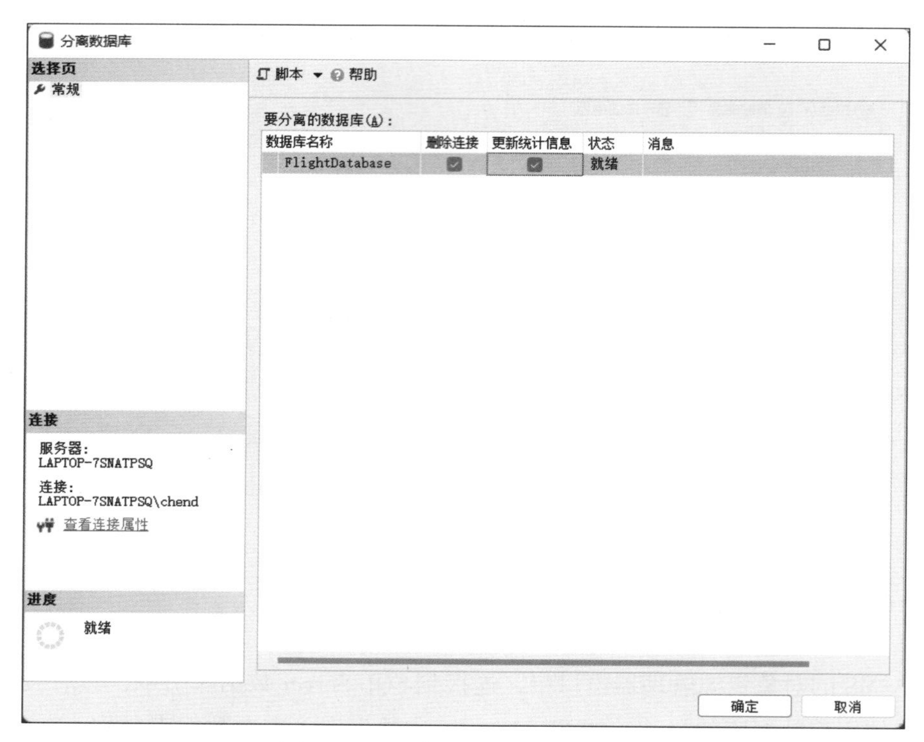

图 4-2-10 “分离数据库”对话框

3. 在对象资源管理器窗口中刷新数据库，可知数据库 FlightDatabase 已经分离出去，如图 4-2-11 所示。

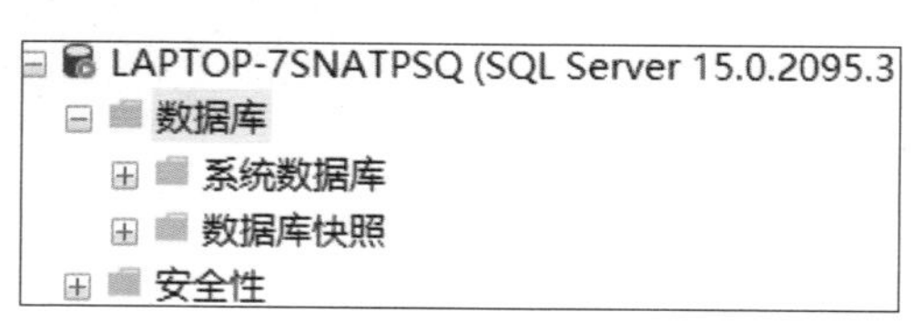

图 4-2-11 分离成功

小提示

分离与附加是两个相对的概念，分离后数据库不存在，但文件存在某个目录下，要使用这些文件就要附加，分离与附加主要用于数据库的完整复制与迁移。

任务 3　备份与还原数据库

学习目标

1. 能根据任务要求在 SQL Server 中创建备份设备。
2. 能描述备份数据库的重要性，合理选择时间和备份类型进行备份。
3. 能独立还原数据库，并叙述完整恢复和部分恢复数据库的方法。

任务描述

现要求使用 SSMS 备份和还原数据库，具体可分为以下 2 个任务。

1. 创建一个名为“Device”的备份设备，将数据库 ssts 使用完整备份方式备份到“Device”中，并查看备份结果。

2. 从数据库中还原已经备份的数据库文件，检查数据库 ssts 文件是否得到还原。

备份与还原的结果如图 4-3-1 所示。

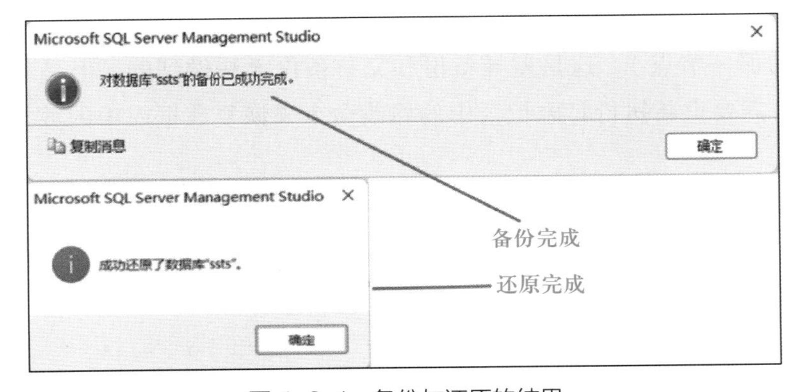

图 4-3-1　备份与还原的结果

数据库备份的重要性不言而喻，利用数据库的备份，可以把实验后的数据恢复到初始状态。当数据库发生故障时，可以迅速恢复丢失的数据。备份和恢复数据库也可以用于其他目的，如可以通过备份与恢复将数据库从一个服务器移动或复制到另一个服务器中。

一、数据库的备份

1. 备份的类型

（1）完整备份

完整备份即备份数据库的所有数据文件、日志文件和在备份过程中发生的任何活动（将这些活动记录在事务日志中，一起写入备份设备）。差异备份、事务日志备份的恢复完全依赖于在其前面进行的完整备份。

（2）差异备份

差异备份只备份自最近一次完整备份以来被修改的数据。当数据修改频繁时，用户应执行差异备份。差异备份的优点在于备份设备的容量小，可减少数据的损失，且恢复时间快。数据库恢复时，先恢复最后一次的完整数据库备份，然后再恢复最后一次的差异备份。

（3）事务日志备份

事务日志备份只备份最后一次日志备份后所有的事务日志记录。备份所用的时间和空间比完整备份和差异备份更少。利用事务日志备份恢复时，可以恢复到某个指定的事务（如误操作执行前的那一节点），这是差异备份和完整备份无法做到的。但是利用事务日志备份进行恢复时，需要重新执行日志记录中的修改命令来恢复数据库中的数据，恢复的时间较长。

通常可以采用这样的备份计划：每周进行一次完整备份，每天进行一次差异备份，每小时进行一次事务日志备份。恢复时，先恢复最后一次的完整备份，再恢复最后一次的差异备份，再顺序恢复最后一次差异备份后的所有事务日志备份。

（4）文件和文件组备份

文件和文件组备份主要用于备份数据库文件或数据库文件组。该备份方式必须与事务日志备份配合执行才有意义。在执行文件和文件组备份时，SQL Server 会备份某些指定的数据库文件或文件组。为了使恢复文件与数据库中的其他部分保持一致，在执行文件和文件组备份后，必须执行事务日志备份。

在 SQL Server 中，允许备份整个数据库，也可以备份部分数据库，还可以备份一组文件或文件组。

2. 备份的操作角色

具有以下角色的成员可以进行备份操作，也可以通过授权允许其他角色进行数据库备份。

（1）固定的服务器角色系统管理员 sysadmin。

（2）固定的数据库角色数据库所有者 db_owner。

（3）固定的数据库角色允许进行数据库备份的用户 db_backupoperator。

3. 备份数据库选项说明

（1）“常规”选项卡

在 SSMS 中，“常规”选项卡如图 4-3-2 所示。

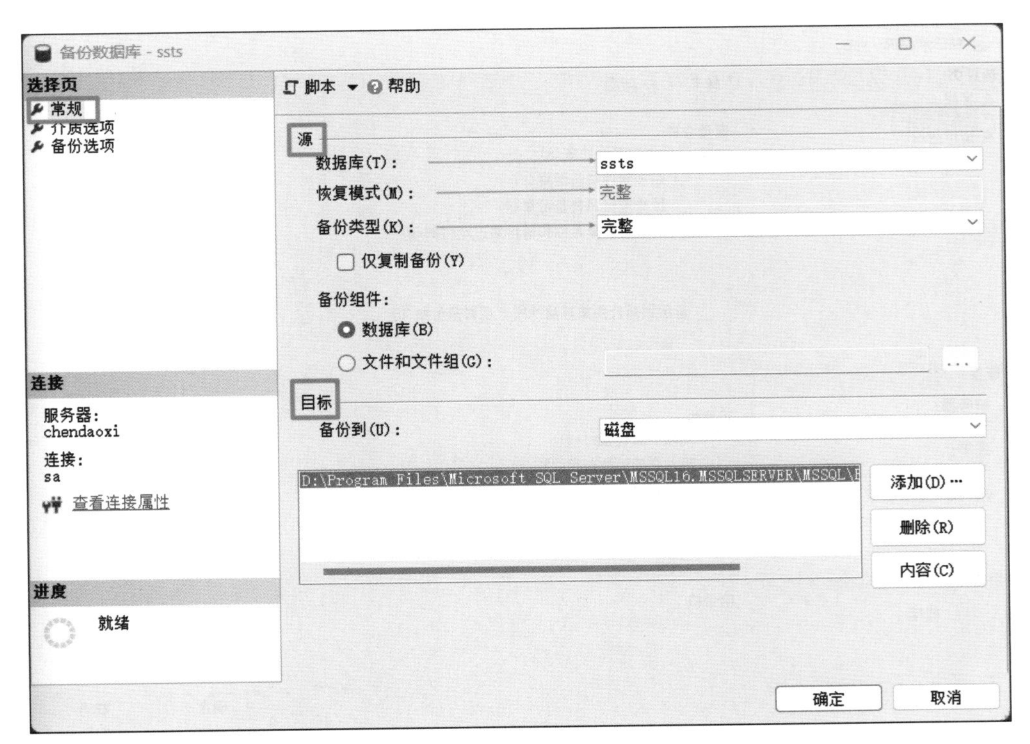

图 4-3-2 “常规”选项卡

源数据库表示需要备份的数据库，在“常规”选项卡中的“源”→“数据库”中进行选择，如选中数据库 ssts；“恢复模式”表示当前数据库在需要恢复时采用的模式，在“常规”选项卡中该模式可以在数据库属性中进行更改；在“常规”选项卡中备份类型可以有“完整”“差异”“事务日志”三个选项；在“常规”选项卡中，备份组件有“数据库”和“文件和文件组”两个选项，其中，“数据库”提供全面的数据保护，在简单恢复模式下，可选择“数据库”选项，“文件和文件组”只备份数据库中的特定文件或文件组，而不是整个数据库。

（2）“介质选项”选项卡

在 SSMS 中，“介质选项”选项卡如图 4-3-3 所示。在“覆盖介质”选项组中可以选择“备份到现有介质集”或“备份到新介质集并清除所有现有备份集”，“备份到现有介质集”中还有“追加到现有备份集”和“覆盖所有现有备份集”以及“检查介质集名称和备份集过期时间”三个选项，其中，选择“追加到现有备份集”，当备份时，每次都会追加到一个文件中，文件逐渐增大。在“可靠性”选项中，可以选择“完成后验证备份”“写入介质前检查校验和”“出错时继续”三个选项。

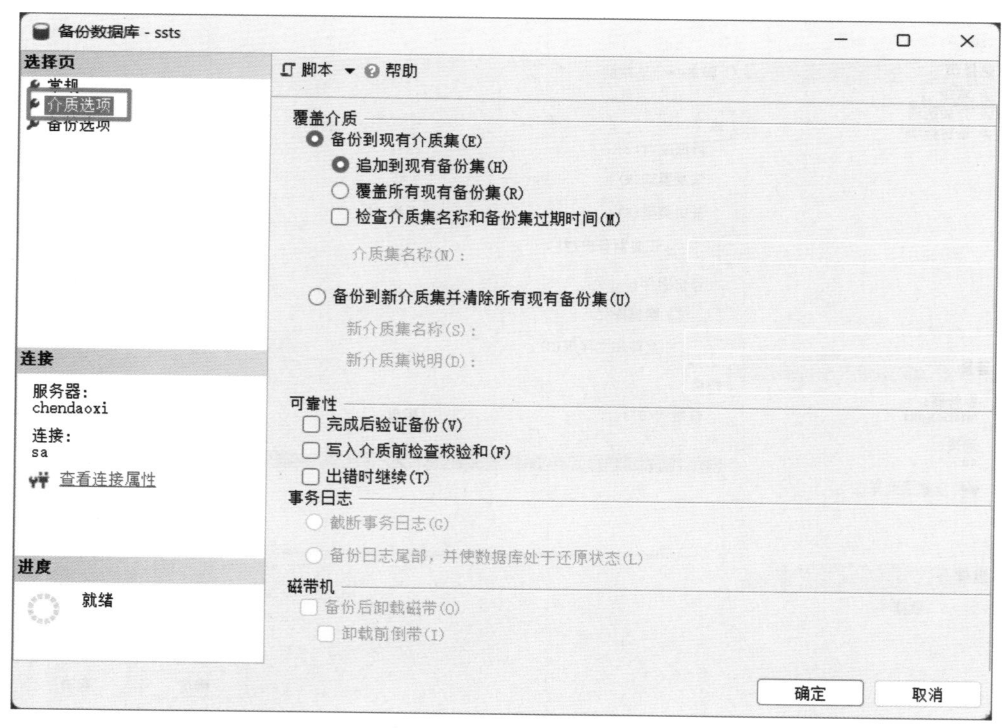

图 4-3-3 “介质选项”选项卡

（3）“备份选项”选项卡

在 SSMS 中，“备份选项”选项卡如图 4-3-4 所示。在“备份选项”选项卡中，可以使用默认的备份集的名称。在“说明”的文本框中可以填写备份的目的、时间和备份的操作人等事项，也可以省略。在“备份集过期时间”选项中，可以指定在具体天数后过期，也可以指定在具体日期后过期，当晚于 0 天时，表示永不过期。

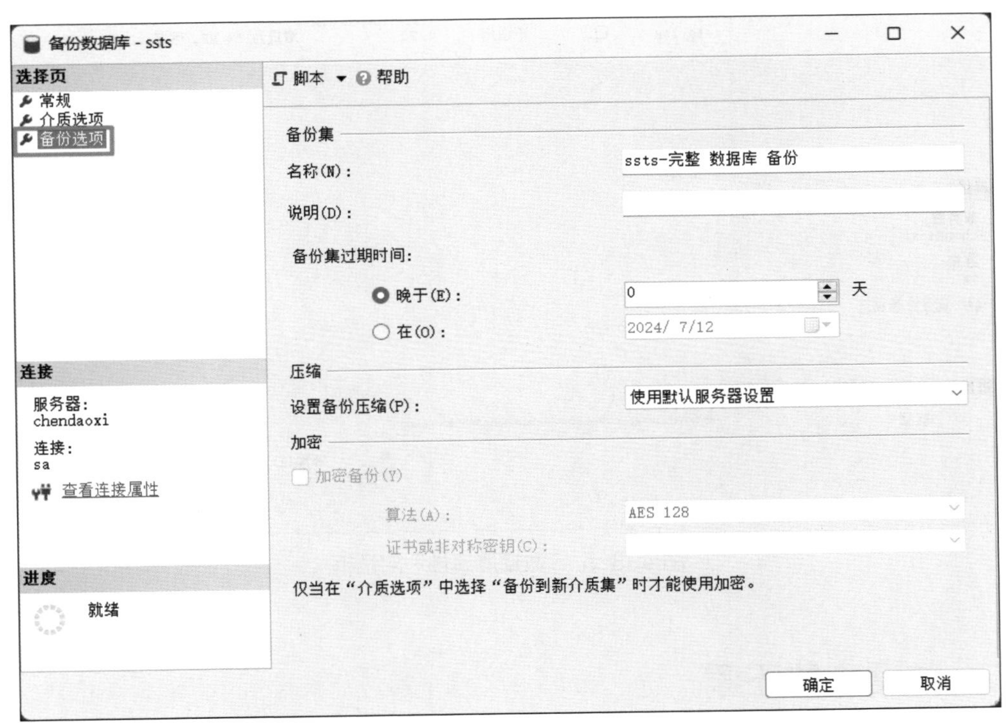

图 4-3-4　“备份选项”选项卡

4. 查看备份集中的数据文件和日志文件

在连接到相应的 SQL Server 数据库引擎实例后，在对象资源管理器窗口中，展开数据库目录。选择目标数据库 ssts，右击该数据库，在弹出的快捷菜单中选择“属性”选项，弹出图 4-3-5 所示的“数据库属性”对话框，在对话框的“选择页”窗格内，选择“文件”选项，即可在随后展示的“数据库文件”表格中，清晰查阅该数据库的数据文件与日志文件列表，以及各自的属性信息。

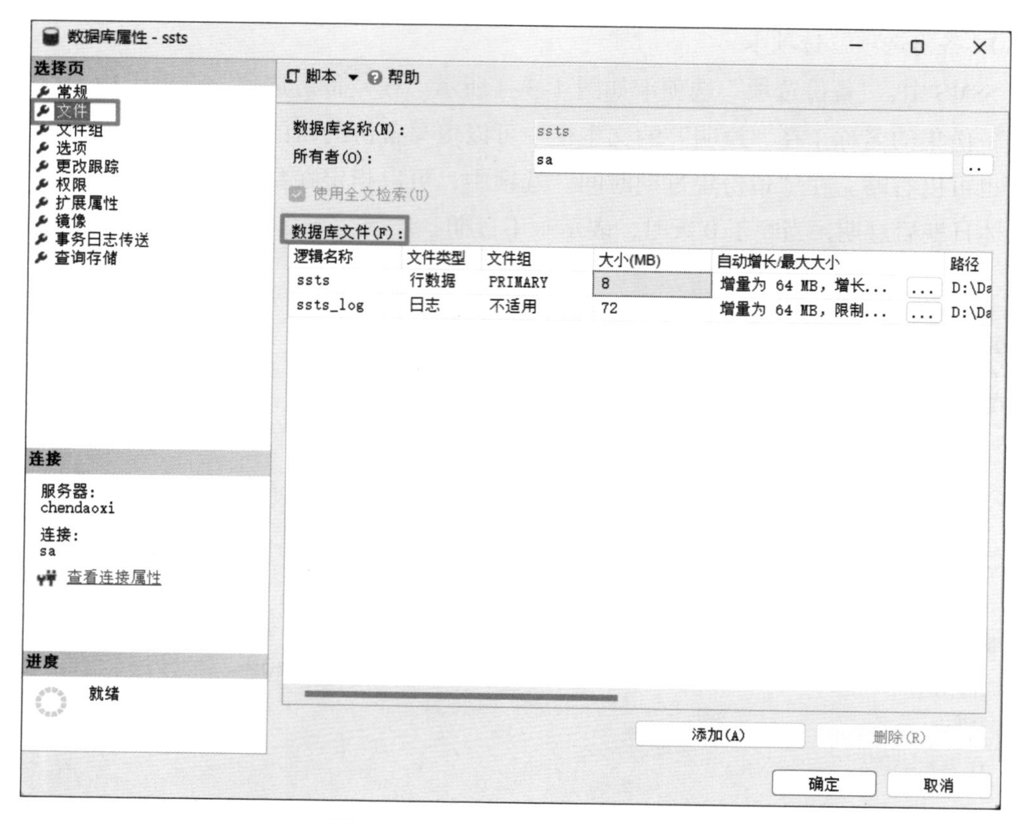

图 4-3-5 “数据库属性”对话框

二、数据库的还原

数据库的还原又称为数据库的恢复，当数据库发生故障时，可以从一个或多个备份中还原数据库，其有简单还原、完全还原、大容量日志还原 3 种模式。

当使用简单还原模式时，只能还原到备份时刻的数据，因为在该模式下，不会备份事务日志，但是在完全还原模式下却可以。

1. 还原模式和支持的还原操作

可用于数据库的还原操作取决于所采用的还原模式。还原模式支持的还原方案及适用范围见表 4-3-1。

表 4-3-1　还原模式支持的还原方案及适用范围

还原操作	完全还原模式	大容量日志还原模式	简单还原模式
数据还原	完整还原（如果日志可用）	某些数据将丢失	自上次完整备份或差异备份后的任何数据将丢失
时点还原	日志备份所涵盖的任何时间	日志备份包含任何大容量日志，更改时不允许	不支持
文件还原	完全支持	不完全支持	仅对只读辅助文件可用
页面还原	完全支持	不完全支持	无
逐级（文件组级）还原	完全支持	不完全支持	仅对只读辅助文件可用

2. 还原模式的使用

（1）简单还原模式

简单还原模式不备份事务日志，故恢复能力有限。一旦数据库损坏，数据只能恢复到已丢失数据的最新备份。因此，在简单还原模式下，备份间隔应尽可能短，以防止大量丢失数据。

对于用户数据库来说，简单还原模式用于测试和开发数据库，或用于主要包含只读数据的数据库（如数据仓库）。简单还原模式并不适合生产系统，因为对于生产系统而言，丢失最新的数据更改是无法接受的。在这种情况下，建议使用完整还原模式。

（2）大容量日志还原模式

大容量日志还原模式专为需要执行大量数据复制操作（如批量插入、索引重建等）的数据库设计。此模式通过减少对这些大容量操作事务的日志记录来节省空间，同时保持对其他事务的完整日志记录。在大容量操作期间发生的数据丢失或损坏，通常只能恢复到大容量操作之前或之后的状态，而不是操作过程中的某个特定点。

由于大容量日志还原模式不支持时点恢复，因此必须在增大日志备份与增加工作丢失风险之间进行权衡。

（3）完整还原模式

完整还原模式提供了数据库备份和恢复的最高级别保护。在此模式下，数据库系统会记录所有事务的详细信息到日志记录中，以便能够恢复到任意时间点，包括数据丢失或损坏的确切时刻。这种还原模式要求定期备份日志记录，以确保数据的完整性和可恢复性。虽然完整还原模式提供了强大的数据保护能力，但它也要求更多的存储空间来保存日志记录，并可能增加备份和还原的复杂性。

在完整还原模式和大容量日志还原模式下，必须进行日志备份。如果不想进行日志备份，那么可使用简单还原模式。

三、T-SQL 数据库的备份与还原

1. 创建备份设备

如果要使用备份设备的逻辑名来引用备份设备，就必须在使用它之前创建备份设备。可使用系统存储过程 sp_addumpdevice 来创建备份设备。

【例 4-3-1】在本地磁盘 E 盘中创建备份设备 mybackupfile。

```
USE master
EXEC sp_addumpdevice 'disk', 'mybackupfile', 'e:\backupdevice\ mybackupfile.bak'
```

其中，介质类型为硬盘 disk，备份设备的逻辑名为 mybackupfile，备份设备的物理名为 mybackupfile.bak。

2. 备份 BACKUP

BACKUP 可以备份整个数据库、差异备份数据库、备份数据库文件或文件组及事务日志文件。

【例 4-3-2】将数据库 stu1 完全备份到备份设备 mybackupfile 上。

```
USE master
BACKUP DATABASE stu1 TO mybackupfile
```

若在语句后加上 with init，则覆盖该设备上原有的内容，必须小心使用；若在语句后加上 with noinit，则该设备上原有的内容被保存，再追加新的完全数据库备份；若在语句后加上 with differential，则表示使用差异备份。

此外，使用 file 和 filegroup 作为关键字可以备份数据库文件或文件组；使用 backup log 作为关键字可以备份事务日志文件。

3. 恢复 RESTORE

RESTORE 可以恢复整个数据库、数据库的部分内容、特定的数据库文件或文件组及事务日志文件。

【例 4-3-3】从备份设备 mybackupfile 恢复整个数据库 ssts。

```
RESTORE DATABASE ssts FROM mybackupfile
```

【例 4-3-4】从备份设备 mybackupfile 强制还原 (REPLACE) 数据库 DB。

```
USE master
RESTORE DATABASE DB
    FROM DISK = 'E:\back.Bak'
    WITH MOVE 'DBTest' TO 'E:\Program Files\Microsoft SQL Server\Data\DB.mdf ',
    MOVE 'DBTest_log' TO 'E:\Program Files\Microsoft SQL Server\Data\DB_log.ldf ',
STATS = 10, REPLACE
```

其中，STATS = 10 表示每完成 10% 显示一条记录；DBTest 和 DBTest_log 是 E:\backupdevice\mybackupfile.bak 中的逻辑文件。

一、备份数据库 ssts

1. 创建名为 Device 的备份设备

在 SSMS 中，展开“服务器对象”，可以看到“备份设备”目录。右击“备份设备”目录，在弹出的快捷菜单中，选择“新建备份设备”选项，如图 4-3-6 所示。

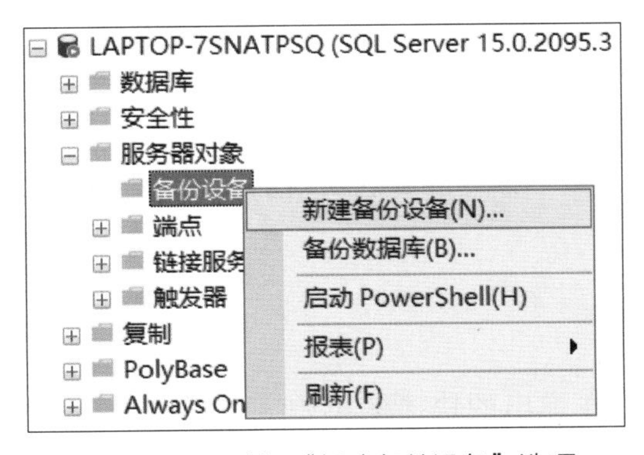

图 4-3-6　选择“新建备份设备”选项

在弹出的图 4-3-7 所示的“备份设备”对话框中，单击文件右侧的[...]按钮。

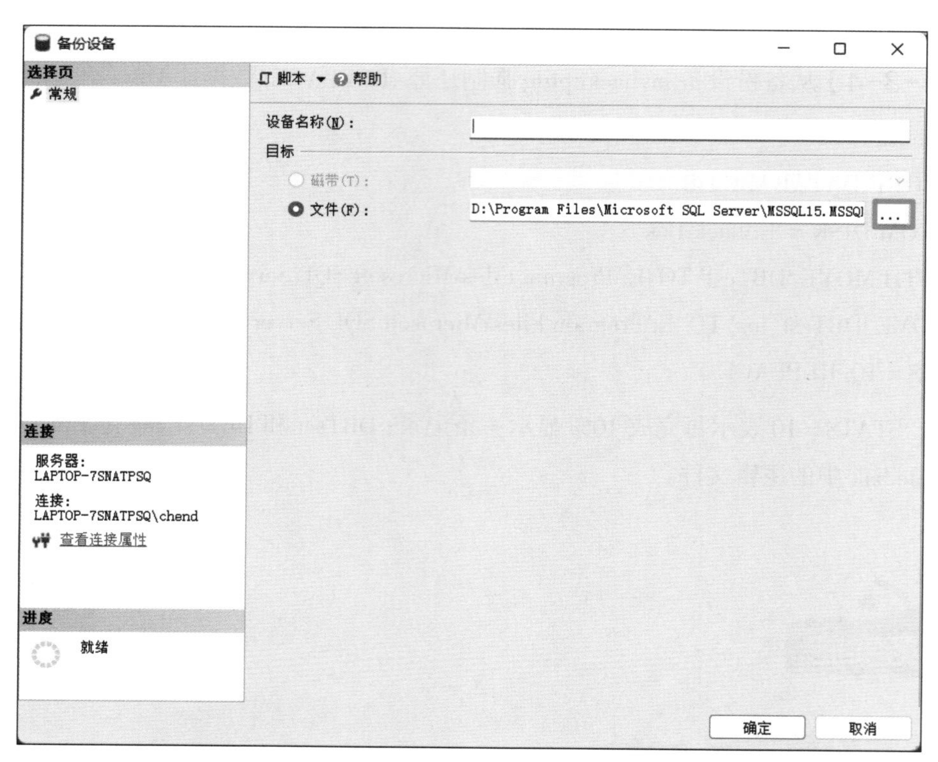

图 4-3-7 “备份设备”对话框

在弹出的图 4-3-8 所示的“定位数据库文件”对话框中，根据实际磁盘目录，选择一个合适的位置，所选路径为“D:\Demo\BackupDevice”，在文件名文本框中输入“Device.bak”，单击“确定”按钮。

返回图 4-3-9 所示的“备份设备”对话框，在“设备名称”文本框中输入“Device”，目标选项自动选中“文件”选项，在“文件”选项对应的文本框中，已经保存了文件路径和文件名，单击“确定”按钮。

在“备份设备”目录节点下，可以看到新增加的名为“Device”的子节点，即备份设备 Device，如图 4-3-10 所示。

2. 开始备份数据库

右击“Device”节点，在弹出的快捷菜单中，选择“备份数据库”选项，如图 4-3-11 所示。

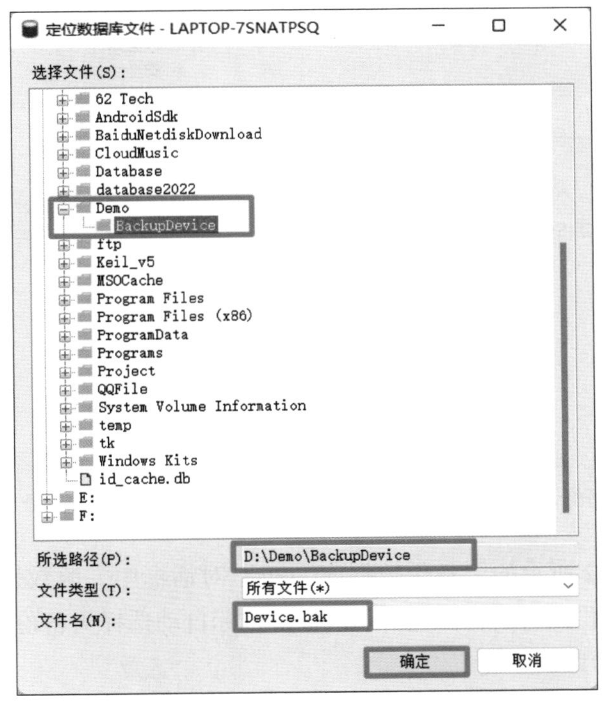

图 4-3-8 “定位数据库文件”对话框

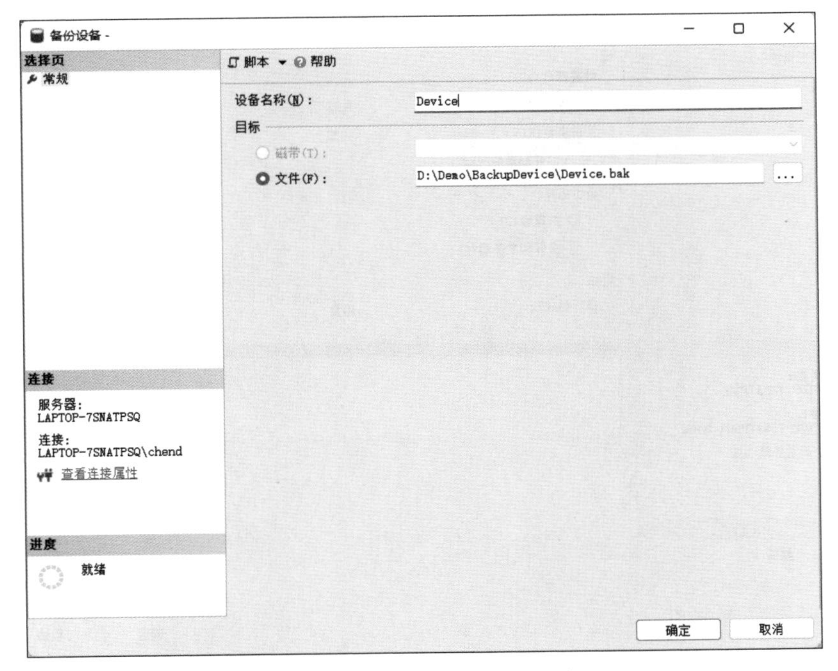

图 4-3-9 “备份设备”对话框

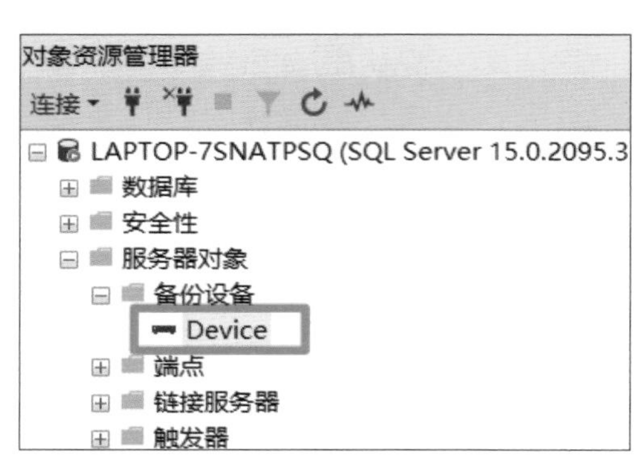

图 4-3-10　备份设备 Device

图 4-3-11　选择“备份数据库”选项

在弹出的图 4-3-12 所示的“备份数据库 -ssts”对话框中，源数据库选择为“ssts”，备份类型为“完整”，备份组件为“数据库”，备份目标自动选择为备份到“磁盘”，备份设备 Device 已经在目标磁盘中了。

图 4-3-12　“备份数据库 -ssts”对话框

单击“确定”按钮，执行备份操作，成功后显示备份成功的提示信息，如图 4-3-13 所示。

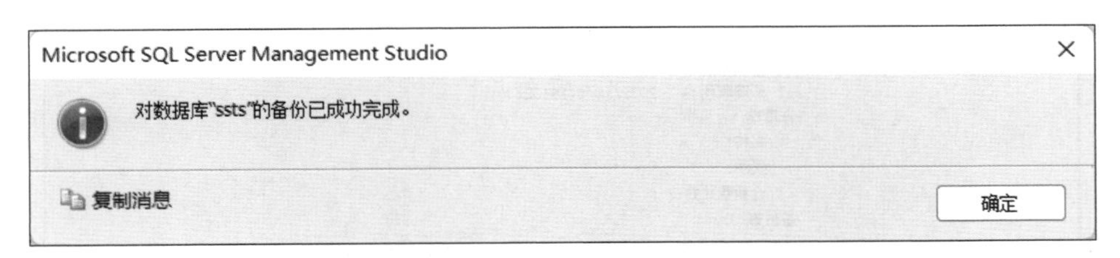

图 4-3-13　备份成功的提示信息

3. 查看备份结果

单击“确定”按钮，在 SSMS 的对象资源管理器窗口中，右击“Device”节点，在弹出的快捷菜单中，选择“属性”选项，如图 4-3-14 所示。

图 4-3-14　选择“属性”选项

在弹出的图 4-3-15 所示的“备份设备 -Device”对话框中，依次单击左侧的“选择页”→“介质内容”选项，可以看到已经成功备份数据库。至此，备份数据库的操作完毕。

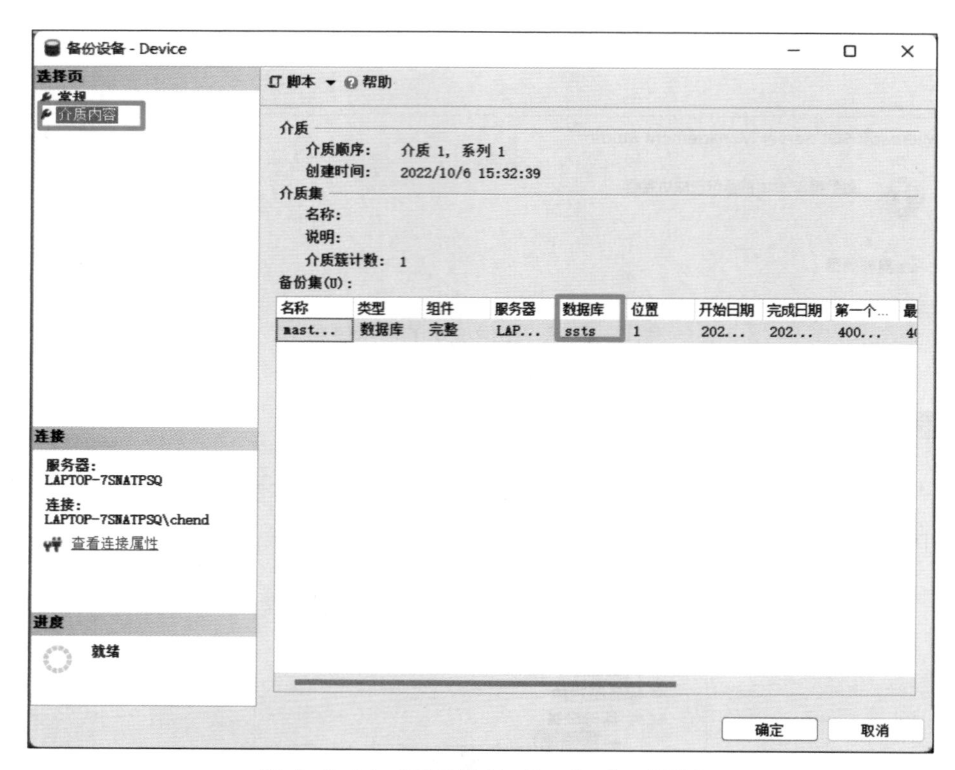

图 4-3-15 “备份设备 -Device”对话框

二、还原数据库 ssts

经过上述备份数据库的操作，已经得到了一个备份数据库的备份设备 Device。要还原数据库，首先把数据库 ssts 从数据库服务器中分离出去，否则会造成数据库 ssts 重复。再从数据库中恢复数据库文件，最后查看恢复的结果。

分离数据库 ssts 的操作，可参考前面“附加和分离数据库”任务的相关内容，分离数据库如图 4-3-16 所示，这里不再赘述。

1. 启动还原数据库窗口

在“数据库”目录上右击，在弹出的快捷菜单中，选择“还原数据库”选项，如图 4-3-17 所示。

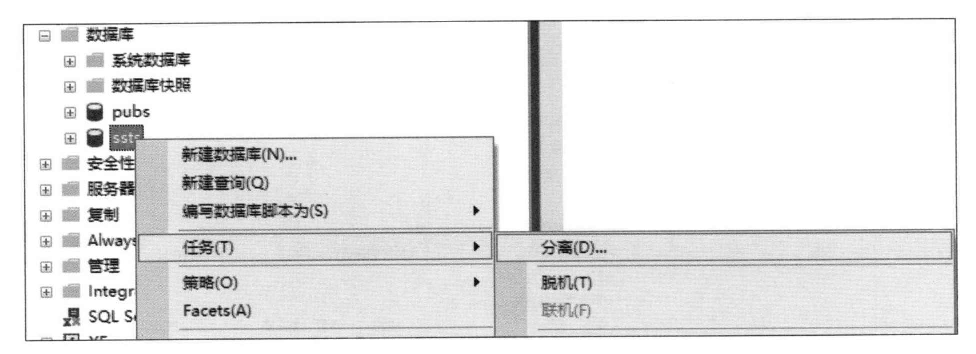

图 4-3-16　分离数据库

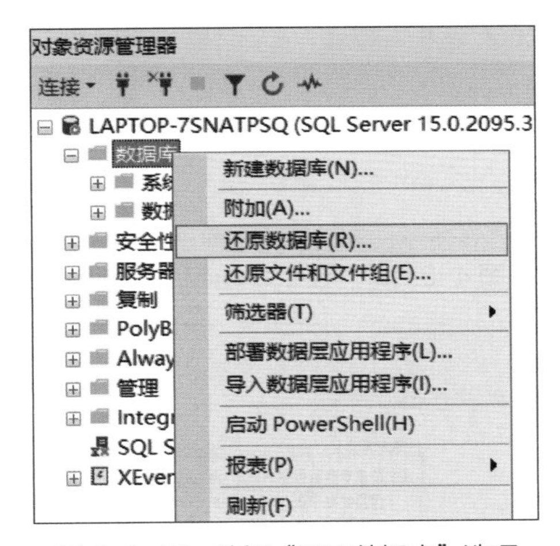

图 4-3-17　选择“还原数据库”选项

弹出图 4-3-18 所示的“还原数据库”对话框，在源数据库中选择“ssts”后，软件会自动在目标数据库中显示“ssts”数据库，自动填充“还原计划”的所有内容，并勾选“还原”选项。

2. 还原选项

在图 4-3-19 所示的“还原数据库”对话框中，依次选择“选择页”→“选项”选项，勾选“还原选项”中的“覆盖现有的数据库（WITH REPLACE）”选项，其他为默认设置，单击“确定”按钮。

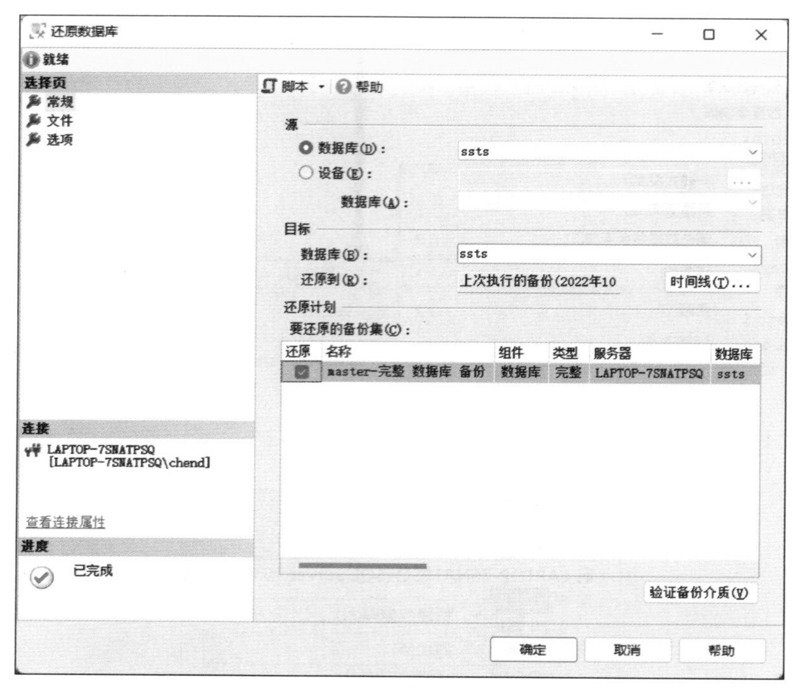

图 4-3-18 “还原数据库”对话框 1

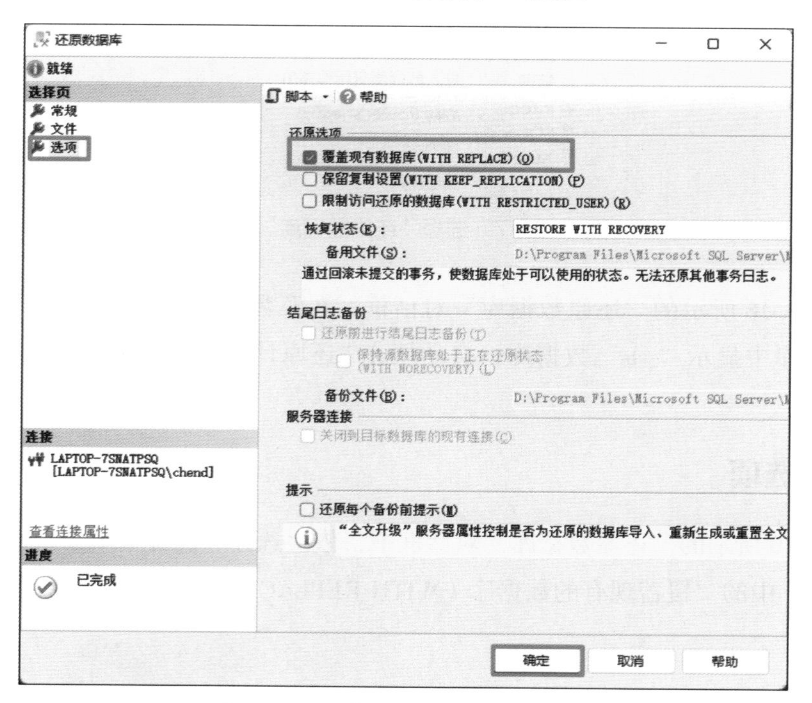

图 4-3-19 “还原数据库”对话框 2

还原成功的提示信息如图 4-3-20 所示，单击“确定”按钮即可。

图 4-3-20　还原成功的提示信息

3. 检查还原结果

在 SSMS 的对象资源管理器窗口中，可以看到已经还原的数据库 ssts，如图 4-3-21 所示。

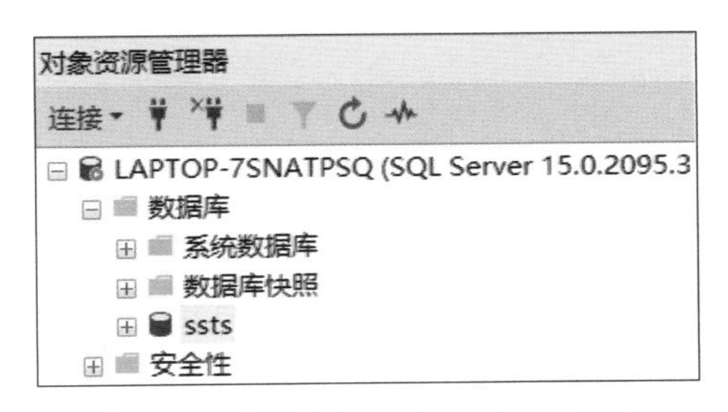

图 4-3-21　已经还原的数据库 ssts

项目五　查询数据库

数据库建立成功后，经常需要根据使用需求进行查询数据库的操作，以便获得所需的数据信息，完成相关的数据分析工作。

本项目通过“基本查询”“条件查询”“查询结果排序”“分组查询”“连接查询”“集合查询”“子查询”等任务实例，帮助读者掌握查询数据库的基本操作和方法。

任务 1　基本查询

1. 能根据任务要求，使用 SELECT 语句进行数据库查询。
2. 能使用关键字 DISTINCT、AS 和 TOP 子句进行数据库查询。

本任务要求根据导入数据库 ssts 中的学生成绩表 stuScore.xls，完成以下查询。

1. 查询 stuScore 表中的所有记录。

2. 查询总成绩排名前 10 的学生，其中，总成绩 = 平时成绩 ×40%+ 考试成绩 ×60%，保留两位小数。

一、SELECT 语法

查询语句 SELECT 是从数据库中检索行，并允许从 SQL Server 中的一个或多个表中选择一个或多个行或列。虽然 SELECT 语句的完整语法较为复杂，但其主要子句可归纳如下。

```
SELECT select_list [ INTO new_table ]
[ FROM table_source ]
[ WHERE search_condition ]
[ GROUP BY group_by_expression ]
[ HAVING search_condition ]
[ ORDER BY order_expression [ ASC | DESC ] ]
```

可在查询之间使用 UNION、EXCEPT 和 INTERSECT 运算符，以便将各个查询的结果合并到一个结果集中或进行比较。

SELECT 后面列出要查询的字段名（列名），多个字段名之间要用英文逗号隔开。FROM 后面一般为表名（table_name）或视图名 (view_name); WHERE 后面为搜索条件表达式。GROUP BY 表示分组; HAVING 表示对结果过滤，通常与 GROUP BY 一起使用。ORDER BY 表示对结果集排序时，ASC 为升序，DESC 为降序。

二、单列和多列查询

1. 单列查询

一般情况下，在数据库中，每个表包含若干个列信息。如果只需要查询表中的某一列数据时，可直接使用以下代码。

```
SELECT 字段名
FROM 表名
```

【例 5-1-1】在数据库 ssts 中，查询学生表 student 中所有学生的姓名。

```
USE ssts
```

```
GO
SELECT name
FROM student
```

2. 多列查询

多列查询和单列查询方法基本相同，只需要在多个字段名之间加上逗号分隔即可。

【例 5-1-2】在数据库 ssts 中，查询学生表 student 中所有学生的学号、姓名、年龄。

```
SELECT sno, name, age
FROM student
```

如果需要将多个字段拼接成一个字段，可以使用“+”连接，语法格式如下。

```
SELECT column1+ column2
FROM table_name
```

【例 5-1-3】在数据库 ssts 中，查询学生表 student 中所有学生的姓名和系别，并生成一个字段“姓名（系别）”。

```
SELECT RTRIM(name)+ '('+RTRIM(dept)+ ')'
FROM student
```

说明：使用函数 RTRIM 可以去除字符串右侧的空格。

3. 查询所有的列

若要查询的表中有很多列，一一列举比较麻烦，则可以使用“*”符号代表所有的列，语法格式如下。

```
SELECT * FROM table_name
```

【例 5-1-4】在数据库 ssts 中，查询学生表 student 中所有列的信息。

```
SELECT * FROM student
```

三、使用 DISTINCT 去除结果的重复信息

如果要去掉重复的查询结果，要加上 DISTINCT 关键字。

```
SELECT DISTINCT column1, column2,…
```

```
FROM table_name
```

这时 DISTINCT 对所有的列都起作用，若列 1 内容相同，列 2 内容不同，则结果集中会出现列 1 相同而列 2 不同，也会出现列 1 不同而列 2 相同的记录。

【例 5-1-5】在数据库 ssts 中，查询学生表 student 中的所有系部名称。

```
SELECT DISTINCT dept
FROM student
```

使用 DISTINCT 关键字查询的结果如图 5-1-1 所示。

结果　消息

	dept
1	创意服务系
2	电气工程系
3	机电工程系
4	信息工程系

图 5-1-1　使用 DISTINCT 关键字查询的结果

四、使用 AS 取别名

用关键字 AS 可以命名新列，也可以给现有字段取别名。用 AS 重新指定返回字段或表的名字，称为别名（alias name）。

1. 列的别名

数据表中的列名有的是英文，为了方便查看查询结果，可以使用别名来代替，以便增强可读性；另外，在多个表查询中，出现相同的列，通常也可以使用别名，其语法格式如下。

```
SELECT column_name AS alias_name
FROM table_name
[WHERE condition]
```

2. 表的别名

在进行多表查询时，为了方便查询也经常给表取别名，其语法格式如下。

```
SELECT column1, column2, …
FROM table_name AS alias_name
[WHERE condition]
```

此时，AS 可以省略，可以在原表名后加上空格，再加上别名。

3. 结果集的别名

结果集的别名也称临时表 T，语法格式如下。

```
SELECT column1, column2, …
FROM (
        SELECT column1, column2, …
        FROM table_name ) AS T
```

4. 别名的使用场合

（1）常用在有两个名字重复的表，需要为其中一个起一个别名，如自连接查询。

（2）当两个表有重复的列名，也可以给表取别名，加以区分。

（3）表名或列名较长时，可以为其取别名。

（4）把一个查询结果当作另一个表来查询，可以理解查询结果为一个临时表 T。

【例 5-1-6】在数据库 ssts 中，查询学生表 student 中所有学生的姓名和性别，其中 name 用“姓名”显示，sex 用“性别”显示。

```
SELECT name AS 姓名 , sex AS 性别
FROM student
```

五、使用 TOP 查询前若干行

TOP 子句用于规定要返回的记录的数目，TOP n PERCENT 则按照前 n% 返回记录，语法格式如下。

```
SELECT TOP n <column1, column2, …> FROM <table_name>
```

【例 5-1-7】查询学生表 student 中的前 3 条记录。

```
SELECT TOP 3 *
```

```
FROM student
```

【例 5-1-8】查询学生表 student 中的前 20% 的学生信息。

```
SELECT TOP 20 PERCENT * FROM student
```

一、导入素材

任务开始前，导入学生成绩表 stuScore.xls 到数据库 ssts 中，在编辑映射时，修改数据类型，学生成绩表如图 5-1-2 所示。完成导入后，在数据库 ssts 中，更改表名为“stuScore”。

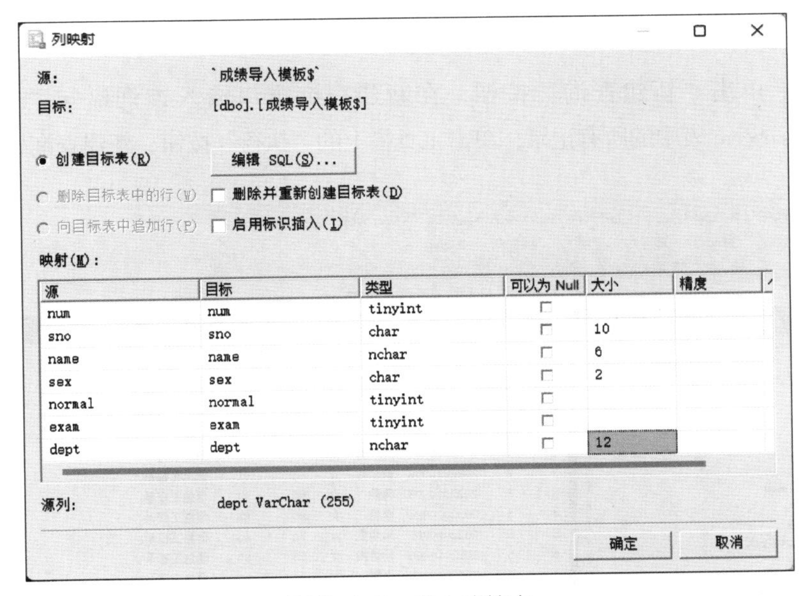

图 5-1-2 学生成绩表

二、查询 stuScore 表中的所有记录

在数据库 ssts 中，右击“stuScore”表，在弹出的快捷菜单中选择“选择前 1 000 行”选项，学生成绩表的记录如图 5-1-3 所示。

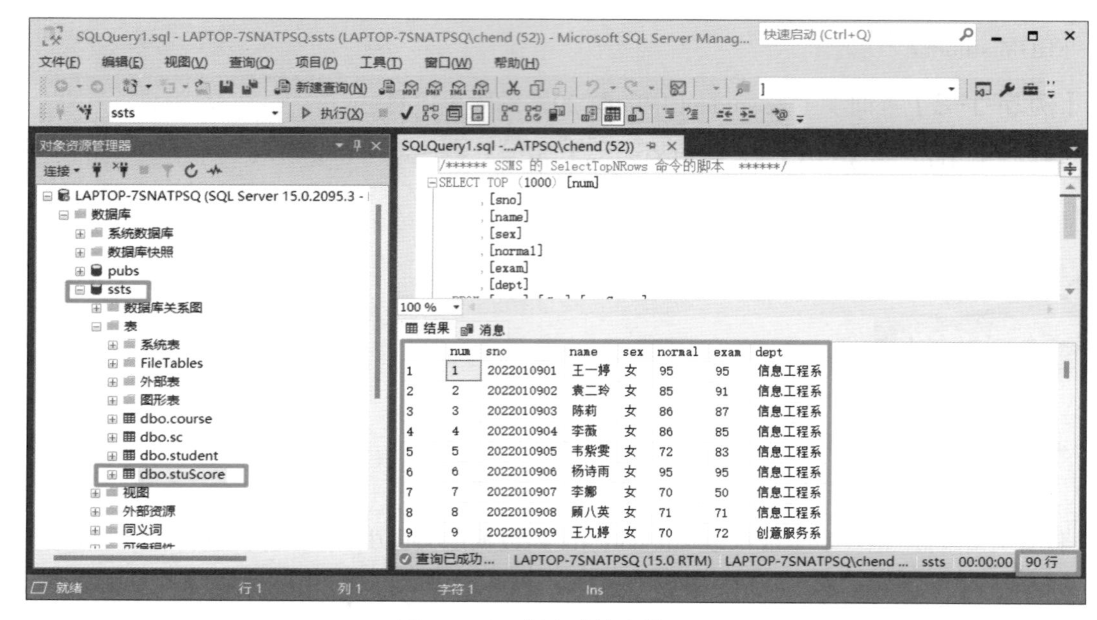

图 5-1-3　学生成绩表的记录

在工具栏上单击"新建查询"按钮，在新建查询窗口输入查询语句"SELECT * FROM stuScore"，查询 stuScore 表中的所有记录，单击工具栏上的"执行"按钮，新建查询如图 5-1-4 所示。

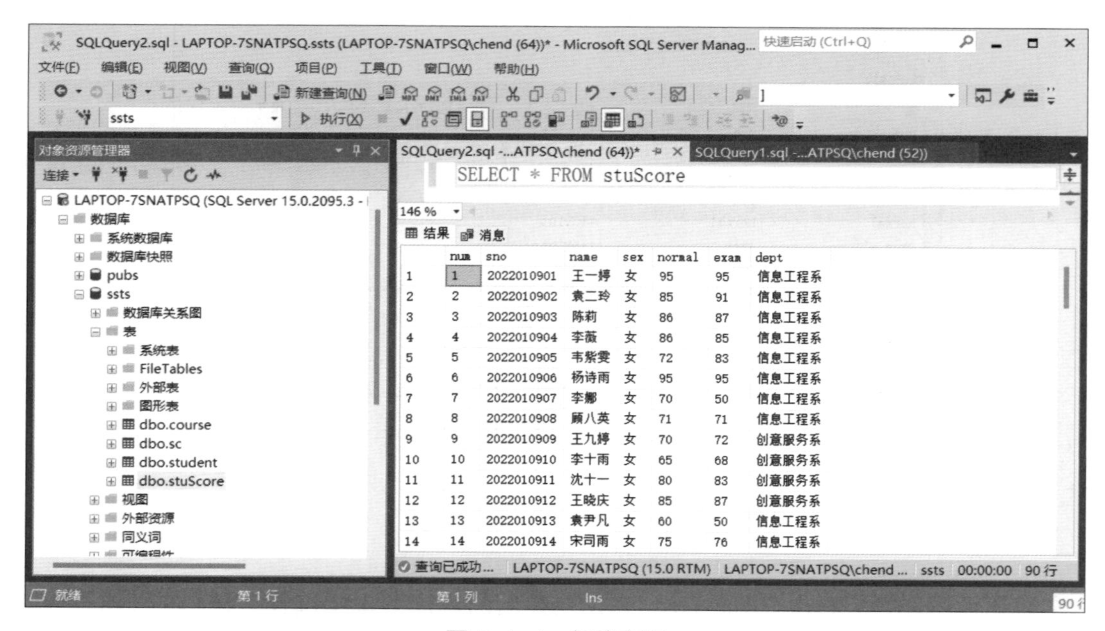

图 5-1-4　新建查询

从结果中可以看出有序号 num、学号 sno、姓名 name、性别 sex、平时成绩 normal、考试成绩 exam、系别 dept 共 7 列，图 5-1-4 右下角显示有 90 行，表明有 90 名学生的成绩记录。

三、查询总成绩排名前 10 的学生

现要查询总成绩排名前 10 的学生，其中，总成绩 = 平时成绩 ×40%+ 考试成绩 ×60%，保留两位小数。分数从高到低排名用降序 ORDR BY DESC，在新建查询的窗口中输入以下代码。

```
SELECT TOP 10 sno AS 学号 ,name AS 姓名 ,normal AS 平时成绩 ,exam AS 考试成绩 ,
CAST((normal*0.4+exam*0.6) AS DECIMAL(10,2)) AS 总成绩
FROM stuScore
ORDER BY 总成绩 DESC
```

单击工具栏上的“执行”按钮，显示成绩排名前 10 的学生记录，如图 5-1-5 所示。

146 %

结果 消息

	学号	姓名	平时成绩	考试成绩	总成绩
1	2022010906	杨诗雨	95	95	95.00
2	2022010901	王一婷	95	95	95.00
3	2022011021	王钰	93	95	94.20
4	2022011006	林瑜	89	95	92.60
5	2022010945	周健华	95	90	92.00
6	2022011005	顾晨曦	89	94	92.00
7	2022010938	曹婷	90	93	91.80
8	2022011004	朱晓灵	87	95	91.80
9	2022011013	陈莉烨	90	93	91.80
10	2022011014	杨睿	90	93	91.80

查询已成功执行。 LAPTOP-7SNATPSQ (15.0 RTM) | LAPTOP-7SNATPSQ\chend ... | ssts | 00:00:00 | 10 行

图 5-1-5 成绩排名前 10 的学生记录

小提示

在计算总成绩时，总成绩 =(normal × 0.4+exam × 0.6)。总成绩保留两位小数，使用 CAST (number AS DECIMAL(10,2)) 实现转换，这里 number 用总成绩表达式代替，CAST 将某种数据类型的表达式显式转换为另一种数据类型，默认实现了四舍五入。DECIMAL(10,2) 中“10”指的是整数部分加小数部分的总长度，“2”表示小数部分的位数。例如，CAST(3.141 5 AS DECIMAL(10,2)) 结果为 3.14。

任务 2 条件查询

1. 根据任务要求，能使用条件表达式进行查询。
2. 能描述在查询中 AND、OR、NOT、BETWEEN、IN、LIKE 的作用。
3. 能描述通配符的作用，并会使用通配符查询数据，验证查询结果。

现要求在数据库 ssts 中，使用学生成绩表 stuScore，完成以下查询任务。

1. 查询考试成绩 exam 在 95 分及以上的所有记录。

2. 根据公式“总成绩 total= 平时成绩 normal × 40%+ 考试成绩 exam × 60%”，总成绩保留两位小数。查询总成绩在 95 分及以上学生的学号、姓名、平时成绩、考试成绩、总成绩、系部。

3. 查询平时成绩和考试成绩都不及格（小于 60 分）的学生的姓名、平时成绩、考试成绩。

4. 查询信息工程系姓“李”的所有学生信息。

一、条件查询

用 WHERE 子句来说明查询条件，紧跟在 FROM 子句的后面。WHERE 后面的条件表达式包括由关系运算符、逻辑运算符、其他运算符构成的表达式。其他运算符主要有 IN、NOT

IN、BETWEEN、NOT BETWEEN、LIKE、NOT LIKE、IS NULL、IS NOT NULL、EXISTS、ANY、SOME。

简单的条件查询可以在 WHERE 后加上一个搜索条件。

【例 5-2-1】在数据库 ssts 的学生表 student 中，查询姓名叫“刘美”的学生。

```
SELECT *
FROM student
WHERE name=' 刘美 '
```

二、使用关系运算符表达式查询

在 WHERE 子句中，条件表达式中使用的关系运算符主要包括 : =、<、>、<=、>=、< >、!=。

【例 5-2-2】在数据库 ssts 的学生表 student 中，查询年龄大于等于 18 岁的学生的所有信息。

```
SELECT *
FROM student
WHERE age>=18
```

三、使用逻辑表达式查询

在 WHERE 子句中，条件表达式中使用的逻辑运算符主要包括 NOT、AND、OR。

【例 5-2-3】在数据库 ssts 中，查询学生表 student 中所有学生中年龄不小于 18 岁的女生的姓名和性别。

```
SELECT name AS 姓名 ,sex AS 性别
FROM student
WHERE sex=' 女 ' AND age>=18
```

【例 5-2-4】在数据库 ssts 中，查询学生成绩表 stuScore 中“平时成绩”低于 60 分或“考试成绩”低于 60 分的学生信息。

```
SELECT * FROM stuScore WHERE normal<60 OR exam<60
```

四、使用 BETWEEN 限定数据查询范围

在 WHERE 子句中，使用 BETWEEN 可以限制查询数据的范围。

【例 5-2-5】在数据库 ssts 中，查询选课表 sc 中学生的成绩 score 在 80 ~ 90 分的记录。

```
SELECT *
FROM sc
WHERE score BETWEEN 80 AND 90
```

五、使用 IN 限定检索数据查询范围

IN 操作符允许在 WHERE 子句中规定多个值，其语法格式如下。

```
SELECT column_name(s)
FROM table_name
WHERE column_name IN (value1,value2,…)
```

【例 5-2-6】在数据库 ssts 中，查询 author 表中 city 为“上海”或“苏州”的人。

```
USE ssts
GO
SELECT *
FROM author
WHERE city IN('上海','苏州')
```

IN 查询如图 5-2-1 所示。

结果　消息

	authorName	city	authorID	phone
1	陈道喜	苏州	chen2022	138****2022
2	何山	上海	he2016	137****2016
3	李丽雯	上海	li2023	136****2023
4	余晓敏	上海	yu2022	137****2022

图 5-2-1　IN 查询

小提示

在 SQL Server 中，master 数据库是默认的当前数据库，所以在编写 T-SQL 语句时，先使用 USE 语句打开要使用的表所在的数据库，否则容易出现“对象名无效”的提示。

六、使用通配符模糊查询

在搜索数据库中的数据时，通配符可以替代一个或多个字符。

1. 通配符“*”

在 SELECT 语句中，可以使用通配符“*”来显示所有字段，SELECT 与 * 之间要有空格。

【例 5-2-7】 查询 author 表中所有作者的信息。

```
USE ssts
GO
SELECT  *
FROM author
```

2. 查询常用的通配符

查询常用的通配符见表 5-2-1，其中下划线符号“_”是在英文状态下，按 Shift 键和减号键（数字 0 右侧的键）得到的。

表 5-2-1　查询常用的通配符

通配符	说明	举例	
%	匹配 0 个或 n 个字符	WHERE name LIKE ' 李 %'	查找姓李的所有人
_	下划线，匹配 1 个字符	WHERE sno like '202201090_'	查询学号长度为 10 并以 202201090 开头的学生
[ ]	指定范围内的任何单个字符	WHERE age LIKE '1[6–8]'	查询年龄是 16、17、18 岁的所有人
[^]	不在指定范围内的任何单个字符	WHERE age LIKE '1[^0–7]'	查询年龄是 18、19 岁的所有人

在 SQL Server 中 nchar、nvarchar 使用的是 Unicode 字符集。而 char、varchar 使用的是 ASCII 字符集。当 Unicode 数据（nchar 或 nvarchar）与 like 一起使用时，尾随空格有意义。但对非 Unicode 数据，尾随空格无意义。而 ASCII 中 char、varchar 字符串后面的空格没有意义。

【例 5-2-8】在数据库 ssts 中，查询学生表 student 中姓“王”的学生，“name”列的数据类型为 char(6)。

```
USE ssts
GO
SELECT *
FROM student
WHERE name LIKE '王__'
```

“王”后面加两条下划线，两条下划线之间与后面都没有空格；或使用“王 %”查询。学生可尝试使用“LIKE '王_'”和“LIKE '王%'”查询的结果。

一、在 stuScore 表中查询 exam 在 95 分及以上的记录

在新建查询窗口输入以下代码。

```
USE ssts
GO
SELECT *
FROM stuScore
WHERE exam>=95
```

考试成绩 exam 在 95 分及以上的查询结果如图 5-2-2 所示。

	num	sno	name	sex	normal	exam	dept
1	1	2022010901	王一婷	女	95	95	信息工程系
2	6	2022010906	杨诗雨	女	95	95	信息工程系
3	53	2022011004	朱晓灵	女	87	95	创意服务系
4	55	2022011006	林瑜	女	89	95	创意服务系
5	70	2022011021	王钰	女	93	95	信息工程系
6	76	2022011027	唐文怡	女	80	95	信息工程系

图 5-2-2　考试成绩 exam 在 95 分及以上的查询结果

二、查询总成绩在 95 分及以上学生的记录

在新建查询窗口输入以下代码。

```
SELECT sno AS 学号 ,name AS 姓名 ,normal AS 平时成绩 ,exam AS 考试成绩 , cast((normal*0.4+exam*0.6) AS decimal(10,2)) AS 总成绩 ,dept AS 系部
FROM stuScore
WHERE cast((normal*0.4+exam*0.6) AS decimal(10,2))>=95
```

总成绩在 95 分及以上的查询结果如图 5–2–3 所示。

	学号	姓名	平时成绩	考试成绩	总成绩	系部
1	2022010901	王一婷	95	95	95.00	信息工程系
2	2022010906	杨诗雨	95	95	95.00	信息工程系

图 5-2-3　总成绩在 95 分及以上的查询结果

三、查询平时成绩和考试成绩都不及格的学生

在新建查询窗口中输入以下代码。

```
SELECT name AS 姓名 , normal AS 平时成绩 ,exam AS 考试成绩
FROM stuScore
WHERE normal<60 AND exam<60
```

平时成绩和考试成绩都不及格的查询结果如图 5–2–4 所示。

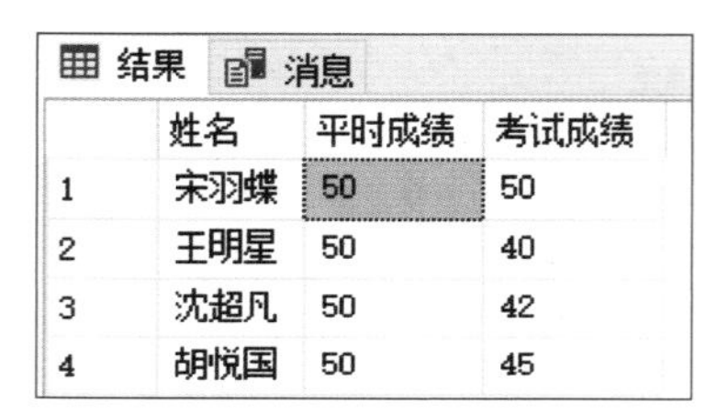

结果 消息

	姓名	平时成绩	考试成绩
1	宋羽蝶	50	50
2	王明星	50	40
3	沈超凡	50	42
4	胡悦国	50	45

图 5-2-4　平时成绩和考试成绩都不及格的查询结果

四、查询信息工程系姓“李”的所有学生的信息

在新建查询窗口中输入以下代码。

```
SELECT *
FROM stuScore
WHERE name LIKE '李%' AND dept='信息工程系'
```

查询信息工程系中姓“李”的所有学生的信息如图 5-2-5 所示。

结果 消息

	num	sno	name	sex	normal	exam	dept
1	4	2022010904	李薇	女	86	85	信息工程系
2	7	2022010907	李娜	女	70	50	信息工程系
3	71	2022011022	李婷	女	93	91	信息工程系
4	72	2022011023	李芯悦	女	80	88	信息工程系

图 5-2-5　查询信息工程系中姓“李”的所有学生的信息

任务 3　查询结果排序

1. 根据任务要求，查询时能使用 ORDER BY 进行排序。
2. 能叙述多个字段排序时应遵循的顺序关系。

本任务要求使用 ORDER BY 完成以下任务。

1. 在数据库 ssts 的 book 表中，按照 price 价格从大到小排序。

2. 在数据库 ssts 的教师表 teacher 中，查询工龄最长的前 5 名员工的工号、姓名、工龄。

3. 在数据库 ssts 中，查询数据表 competition。删除 ID 不同，其他字段的值都相同的冗余信息。

4. 将数据表 competition 重命名为 newCompetition，查询 Name 中带有“林”字的所有学生的信息。

一、排序 ORDER BY

在 SQL Server 中，为了方便查看查询结果，按某种规律排序，可使用 ORDER BY 子句进行数据排序，还可以进行多字段排序。默认的排序方式是升序 ASC，如果要降序排列，可在列名后加上 DESC。ORDER BY 语法格式如下。

```
[ ORDER BY < 列或表达式 1> ] [ ASC|DESC ] [,< 列或表达式 2> [ ASC|DESC ] [,…]
```

对查询结果集按“列或表达式 1”排序，再按“列或表达式 2”排序，以此类推。

【例 5-3-1】从选课表 sc 中按照成绩 score 降序排序。

```
SELECT *
FROM sc
ORDER BY score DESC
```

ORDER BY 后的列名可以不出现在 SELECT 字段列表中，如果要降序排列，可在列名后加上 DESC。

二、排序原则

1. 对于数值型数据，按其数值大小进行比较。
2. 对于日期型数据，按年月日的数值大小进行比较。
3. 对于逻辑型数据，false 小于 true。
4. 对于中英文字符，按其 ASCII 码大小进行比较。
5. 对于 NULL 值，若按升序排列，则含 NULL 的记录将最先显示。
6. 不能按 ntext、text、image 类型排序。

一、在 book 表中按照 price 价格从大到小排序

在新建查询窗口输入以下代码。

```
USE ssts
GO
SELECT *
FROM book
ORDER BY price DESC
```

ORDER BY 排序的结果如图 5-3-1 所示。

结果 消息

	bookName	ISBN	type	price	publisher	publishDate	authorID
1	C语言程序设计	9787302605874	程序设计类	49	清华大学出版社	2022-06-06	chen2022
2	C#项目开发教程	9787111649878	程序设计类	49	机械工业出版社	2020-05-05	chen2022
3	计算机基础与应用	9787516745229	计算机基础类	42	中国劳动社会保障出版社	2020-06-25	hou2019
4	中文版Excel2010基础与实训	9787516738061	计算机基础类	40	中国劳动社会保障出版社	2019-07-08	zhao2019
5	计算机统考教程	9787121438233	计算机基础类	39	电子工业出版社	2022-07-07	chen2022
6	素描	9787516751176	动画广告类	39	中国劳动社会保障出版社	2022-07-08	tan2022
7	构成基础	9787516753323	动画广告类	39	中国劳动社会保障出版社	2022-09-04	yu2022
8	动画概论	9787504576910	动画广告类	38	中国劳动社会保障出版社	2009-05-08	zhao2009
9	动画剧本创作	9787516763520	动画广告类	35	中国劳动社会保障出版社	2020-03-05	zhang2020
10	广告设计概论	9787516757963	动画广告类	32	中国劳动社会保障出版社	2023-05-25	li2023
11	常用办公自动化设备使用与维护	9787516725979	计算机基础类	30	中国劳动社会保障出版社	2013-08-05	he2016
12	键盘操作与五笔字型	9787516739389	计算机基础类	25	中国劳动社会保障出版社	2019-07-10	hou2019

图 5-3-1　ORDER BY 排序的结果

二、在教师表 teacher 中，按照工龄从大到小排序，取前 5 名

在新建查询窗口输入以下代码。

```
SELECT TOP (5) tno AS 工号 , name AS 姓名 ,
        DATEDIFF(m, hireDate, GETDATE())/12 AS 工龄
FROM teacher
ORDER BY 工龄 DESC
```

DATEDIFF(datepart, startdate, enddate) 返回两个日期之间的时间，depart 为 yy 时表示年，为 m 时表示月，为 d 时表示日。GETDATE() 函数返回当前的时间和日期。因此，查询中的表达式 DATEDIFF(m,hireDate,GETDATE()) 表示开始工作的日期（hireDate）与当前的日期之间的月数差值，再整除以 12 得到年份。如果直接用 yy 计算年数也可以，但可能会有些误差，会出现没有计算到整年整月的情况。

	工号	姓名	工龄
1	2212	顾顺利	30
2	2215	刘志刚	28
3	2213	王华燕	28
4	2232	陈明	25
5	2241	李明才	23

图 5-3-2　计算工龄的结果

计算工龄的结果如图 5-3-2 所示。

三、精简除了 ID 不同其他字段的值都相同的记录

在数据库 ssts 中，查看 competition 表的设计，右击 competition 表，在弹出的快捷菜单中选择“设计”选项，表的设计如图 5-3-3 所示。各列分别表示学生参加竞赛报名的 ID、姓名 Name、班级 Class、出生日期 Date。

列名	数据类型	允许 Null 值
ID	nchar(10)	☐
Name	nchar(10)	☐
Class	nchar(10)	☐
Date	date	☐

图 5-3-3　表的设计

查看 competition 表的记录，如图 5-3-4 所示。

从图 5-3-4 中可以看出，第 3 行 ID 为“jd20220301”的记录与第 6 行 ID 为“jd20220304”的记录，除了 ID 不同外，其他字段的值都相同。第 4 行与第 7 行、第 5 行与第 8 行，都有类似的情况，除了 ID 不同外，其他字段的值都相同，表中的数据存在大量冗余。

	ID	Name	Class	Date
1	xx20220401	刘美	xx2204	2007-10-01
2	xx20220402	庞凤婷	xx2204	2007-10-02
3	jd20220301	吉勇军	jd2203	2008-10-05
4	jd20220302	孙机电	jd2203	2006-09-11
5	jd20220303	李林	jd2203	2007-09-12
6	jd20220304	吉勇军	jd2203	2008-10-05
7	jd20220305	孙机电	jd2203	2006-09-11
8	jd20220306	李林	jd2203	2007-09-12

图 5-3-4　查看 competition 表的记录

因为除了 ID 不同外，其他字段的值都相同，所以把其他所有字段作为分组标准，使用 GROUP BY 子句进行分组，取小 ID 作为新的 ID，并按照 ID 结果升序排序。在新建查询窗口中输入以下代码。

```
SELECT min(ID)AS ID FROM competition
GROUP BY Name, Class, Date
ORDER BY ID
```

查询其他字段的值都相同的最小 ID，如图 5-3-5 所示。

结果　消息

	ID
1	jd20220301
2	jd20220302
3	jd20220303
4	xx20220401
5	xx20220402

图 5-3-5　查询其他字段的值都相同的最小 ID

删除 ID 不在图 5-3-5 中的所有记录，这样即可保存 ID 最小的记录了。在新建查询窗口中输入以下代码。

```
DELETE FROM competition
WHERE ID NOT IN(
    SELECT min(ID)AS ID FROM competition
    GROUP BY Name,Class, Date)
```

执行后，在新建查询窗口中输入以下代码。

```
SELECT * FROM competition
```

精减除了 ID 不同其他字段的值都相同的记录，如图 5-3-6 所示。

	ID	Name	Class	Date
1	xx20220401	刘美	xx2204	2007-10-01
2	xx20220402	庞凤婷	xx2204	2007-10-02
3	jd20220301	吉勇军	jd2203	2008-10-05
4	jd20220302	孙机电	jd2203	2006-09-11
5	jd20220303	李林	jd2203	2007-09-12

图 5-3-6　精减除了 ID 不同其他字段的值都相同的记录

四、将数据表 competition 重命名为 newCompetition，查询 Name 中带有“林”字的所有学生的信息

1. 重命名数据表

重命名数据表为“newCompetition”，修改完成后要刷新表。在新建查询窗口中输入以下代码。

```
EXEC sp_rename 'competition', 'newCompetition'
```

2. 查询学生信息

查询 Name 中带有“林”字的所有学生的信息，可以使用通配符进行查询。在新建查询窗口中输入以下代码。

```
SELECT * FROM newCompetition  WHERE name  LIKE '% 林 %'
```

通配符查询结果如图 5-3-7 所示。

	ID	Name	Class	Date
1	jd20220303	李林	jd2203	2007-09-12

图 5-3-7　通配符查询结果

任务 4 分组查询

学习目标

1. 能在学习常用聚合函数的基础上，使用 GROUP BY 进行分组查询。
2. 能使用 HAVING 对分组查询结果进行筛选。

任务描述

本任务要求使用分组查询，完成以下查询任务。

1. 在数据库 ssts 的 book 表中，按书的种类分类，求出各种类型 type 书籍的价格总和、平均价格及各类书籍的数量。

2. 在数据库 ssts 的 book 表中，查询所有价格超过 35 元的书籍的种类和平均价格。

3. 在数据库 ssts 的 book 表中，在所有价格超过 35 元的书籍中，查询所有平均价格超过 40 元的书籍的种类和平均价格。

相关知识

一、聚合函数

聚合函数对一组值执行计算并返回单一的值，常用的聚合函数见表 5-4-1。

表 5-4-1　常用的聚合函数

函数名称	功能
MIN	求一列中的最小值
MAX	求一列中的最大值
SUM	按列计算值的总和
AVG	按列计算平均值
FIRST	返回第一个记录的值
LAST	返回最后一个记录的值
COUNT	COUNT（*）表示计算表中的总行数，包括数据为 NULL 的行；COUNT（列名）表示计算列表包含的行的总数，不包括数据为 NULL 的行

【例 5-4-1】查询选课表 sc 中成绩列 score 的平均分。

```
SELECT AVG(score)  AS 平均分
FROM sc
```

【例 5-4-2】查询选课表 sc 中成绩列 score 的平均分，并使用 CONVERT(type, value) 保留两位小数输出。

```
SELECT CONVERT(DECIMAL(10,2), AVG(score)) FROM sc
```

【例 5-4-3】查询并计算学号为 xx20220401 学生的总分和平均分。

```
SELECT SUM(score) AS 总分 , AVG(score) AS 平均分
FROM sc
WHERE sno = 'xx20220401'
```

注意：函数 SUM 和 AVG 只能对数值型字段进行计算。

【例 5-4-4】查询并计算信息工程系学生的总数。

```
SELECT COUNT(sno)
FROM sc
WHERE dept=' 信息工程系 '
```

【例 5-4-5】查询学校中共有多少个系。

```
SELECT COUNT(DISTINCT dept) AS 系部总数
FROM student
```

小提示

加入关键字 DISTINCT 后表示消去重复行，可计算字段“dept”不同值的数目。COUNT（列名）函数对空值不计算，但对零值所在的行进行计算。

二、分组 GROUP BY

数据分组经常应用于统计汇总中，运用 GROUP BY 可以进行分组，如果要将满足条件的分组查询出来，还需要使用 HAVING 子句。

GROUP BY 子句可以将查询结果按属性列或属性列组合在行的方向上进行分组，每组在属性列或属性列组合上具有相同的聚合值。

1. 使用 GROUP BY 进行简单分组

使用 GROUP BY 子句对单个字段进行简单分组，通常与聚合函数配合使用。

（1）使用 GROUP BY 与聚合函数进行数据统计

【例 5-4-6】从学生表 student 中按照性别 sex 分组，统计男女生人数。

```
SELECT sex AS 性别 , COUNT(*) AS 人数
FROM student
GROUP BY sex
```

统计男女生人数的执行结果如图 5-4-1 所示。

结果 消息

	性别	人数
1	男	6
2	女	6

图 5-4-1 统计男女生人数的执行结果

【例 5-4-7】查询每位学生的学号及其选课的门数。

```
SELECT  cno, COUNT(*)  AS 选课门数
FROM sc
GROUP BY cno
```

GROUP BY 子句按 cno 的值分组，所有具有相同 cno 的元组为一组，对每一组使用函数 COUNT 进行计算，统计出每位学生选课的门数。

（2）反转查询结果

当查询的结果不是理想的行列显示时，可以使用反转查询进行转换。可以利用 COUNT 函数忽略 NULL 值的规则，借助于 CASE … END 表达式实现。

【例 5-4-8】在数据库 ssts 中，查询学生成绩表 stuScore 中各系学生的男生和女生人数，得到表 5-4-2。在新建查询窗口输入以下代码。

```
SELECT dept, sex, count(sex) as total
FROM stuScore
GROUP BY sex, dept
```

执行结果见表 5-4-2。

表 5-4-2　执行结果

dept	sex	total
创意服务系	男	3
创意服务系	女	47
信息工程系	男	3
信息工程系	女	37

想要得到的表见表 5-4-3。

表 5-4-3　想要得到的表

dept	男生人数	女生人数
创意服务系	3	47
信息工程系	3	37

查询语句如下。

```
SELECT dept, COUNT(CASE WHEN sex=' 男 ' THEN 1
                        ELSE NULL
                   END) AS 男生人数 ,
             COUNT(CASE WHEN sex=' 女 ' THEN 1
                        ELSE NULL
```

```
            END) AS 女生人数
FROM stuScore
GROUP BY dept
```

2. 使用 HAVING 子句设置统计条件

GROUP BY 子句还可以与 WHERE 子句配合使用，WHERE 子句先于 GROUP BY 子句执行，将满足条件的记录保留下来，然后，再按照 GROUP BY 子句分成小组。若在分组后还要按照一定的条件进行筛选，则需使用 HAVING 子句。

【例 5-4-9】在数据库 ssts 中，使用选课表 sc，查询信息工程系的学生学号及平均成绩（在分组查询中使用 WHERE 条件）。

```
SELECT sno, AVG(score) AS 平均成绩
FROM sc
WHERE sno IN(SELECT sno FROM student WHERE dept=' 信息工程系 ')
GROUP BY sno
ORDER BY sno
```

【例 5-4-10】在数据库 ssts 中，使用选课表 sc，查询平均成绩大于 85 的学生学号及平均成绩（在分组查询中使用 HAVING 条件）。

```
SELECT sno, AVG(score) AS average_score
FROM sc
GROUP BY sno
HAVING AVG(score) >85
```

【例 5-4-11】在数据库 ssts 中，使用选课表 sc，查询选课在两门以上且各门课程均及格的学生的学号及其总成绩，查询结果按总成绩降序列出。

```
SELECT sno, SUM(score) AS total_score
FROM sc
WHERE score>=60
GROUP BY sno
HAVING COUNT(*)>=2
ORDER BY SUM(score) DESC
```

小提示

使用 GROUP BY 时，不要使用 SELECT * 语句，否则会弹出“列表中的列无效，因为该列没有包含在聚合函数或 GROUP BY 子句中”的错误提示。如果 SELECT 子句后是列名列表，而这些列名又不在聚合函数中，那么应在 GROUP BY 子句中列出所有这些列名，这时分组就是这些字段的组合，而并非单个字段的分组。

在 SQL 中增加 HAVING 子句的原因是，WHERE 关键字无法与统计函数一起使用。如果只想要得到分组的统计结果，那么不需要全部的统计信息。

【例 5-4-12】在数据库 ssts 中，使用学生表 student，查询信息工程系和机电工程系的学生人数。

```
SELECT dept, COUNT(*) AS 人数
FROM student
GROUP BY dept
HAVING dept IN('信息工程系','机电工程系')
```

【例 5-4-13】订单信息表见表 5-4-4，有商品编号 ID、订单日期 OrderDate、订单价格 OrderPrice 和订单的客户姓名 Customer。

表 5-4-4　订单信息表

ID	OrderDate	OrderPrice	Customer
1	2022/10/29	2 500	李其福
2	2022/10/23	1 800	孔平俊
3	2022/10/05	850	祁华广
4	2022/09/20	350	张泉成
5	2022/07/06	1 850	方道萍
6	2022/05/21	500	卢喜
7	2022/05/12	2 000	李其福
8	2022/05/08	1 200	孔平俊

若希望查找订单总金额少于 2 000 的客户，则使用以下语句。

```
SELECT Customer, SUM(OrderPrice) FROM Orders
GROUP BY Customer
HAVING SUM(OrderPrice)<2000
```

若希望查找客户“李其福”或“孔平俊”拥有超过 2 500 的订单总金额，则在语句中增加 WHERE 子句。

```
SELECT Customer, SUM(OrderPrice) FROM Orders
WHERE Customer=' 李其福 ' OR Customer=' 孔平俊 '
GROUP BY Customer
HAVING SUM(OrderPrice)>2500
```

小提示

对于 WHERE 和 HAVING 子句，HAVING 子句主要用于筛选组，而 WHERE 子句用于筛选记录；HAVING 子句中可以运用聚合函数，而 WHERE 子句中不能运用聚合函数；HAVING 子句中不能出现既不被 GROUP BY 子句包含的字段，又不被聚合函数包含的字段，而 WHERE 子句中可以出现所需的任意字段。通过上例可知，使用的顺序一般为先 WHRER 分组，再 GROUP BY 分组，最后 HAVING 子句分组。

一、按种类求出各类型书籍的总价等

在数据库 ssts 的 book 表中，按书籍的种类分类，求出各种类型 type 书籍的价格总和、平均价格及各类书籍的数量。在新建查询窗口中输入以下代码。

```
USE ssts
GO
```

```
SELECT type AS 图书类别 , sum(price) AS 总价 ,avg(price) AS 平均价格 , count(*) AS 总数
FROM book
GROUP BY type
```

各类型书籍的总价如图 5-4-2 所示。

	图书类别	总价	平均价格	总数
1	程序设计类	98	49	2
2	动画广告类	183	36	5
3	计算机基础类	176	35	5

图 5-4-2　各类型书籍的总价

可以看出，统计函数都是对查询出的每一行数据进行分类后再进行统计计算的。

小提示

GROUP BY 子句不支持对列分配的别名，也不支持任何使用了统计函数的集合列。

二、查询价格超过 35 元的书籍的种类和平均价格

在数据库 ssts 的 book 表中，查询所有价格超过 35 元的书籍的种类和平均价格。在新建查询窗口中输入以下代码。

```
USE ssts
GO
SELECT type AS 图书类别 , avg(price) AS 平均价格
FROM book
WHERE price>35
GROUP BY type
```

查询结果如图 5-4-3 所示。

	图书类别	平均价格
1	程序设计类	49
2	动画广告类	38
3	计算机基础类	40

图 5-4-3　查询结果 1

三、在价格超过 35 元的书籍中，查询平均价格超过 40 元的书籍的种类

在数据库 ssts 的 book 表中，在所有价格超过 35 元的书籍中，查询所有平均价格超过 40 元的书籍的种类和平均价格。在新建查询窗口中输入以下代码。

```
USE ssts
GO
SELECT type AS 图书类别 , avg(price) AS 平均价格
FROM book
WHERE price>35
GROUP BY type
HAVING  avg(price)>40
```

查询结果如图 5-4-4 所示。

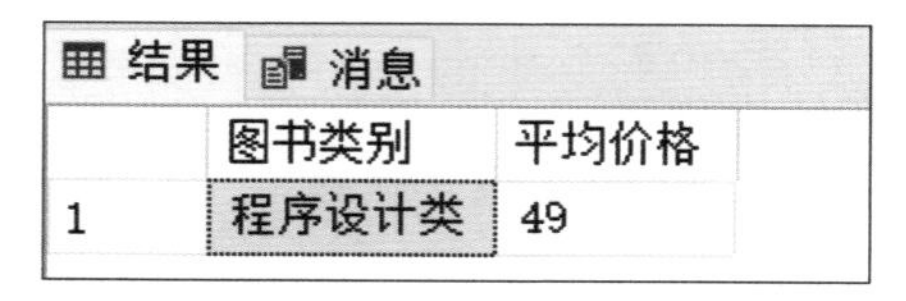

	图书类别	平均价格
1	程序设计类	49

图 5-4-4　查询结果 2

任务 5　连接查询

学习目标

1. 能根据公式计算笛卡尔积。
2. 能独立对表做交叉连接查询、内连接查询和外连接查询。

任务描述

本任务要求在数据库 ssts 中，使用连接查询，完成以下 3 个查询操作。

1. 根据 teacher、teach、course 三张表，查询陈老师所任教的课程名称。

2. 根据 book 表和 author 表，查询出版了程序设计类的图书作者，而且作者编号 authorID 是包含 2 022 字符的，输出作者的 authorID、姓名 authorName、所在城市 city。

3. 根据 author 表，查找居住在“北京”的手机号码前三位相同的作者。

这里的 teacher 是教师表、teach 是教学表、course 是课程表，三表之间有主外键关系；author 是作者表，book 是图书表，两者之间也有主外键关系。

相关知识

连接查询是指在 SQL Server 中，查询同时涉及两个或两个以上的表。数据表之间的联系是通过表的连接字段值来体现的，连接操作的目的就是通过加在连接字段的条件将多个表连接起来，以便从多个表中查询所需的数据。由于连接方式不同，查询结果也不相同。

当查询从多个相关表中提取数据时，称为连接查询。根据查询方法不同，连接查询可分为交叉连接、内连接、外连接 3 种类型。

一、交叉连接

交叉连接（cross join）又称笛卡尔连接，是指两个表之间做笛卡尔积操作，返回结果表的行数为两个表行数的乘积。

笛卡尔积：设 A 和 B 为集合，用 A 中元素为第一元素，B 中元素为第二元素构成的有序对，所有这样的有序对组成的集合叫做 A 与 B 的笛卡尔积，记作 $A \times B$。

笛卡尔积的符号化表示为：$A \times B=\{(x, y)|x \in A, y \in B\}$。

【例 5-5-1】若 $A=\{a, b\}$，$B=\{1,2\}$，则 $A \times B=\{(a,1),(a,2),(b,1),(b,2)\}$，$B \times A=\{(1,a),(1,b),(2,a),(2,b)\}$。

由于交叉连接返回的结果为被连接的两个数据表行数的乘积，当数据表行太多时，查询较慢，因此一般使用内连接、左外连接、右外连接查询。如果给 CROSS JOIN 加上 ON 子句或 WHERE 子句，那么返回的结果和内连接是一样的。需要注意的是，如果在交叉连接时使用 WHERE 子句，首先生成两个表的笛卡尔积，然后再选择满足 WHERE 条件的记录。因此，一般情况下不建议使用交叉连接，表的数量较多时，交叉连接会非常慢，解决的方法是多表查询一般使用内连接和外连接，效率要高于交叉连接。

【例 5-5-2】查询学生表 s 和课程表 c，并得到一个笛卡尔积。

先分别查询出这两个表的数据，再进行交叉连接查询。

（1）查询 s 表中的数据

```
SELECT * FROM s
```

（2）查询 c 表的中的数据

```
SELECT * FROM c
```

（3）使用交叉连接查询出两张表中的笛卡尔积

```
SELECT * FROM s CROSS JOIN c
```

交叉连接查询后，返回记录数为 s 表记录数与 c 表记录数的乘积，实际应用中一个表可能有上万条记录，交叉连接后可能有上亿条记录，造成查询非常慢，因此，实际情况中很少直接使用交叉连接，例题中的交叉连接只为说明此种查询方法，并没有什么实际的意义。

二、内连接

内连接（inner join）也称为等同连接，返回的结果集是两个表中所有相匹配的数据，而舍弃不匹配的数据。内连接使用比较运算符来完成，其可分为等值连接与非等值连接。连接条件的一般格式如下。

[<表名 1.>]<列名><比较运算符>[<表名 2.>]<列名>

其中，比较运算符主要包括 =、>、<、>=、<=、！ =。当比较运算符为“=”时，称为等值连接，其他情况称为非等值连接。

若定义了表的别名，则在 T-SQL 语句中必须用别名代替表名。

【例 5-5-3】现有学生表 s 和选课表 sc，查询每个学生及其选修课程的情况。

```
SELECT s.*, sc.*
FROM s, sc
WHERE s.sno=sc.sno
```

另一种解决的方法是使用 INNER JOIN 语句。

```
SELECT s.*, sc.*
FROM s INNER JOIN sc
ON s.sno=sc.sno
```

自然连接是一种特殊的等值连接，它要求两个关系中进行比较的分量必须是相同的属性组，并且在结果中把重复的属性列去掉，而等值连接并不去掉重复的属性列。

【例 5-5-4】对上例用自然连接完成查询。

```
SELECT s.sno,s.sname,sex,age,dept, cno, score
FROM s, sc
WHERE s.sno=sc.sno
```

☞ 本例也可以用 INNER JOIN 语句完成，请将语句写在下方横线上。

____

____

____

【例 5-5-5】查询张三同学所选修的课程号为 c02 的课程成绩。

```
SELECT s.sno,sname,sc.cno,score
FROM s,sc
WHERE (s.sno = sc. sno) AND (s.sname= ' 张三 ') AND (sc.cno= 'c02')
```

☞ 本例也可以用 INNER JOIN 语句完成，请将语句写在下方横线上。

【例 5-5-6】现有学生表 s、课程表 c、选课表 sc。查询所有选课学生的学号、姓名、选课名称及成绩。

```
SELECT s.sno,sname,cname,score
FROM s,c,sc
WHERE s.sno=sc.sno AND sc.cno=c.cno
```

本例涉及三张表，WHERE 子句中有两个连接条件。当有两个以上的表进行连接时，称为多表连接。

☞ 本例也可以用 INNER JOIN 语句完成，请将语句写在下方横线上。

当一个表与其自己进行连接操作时，称为表的自连接，也称自连接，它是一种特殊的内连接。

要查询的内容均在同一张表中，可以为表分别取两个别名，一个是 x，一个是 y。将 x、y 中满足查询条件的行连接起来，这实际上是同一张表的自连接。

【例 5-5-7】现有教师工资表 teacherSalary 见表 5-5-1，查询所有比教师“李强”工资高的教师姓名和工资，并对比显示李强的工资。

表 5-5-1　教师工资表 teacherSalary

name	sex	salary
孙莉	女	1 995
李强	男	2 598
王明军	男	2 196
张丰波	男	3 098
吴伟林	男	2 880

T-SQL 语句如下。

```
SELECT x.name AS 姓名 ,x.salary AS 工资 ,y.salary AS 李强工资
FROM teacherSalary AS x , teacherSalary AS y
WHERE x.salary>y.salary AND y.name= '李强'
```

需要给表起别名以示区别，由于所有属性都是同名属性，因此必须使用别名前缀。

小提示

自连接可以看作一张表的两个副本之间的连接，必须为表指定两个别名，使之在逻辑上成为两张表。

三、外连接

内连接（INNER JOIN）操作只输出满足连接条件的元组；外连接（OUTER JOIN）操作以指定表为连接主体，将主体表中不满足连接条件的元组一起输出，可分为左外连接（LEFT JOIN）、右外连接 (RIGHT JOIN) 和全外连接 (FULL JOIN)。

1. 左外连接

左外连接的语法格式如下。

```
SELECT 列名 FROM 表 1  LEFT( OUTER )JOIN 表 2 ON 表 1. 列 = 表 2. 列
```

左外连接的结果集包括 LEFT OUTER 子句或 LEFT OUTER JOIN 中指定的左表的所有行，而不仅仅是连接列所匹配的行。如果左表的某行在右表中没有匹配行，那么在相关联的结果集行中右表的所有选择列表列均为空值。

左连接是将左表中的所有记录与右表中的每条记录进行组合，结果集中除返回内部连接的记录外，还在查询结果中返回左表中不符合条件的记录，并在右表的相应列上加上 NULL，bit 类型以 0 填充。

【例 5-5-8】从数据库 ssts 的 teacher 表和 teach 表中，查询工号、教师姓名、课程号（包括还没有分配课程的教师），T-SQL 语句如下。

```
SELECT teacher.tno AS 工号 , teacher.name AS 教师 , teach.cno AS 课程号
FROM teacher LEFT JOIN teach
ON  teacher.tno = teach.tno
```

2. 右外连接

右外连接的语法格式如下。

```
SELECT 列名 FROM 表1 RIGHT(OUTER)JOIN 表2 ON 表1.列 = 表2.列
```

右外连接 RIGHT JOIN 或 RIGHT OUTER JOIN 将返回右表的所有行。如果右表的某行在左表中没有匹配行，那么将为左表返回空值。

右外连接是将左表中的所有记录与右表中的每条记录进行组合，结果集中除返回内部连接的记录外，还在查询结果中返回右表中不符合条件的记录，并在左表的相应列上加上 NULL，bit 类型以 0 填充。

【例 5-5-9】从数据库 ssts 的 teach 表和课程表 course 中，查询工号、课程号（包括还没有分配工号的课程）、课程名，T-SQL 语句如下。

```
SELECT teach.tno AS 工号 , course.cno AS 课程号 , course.name AS 课程名
FROM teach RIGHT JOIN course
ON teach.cno = course.cno
```

3. 全外连接

全外连接的语法格式如下。

```
SELECT 列名 FROM 表1 FULL(OUTER)JOIN 表2 ON 表1.列 = 表2.列
```

全外连接 FULL JOIN 是将左表中的所有记录与右表中的每条记录进行组合，结果集中除返回内部连接的记录外，还在查询结果中返回两个表中不符合条件的记录，并在左表或右表的相应列上加上 NULL，bit 类型以 0 填充。

【例 5-5-10】在课程表 c 中，添加一条记录“c04 日语”，这个课程没有被学生选修。现在根据学生表 s、课程表 c、选课表 sc，查询所有学生的选课情况，并查询出没有选课的学生姓名和没有被选的课程名，T-SQL 语句如下。

```
SELECT s.sno,sname,sex,age,dept,c.cno,cname,score
FROM sc FULL JOIN s ON sc.sno=s.sno
        FULL JOIN c ON sc.cno=c.cno
```

一、根据 teacher、teach、course 三张表，查询陈老师所任教的课程名称

首先启动 SSMS，连接数据库 ssts，打开数据库的 teacher、teach、course 三张表。使用 T-SQL 语句查询三张表的各列名称及所有记录，数据库 ssts 中三张表的部分记录如图 5-5-1 所示。

结果　消息

	tno	name	age	jobTitle	dept	hireDate
1	2212	顾顺利	54	教授	机电工程系	1993-09-01
2	2213	王华燕	52	副教授	机电工程系	1995-08-01
3	2215	刘志刚	52	教授	机电工程系	1995-09-01
4	2232	陈明	48	教授	信息工程系	1999-06-01

	tno	cno
1	2212	c01
2	2213	c02
3	2232	c05
4	2232	c06
5	2232	c07
6	2232	c08

	cno	name	pno	credit
1	c01	语文	NULL	NULL
2	c02	数学	NULL	NULL
3	c03	英语	NULL	NULL
4	c04	日语	NULL	NULL
5	c05	计算机基础	NULL	NULL
6	c06	SQL Server数据库管理	c05	NULL
7	c07	C语言程序设计	c05	NULL
8	c08	Java语言程序设计	c07	NULL

图 5-5-1　数据库 ssts 中三张表的部分记录

在新建查询窗口中输入以下代码。

```
SELECT a.name AS 教师 ,c.name AS 课程名称
FROM  teach AS b
      INNER JOIN teacher AS a ON a.tno=b.tno
```

```
    INNER JOIN course AS c ON c.cno=b.cno
WHERE a.name like '陈%'
```

查询陈老师所任教的课程名称如图 5-5-2 所示。

	教师	课程名称
1	陈明	计算机基础
2	陈明	SQL Server数据库管理
3	陈明	C语言程序设计
4	陈明	Java语言程序设计

图 5-5-2　查询陈老师所任教的课程名称

上面使用的是 INNER JOIN …ON…语句，如果采用 WHERE 条件查询，那么使用如下查询语句。

```
SELECT a.name AS 教师 ,c.name AS 课程名称
FROM  teach AS b, teacher AS a, course AS c
WHERE a.tno=b.tno AND c.cno=b.cno AND a.name like '陈%'
```

WHERE 条件查询结果如图 5-5-3 所示。

	教师	课程名称
1	陈明	计算机基础
2	陈明	SQL Server数据库管理
3	陈明	C语言程序设计
4	陈明	Java语言程序设计

图 5-5-3　WHERE 条件查询结果

二、根据 book 表和 author 表的限制条件，查询作者的信息

要求根据 book 表和 author 表，查询出版了程序设计类的图书作者，而且作者编号 authorID 是包含 2 022 字符的，输出作者的 authorID、姓名 author Name、所在城市 city，使用 DISTINCT

处理重复的数据。在新建查询窗口中输入以下代码。

```
SELECT DISTINCT  author.authorID,author.authorName,author.city
FROM author INNER JOIN book  ON author.authorID=book.authorID
WHERE author.authorID  like '%2022%' AND book.type=' 程序设计类 '
```

连接查询结果如图 5-5-4 所示。

	authorID	authorName	city
1	chen2022	陈道喜	苏州

图 5-5-4　连接查询结果

三、根据 author 表，查找居住在“北京”的手机号码前三位相同的作者

假设查询以“135”开头的手机号码，使用自连接查询，在新建查询窗口中输入以下代码。

```
SELECT
    a.authorName,
    LEFT(a.phone, 3) AS PhonePrefix
FROM
    [ssts].[dbo].[author] a
INNER JOIN (
    SELECT LEFT(phone, 3) AS PhonePrefix  -- 查手机号码前三位
    FROM [ssts].[dbo].[author]
    WHERE city = ' 北京 '
    GROUP BY LEFT(phone, 3)
    HAVING COUNT(*) > 1  -- 查 2 个以上手机号码
) AS b
ON LEFT(a.phone, 3) = b.PhonePrefix
```

自连接查询结果如图 5-5-5 所示。

结果 消息

	authorName	PhonePrefix
1	谭志丽	135
2	赵磊	135

图 5-5-5　自连接查询结果

任务 6　集合查询

1. 能使用 UNION 联合查询，将多个查询结果合并为一个结果集。
2. 能叙述 UNION ALL 关键字的用法，用于合并查询结果时保留所有的行，包括重复行。
3. 能叙述 UNION、EXCEPT、INTERSECT 关键字的用法。
4. 能使用 SELECT INTO 语句把联合查询的结果生成新表。

本任务要求使用数据库 ssts 中的数据表 classOne 和 classTwo 进行组合查询，具体查询任务如下。

1. 查询两个班级总分高于 320 分的学生的学号、姓名和成绩。

2. 查询两个班级网络安全课程成绩小于 60 分的学生名单。要求输出学号、姓名和课程的成绩。

3. 对于网络安全课程成绩不及格的学生，单独生成一张新表，表名为“网络安全补考名单”。

一、UNION 联合查询

在 SQL Server 中，将多个查询的结果放在一起，以一个查询结果的形式显示出来，可以使用 UNION 关键字把多个 SELECT 连接起来。每个 SELECT 查询语句应有相同数量的字段，若字段个数不等，可以使用 NULL 来代替；每个查询语句中相应的字段的类型必须相互兼容，若不兼容，可使用类型转换函数强制转换字段类型。UNION 缺省在合并结果集后消除重复项，UNION ALL 指定在合并结果集后保留重复项。UNION 结果集中的列名总是等于 UNION 中第一个 SELECT 语句中的列名。

【例 5-6-1】网络售书情况表 InternetInfo 见表 5-6-1，实体店面情况表 StoreInfo 见表 5-6-2，现在需要查询所有售书的订单日期。

表 5-6-1　网络售书情况表 InternetInfo

网络名称（InternetName）	书名(BookName)	订单日期 (OrderDate)	发货日期(OrderDate)
当当网	《C 语言程序设计》	2022-10-11	2022-10-12
京东商城	《Java 程序设计教程》	2022-10-12	2022-10-13

表 5-6-2　实体店面情况表 StoreInfo

实体店面名称(StoreName)	书名(BookName)	订单日期(OrderDate)	发货日期(OrderDate)
鼓楼新华书店	《C 语言程序设计》	2022-10-12	2022-10-14
观前街新华书店	《Java 程序设计教程》	2022-10-13	2022-10-15

```
SELECT OrderDate FROM InternetInfo
UNION
SELECT OrderDate FROM StoreInfo
```

售书 UNION 结果见表 5-6-3。

表 5-6-3　售书 UNION 结果

订单日期 (OrderDate)
2022-10-11
2022-10-12
2022-10-13

```
SELECT OrderDate FROM InternetInfo
UNION ALL
SELECT OrderDate FROM StoreInfo
```

售书 UNION ALL 结果见表 5-6-4。

表 5-6-4　售书 UNION ALL 结果

订单日期 (OrderDate)
2022-10-11
2022-10-12
2022-10-12
2022-10-13

二、INTERSECT 交集查询

UNION 将查询结果合并到一个结果集中，而 INTERSECT 运算符从最终结果集中删除重复的行，取两个查询的交集。

【例 5-6-2】网络售书情况表 InternetInfo 见表 5-6-1，实体店面售书表 StoreInfo 见表 5-6-2，现在需要查询某天既有网络售书，又有实体售书的订单日期，语句如下。

```
SELECT OrderDate FROM InternetInfo
INTERSECT
SELECT OrderDate FROM StoreInfo
```

三、EXCEPT 集合差查询

EXCEPT 用于从第一个查询的结果中去除第二个查询结果中也出现的行，即找出在第一个查询结果中独有的行，而不在第二个查询结果中出现的行。

【例 5-6-3】查询没有选修课程的学生的学号。

```
SELECT sno FROM student
EXCEPT
SELECT sno FROM sc
```

一、查询两个班级总分高于 320 分的学生

查询两个班级总分高于 320 分的学生的学号、姓名和成绩。在新建查询窗口中输入以下代码。

```
SELECT 学号 , 姓名 , 总分 FROM classOne WHERE 总分 >320
UNION
SELECT 学号 , 姓名 , 总分 FROM classTwo WHERE 总分 >320
```

总分高于 320 分的查询结果如图 5-6-1 所示。

结果　消息

	学号	姓名	总分
1	2011090107	诚　洁	324
2	2011090109	李　骏	348
3	2011090117	郝波	339
4	2011090203	金婷婷	335
5	2011090216	石东金	357

图 5-6-1　总分高于 320 分的查询结果

二、查询两个班级网络安全课程成绩小于 60 分的学生名单

要求输出学号、姓名和课程的成绩。在新建查询窗口中输入以下代码。

```
SELECT 学号 , 姓名 , 网络安全 FROM classOne WHERE 网络安全 <60
UNION
SELECT 学号 , 姓名 , 网络安全 FROM classTwo WHERE 网络安全 <60
```

两个班网络安全课程成绩小于 60 分的学生名单如图 5-6-2 所示。

结果 消息

	学号	姓名	网络安全
1	2011090106	张苏北	58
2	2011090113	钱学林	58
3	2011090120	施可意	55
4	2011090121	孙　钦	54
5	2011090123	杜文鑫	56
6	2011090201	孙金苗	44
7	2011090209	黄丽程	55
8	2011090211	张勤翔	58
9	2011090213	宣阳阳	58
10	2011090217	孙浩	58
11	2011090218	彭德永	56
12	2011090220	郭成波	46
13	2011090221	石大庆	58

图 5-6-2　两个班网络安全课程成绩小于 60 分的学生名单

三、生成网络安全课程成绩不及格的学生的数据表

对于网络安全课程不及格的学生，单独生成一张新表，表名为“网络安全补考名单”。在新建查询窗口中输入以下代码。

```
SELECT * INTO 网络安全补考名单
FROM
(SELECT 学号 , 姓名 , 网络安全 FROM classOne WHERE 网络安全 <60
UNION
SELECT 学号 , 姓名 , 网络安全 FROM classTwo WHERE 网络安全 <60)
```

执行后显示“13 行受影响”，再执行“SELECT * FROM 网络安全补考名单”命令，刷新左侧的表结点，网络安全课程补考名单如图 5-6-3 所示。

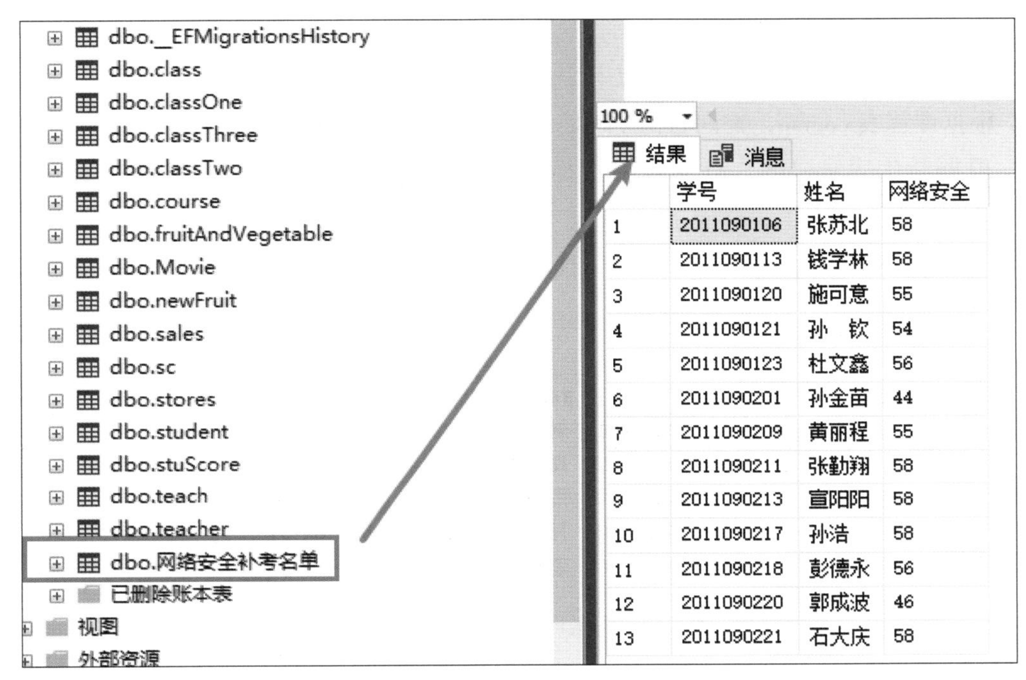

	学号	姓名	网络安全
1	2011090106	张苏北	58
2	2011090113	钱学林	58
3	2011090120	施可意	55
4	2011090121	孙　钦	54
5	2011090123	杜文鑫	56
6	2011090201	孙金苗	44
7	2011090209	黄丽程	55
8	2011090211	张勤翔	58
9	2011090213	宣阳阳	58
10	2011090217	孙浩	58
11	2011090218	彭德永	56
12	2011090220	郭成波	46
13	2011090221	石大庆	58

图 5-6-3　网络安全课程补考名单

任务 7　子查询

1. 能使用单值子查询，将单值子查询转化为连接查询。
2. 能使用带有 ANY、SOME 或 ALL 子句的子查询，并验证查询结果。
3. 能使用带有 IN、EXISTS 和 FROM 子句的子查询，并验证查询结果。

本任务要求在数据库 ssts 中完成以下 3 个查询任务。

1. 根据课程表 course，查询 cno 号码是 c01、c02 或 c03 的所有信息。

2. 根据学生表 student，查询 dept 不是信息工程系，也不是创意服务系的所有的学生信息。

3. 根据 newCompetition 表的出生日期 Date，查询年龄最小的学生，数据表 NewCompetition 如图 5-7-1 所示。

	ID	Name	Class	Date
1	xx20220401	刘美	xx2204	2007-10-01
2	xx20220402	庞凤婷	xx2204	2007-10-02
3	jd20220301	吉勇军	jd2203	2008-10-05
4	jd20220302	孙机电	jd2203	2006-09-11
5	jd20220303	李林	jd2203	2007-09-12

图 5-7-1　数据表 NewCompetition

一、子查询

子查询也称内部查询或嵌套查询，是指将一个 SELECT 查询（子查询）的结果作为另一个 T-SQL 语句（主查询）的数据来源或判断条件。当一个查询构成另一个查询的条件时，这个查询称为子查询。

子查询是一个嵌套在 SELECT、INSERT、DELETE 语句或其他子查询中的查询。任何允许使用表达式的地方都可以使用子查询。子查询可以从任何表中提取数据，只要对该表有适当的访问权限即可。通过子查询可以在主查询的条件中使用子查询的结果，以便根据特定的需求进行过滤和排序。

一般而言，子查询的组件包括选择列表组件的常规 SELECT 子句、一个表或多个表或视图名称的常规 FROM 子句、可选的 WHERE 子句、可选的 GROUP BY 子句、可选的 HAVING 子句等。

子查询在上一级查询处理之前求解，子查询的结果用于建立父查询的查找条件。

1. 单值子查询

单值子查询可以由一个比较运算符引入，由比较运算符引入的子查询必须返回单个值而不是值列表。

【例 5-7-1】根据数据库 ssts 的课程表 course 和选课表 sc，查询选修了 SQL Server 数据库管理课程的学生成绩。

```
USE ssts
GO
SELECT score FROM sc WHERE cno=
        (
        SELECT cno FROM course WHERE name='SQL Server 数据库管理 '
        )
```

这种单值子查询可以转换为连接查询，语句如下。

```
USE ssts
GO
SELECT sc.score FROM sc,course
WHERE sc.cno=course.cno AND course.name='SQL Server 数据库管理 '
```

2. 带有比较运算符的子查询

【例 5-7-2】根据数据库 ssts 的选课表 sc，查询超出课程平均成绩学生的学号和课程号。

```
SELECT sno, cno
FROM SC x
WHERE score >= (
                SELECT avg(score)
                FROM SC y
                WHERE y.sno=x.sno)
```

一个 SELECT FROM WHERE 语句称为一个查询块，将一个查询块嵌套在另一个查询块的 WHERE 子句或 HAVING 子句的条件中的查询称为嵌套查询。

二、带有 ANY、SOME 或 ALL 的子查询

1. 使用 ALL 返回一组值的普通子查询

ALL 运算符用于比较子查询返回列表中的每个值。“<ALL”表示小于最小的；“>ALL”表示大于最大的；“=ALL”表示没有返回值，因为在等于子查询的情况下，返回列表中的所有值是不符合逻辑的。

【例 5-7-3】根据数据库 ssts 的学生表 student，查询其他系中比信息工程系所有学生年龄都要小的学生的姓名和年龄。

```
SELECT name, age
FROM student
WHERE age <ALL (
          SELECT age
          FROM student
          WHERE dept=' 信息工程系 ')AND
              dept< >' 信息工程系 '
```

可以查询出几位符合条件的学生，他们的年龄比信息工程系所有学生的年龄都要小。可以用聚合函数改写为以下代码。

```
SELECT name, age
FROM student
WHERE age <
          (SELECT MIN (age)
          FROM student
          WHERE dept=' 信息工程系 ')
                      AND dept< >' 信息工程系 '
```

ALL 运算符允许将比较运算符前面的单值与比较运算符后面的子查询返回值集合中的某个值相比较。另外，仅当所有 ALL 运算符的比较运算符前面的单值与子查询返回值集合中的

每个值相比较的结果为 TRUE 时，比较表达式的求值结果才为 TRUE。

2. 使用 ANY 返回一组值的普通子查询

ANY 运算符用于比较子查询返回列表中的某个值。“<ANY”表示小于最大的；“>ANY”表示大于最小的；“=ANY”表示等于 IN。

【例 5-7-4】根据数据库 ssts 的教师表 teacher 和教学表 teach，查询讲授课程号为 c05 的教师姓名。

```
SELECT name
FROM teacher
WHERE (tno=ANY(
            SELECT tno
            FROM teach
            WHERE cno='c05')
```

上述的“=ANY”相当于“IN”，具体用法参考下面的“带有 IN 子查询”。也可以使用后面将要学习的两表连接查询，查询代码如下。

```
SELECT name
FROM teacher,teach
WHERE (teacher.tno=teach.tno AND teach.cno='c05')
```

3. 使用 SOME 返回一组值的普通子查询

SOME 运算符与 ANY 运算符是同义的，它们都允许比较运算符前面的单值与后面的子查询返回值集合中的某个值进行比较。如果比较运算符前面的单值与比较运算符后面的子查询返回值集合中的某个值之间任何比较结果为 TRUE，那么比较表达式求值的结果为 TRUE。

三、带有 IN 子查询

通过 IN(或 NOT IN) 运算符引入的子查询结果是包含零个或多个值的列表。子查询返回结果后，外部查询将利用这些结果。带有 IN 运算符的子查询是指在外层查询和子查询之间用 IN 运算符进行连接，判断某个属性列是否在子查询的结果中，其返回的结果可以包含零个或多个值。在 IN 子句中，子查询和输入多个运算符数据的区别在于，使用多个运算符输入时，一般都会输入两个或两个以上的值；而使用子查询时，不能确定其返回结果的数量。但是，即使子查询返回的结果为空，语句也能正常运行。NOT IN 运算符也可以应用在子查询中，能够产生 NOT IN 使用的清单，但是带有 NOT IN 运算符的子查询，其查询速度很慢，在对 T-SQL 语句的性能有所要求时，就要使用性能更好的语句来代替 NOT IN 子句。

【例 5-7-5】已知学生表 student 和选课表 sc，查询选修课程号为 c02 的学生名单。

```
SELECT name
FROM student
WHERE sno IN
            ( SELECT sno
            FROM sc
            WHERE cno='c02')
```

【例 5-7-6】已知学生表 student 和选课表 sc，查询与吴电同系的学生名单。

若用分步完成，操作如下。

（1）确定吴电所在的系名

```
SELECT dept
FROM student
WHERE name=' 吴电 '
```

结果为电气工程系。

（2）查找所有在电气工程系的学生名单

```
SELECT sno, name, dept
FROM student
WHERE dept=' 电气工程系 '
```

将前两面两步合并在一起的查询如下。

```
SELECT sno, name, dept
FROM student
WHERE dept IN
        (SELECT dept
        FROM student
        WHERE name=' 吴电 ')
```

本例中的 IN 可以用“=”代替。

四、带有 EXISTS 子查询

带有 EXISTS 运算符的子查询，其功能是判断子查询的返回结果中是否有数据行。如果带有 EXISTS 运算符的子查询返回的结果集是空集，那么判断为不存在数据行，即带有 EXISTS 运算符的子查询失败。如果带有 EXISTS 运算符的子查询返回至少一行的数据记录，那么判断存在，即带有 EXISTS 运算符的子查询成功。由于带有 EXISTS 运算符的子查询不用返回具体值，因此该子查询的选择列表常用“SELECT *”格式。在使用 EXISTS 运算符引入子查询时，应注意以下情况。

1. EXISTS 运算符一般直接跟在外层查询的 WHERE 子句后面，它的前面没有列名、常量或表达式。

2. EXISTS 运算符引入子查询的 SELECT 列表清单通常是由“*”组成的。因为带有 EXISTS 运算符的子查询只要满足数据行的存在性即可，所以在子查询的 SELECT 列表清单中加入列名是没有实际意义的。

3. EXISTS 强调是否返回结果集，不要求知道返回的是什么。EXISTS 子句的返回值是一个布尔值。EXISTS 内部有一个子查询语句 SELECT…FROM…，将其称为 EXISTS 的内查询语句，它可以返回一个结果集。EXISTS 子句根据其内查询语句的结果集返回一个布尔值（空或非空）。不需要返回具体的查询数据，而只关心是否有返回值，即返回 TRUE 或 FALSE。

【例 5-7-7】已知学生表 student 和选课表 sc，查询没有选修 c01 号课程的学生姓名。

```
SELECT name
FROM student
WHERE NOT EXISTS (SELECT *
FROM sc
WHERE sno=student.sno AND cno='c01')
```

小提示

子查询与其他 SELECT 语句之间的区别如下。

1. 虽然 SELECT 语句只能使用来自 FROM 子句中表的列，但子查询不仅可以使用子查询 FROM 子句中表的列，还可以使用包括子查询的 T-SQL 语句的 FROM 子句中表的任何列。

2. SELECT 语句中的子查询必须返回单一数据列。另外，根据其在查询中的使用方法，包括子查询的查询可能要求子查询返回单个值。

3. 子查询不能有 ORDER BY 子句。

4. 子查询必须由一个 SELECT 语句组成，即不能将多个 T-SQL 语句用 UNION 运算组合起来作为一个子查询。

五、在 FROM 子句中使用子查询

SQL Server 非常灵活，允许在 FROM 子句中嵌套使用子查询。这意味着，任何通过 SELECT FROM WHERE 结构查询得到的结果，其实都是一个关系表，可以把这个结果像其他普通表一样，用在另一个 SELECT FROM WHERE 查询的相应位置。当在 FROM 子句中使用子查询时，为了更方便地引用这个子查询的结果，可以通过 AS 关键字给它起一个别名（给这个关系表起一个名字），并且还可以对子查询中的列进行重命名，让它们在查询中更加清晰易懂。

【例 5-7-8】根据数据库 ssts 的作者表 author 和图书表 book，查询合计销售图书总价大于 100 元的作者编号 authorID、作者姓名 authorName 和所在城市 city。

```
SELECT author.authorID,author.authorName,author.city  -- 从作者表 author 中根据 authorID
提取作者的信息
FROM  author,(
        SELECT authorID, SUM(price) AS sumPrice  -- 得到 book 表中图书总价超过 100 元
                                                    的作者 ID
        FROM book
        GROUP BY authorID HAVING SUM(price)>100
    )AS books(authorID, sumPrice)  -- 用 AS 给子查询的结果关系取个新表名，并对列名进
                                      行重命名
WHERE author.authorID=books.authorID
```

在 FROM 子句中使用子查询，并用 AS 给子查询的结果关系取个新表名 books，并对列名进行重命名 authorID 和 sumPrice。FROM 子句中使用子查询如图 5-7-2 所示。

	authorID	authorName	city
1	chen2022	陈道喜	苏州

图 5-7-2　FROM 子句中使用子查询

一、根据课程表 course，查询 cno 是 c01、c02 或 c03 的信息

```
SELECT *
FROM course
WHERE cno IN('c01', 'c02','c03')
```

等价于下面的语句。

```
SELECT *
FROM course
WHERE cno ='c01' OR cno ='c02' OR cno ='c03'
```

注意：相对于 OR 语句，使用 IN 语句更简洁。

二、查询不是信息工程系，也不是创意服务系的学生

根据学生表 student，查询 dept 不是信息工程系，也不是创意服务系的所有的学生信息。

```
SELECT * FROM student WHERE dept NOT IN(' 信息工程系 ',' 创意服务系 ')
```

注意：不要用 !=，要用 NOT IN。

三、根据 newCompetition 表的出生日期 Date，查询年龄最小的学生

查询离今天日期最近出生的，即 Date 值最大的，就是年龄最小的学生。

```
SELECT *
FROM NewCompetition
WHERE date IN (SELECT max(date) FROM NewCompetition)
```

小提示

EXISTS 与 IN 最大的区别在于 IN 引导的子句只能返回一个字段，假如使用“SELECT name FROM student WHERE sex = 'm' and mark IN (SELECT 1,2,3 FROM grade WHERE …)”，IN 子句返回三个字段，这是不正确的，EXISTS 子句是允许的，但 IN 只允许有一个字段返回，在 1、2、3 中随便删除两个字段即可。而 NOT EXISTS 和 NOT IN 分别是 EXISTS 和 IN 的对立面，EXISTS 是 SQL 返回结果集则为真，NOT EXISTS 是 SQL 不返回结果集则为真。

项目六　管理索引和视图

在数据库管理中，通过 SSMS 窗口和 T-SQL 语句管理索引和视图是常见的任务。管理和优化数据库中的索引，提升查询性能和数据操作效率。运用视图使数据操作更加灵活，同时能够提高数据的安全性和可维护性。

本项目通过“创建索引”“管理索引”“管理视图”“通过视图操作数据表”任务实例，帮助读者掌握索引和视图的管理方法。

任务 1　创建索引

1. 能根据应用场景选择创建不同类型的索引。
2. 能使用 SSMS 窗口或 T-SQL 语句创建索引，能优化数据表的查询性能。

任务描述

为了提升查询的速度与效率，要在经常查询的表的相应字段上创建索引。根据数据库 ssts 中的数据表 classThree，表中包含学号、姓名、性别、身份证号码、出生日期、手机等字段，可以使用 SSMS 方式，在 classThree 表的“身份证号码”列上创建聚集索引 idx_idcard，可以使用 T-SQL 语句方式在 classThree 表的“姓名”列上创建非聚集索引 idx_name。创建索引的结果如图 6-1-1 所示。

图 6-1-1　创建索引的结果

一、索引的概念

索引是根据表中一列或多列的值按照一定顺序建立的列值与记录之间的对应关系，是以表列为基础建立的数据库对象。索引可以提高检索数据行的速度，当查阅图书的某一章节内容时，为了方便查找，可以选择目录索引，快速找到页码。在学生成绩数据库中，为加快查询速度，要给经常使用的表创建索引，并设置相关属性。

因为索引在搜索数据上所花的时间比在表中逐行搜索花的时间更长，若列中有几个不同的值，或表中仅包含几行值，则不推荐为其创建索引。

二、索引的类型

1. 唯一索引

唯一索引不允许两行具有相同的索引值，也就是说，对于表中的任何两行记录来说，索引键的值都各不相同。如果创建了唯一约束，那么将自动创建唯一索引。

2. 主键索引

为表定义一个主键将自动创建主键索引，主键索引是唯一索引的特殊类型。主键索引要求主键中的每一个值都是唯一的，并且不能为空。

3. 聚集索引 (clustered index)

聚集索引是指表中各行的物理顺序与键值的逻辑顺序（索引顺序）相同的索引，每个表只能有一个聚集索引。聚集索引通常创建在表中经常被搜索到的列或按顺序访问的列上，在默认情况下，主键约束自动创建聚集索引。例如，汉语字典默认按拼音排序，拼音排序较后的字对应的页码也较大。

4. 非聚集索引(non-clustered index)

非聚集索引是指表中各行的物理顺序与索引顺序不相同的索引。数据存储在一个位置，索引存储在另一个位置，索引中包含指向数据存储位置的指针。例如，汉语字典按笔画排序的索引就是非聚集索引，一画的字如“乙”对应的页码却比三画的字如“口”对应的页码大。

聚集索引和非聚集索引是从索引数据存储的角度来区分的；而唯一索引和非唯一索引是从索引值来区分的，所以唯一索引和非唯一索引既可以是聚集索引，也可以是非聚集索引，只要列中的数据是唯一的，就可以在一张表中创建一个唯一索引和多个非聚集索引。

三、创建索引

使用 T-SQL 语句创建索引的简单语法如下。

```
CREATE [UNIQUE] [CLUSTERED|NONCLUSTERED]
INDEX index_name
ON table_name (column_name…)
```

其中，UNIQUE 表示唯一索引，CLUSTERED 表示聚集索引，NONCLUSTERED 表示非聚集索引，FILLFACTOR 表示填充因子，指定一个 0 到 100 之间的值，该值指示索引页填满的空间所占的百分比，该值是可选的。

使用 CREATE INDEX 方法可以指定索引的类型、唯一性等，可以创建聚集索引，也可以创建非聚集索引，既可以在一个列上创建索引，又可以在两个或多个列上创建索引。

四、查看索引

在 SSMS 中查看索引，在对象资源管理器窗口中，依次展开数据库 ssts，展开表节点 classThree，展开索引节点，右击需要查看索引信息的索引名称，如 idx_mobilephone，在弹出的快捷菜单中选择“属性”选项，如图 6-1-2 所示。

在弹出的“索引属性”对话框中，可以查看当前索引 idx_mobilephone 的详细信息，如图 6-1-3 所示。

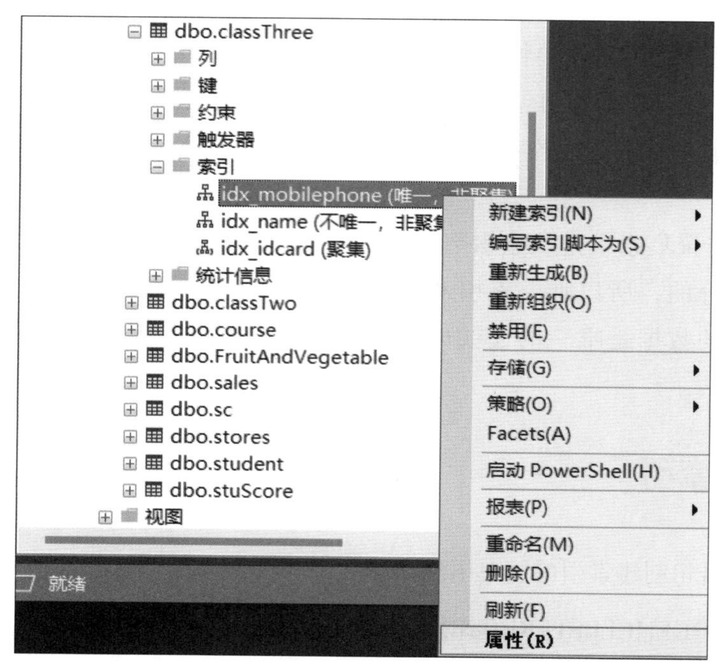

图 6-1-2　选择“属性”选项

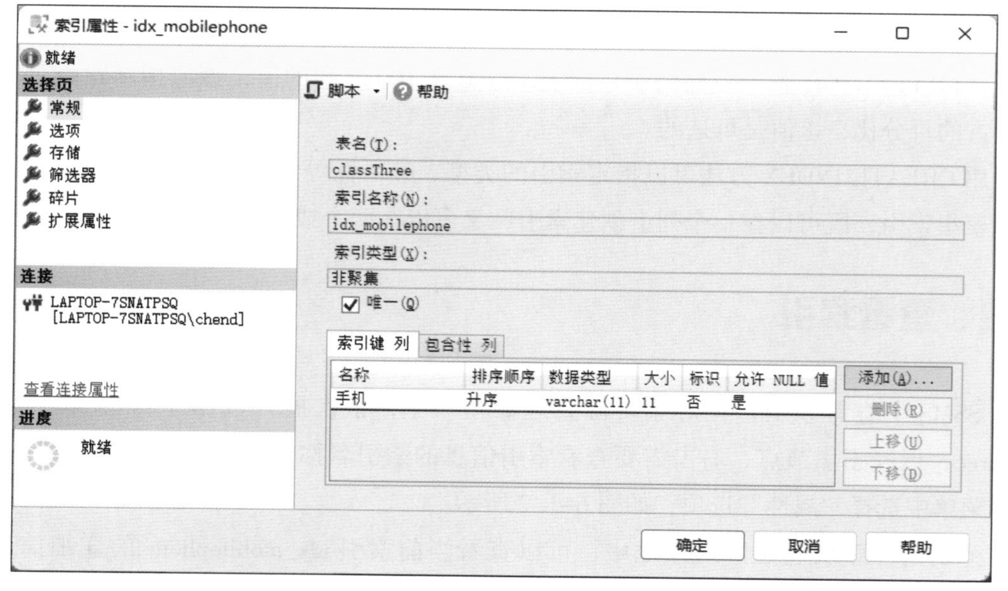

图 6-1-3　查看当前索引 idx_mobilephone 的详细信息

也可以展开“统计信息”节点，双击所要查看统计信息的索引 idx_mobilephone，查看索引 idx_mobilephone 的统计信息属性，如图 6-1-4 所示。

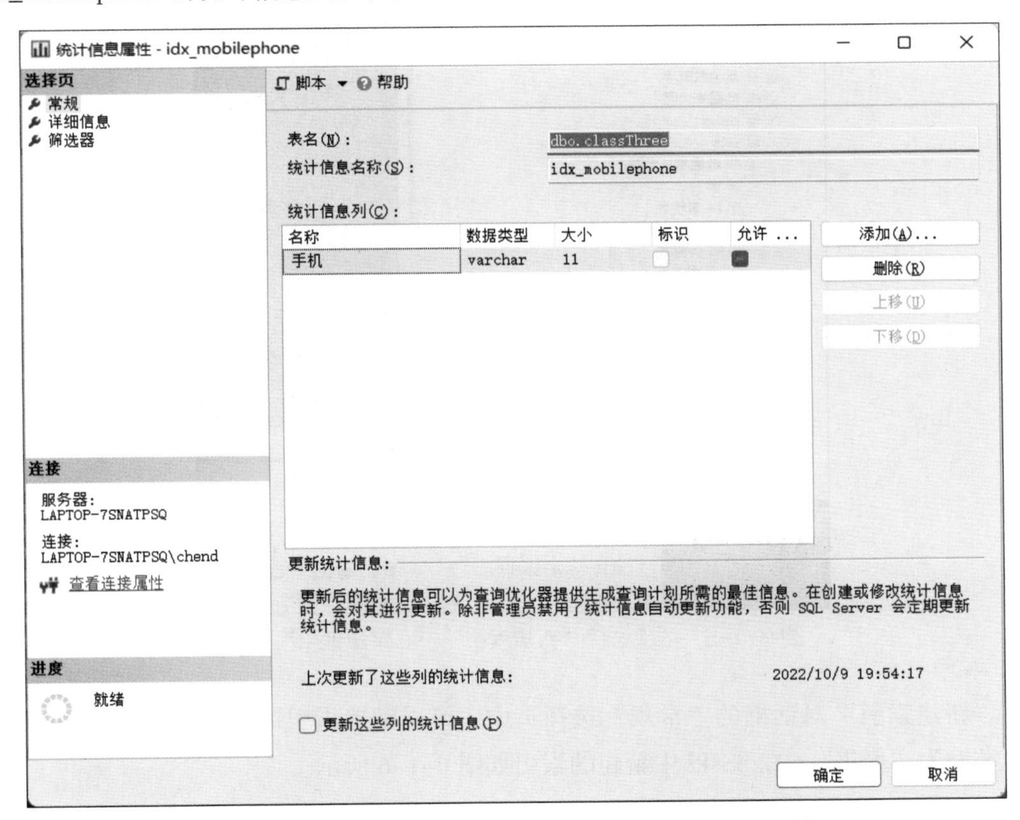

图 6-1-4　查看索引 idx_mobilephone 的统计信息属性

在上面的“统计信息属性”对话框中，在“选择页”中选择“详细信息”选项，显示当前索引的统计信息，可以查看索引 idx_mobilephone 的统计信息。

一、创建聚集索引 idx_idcard

连接到包含默认数据库的服务器实例。在 SSMS 的对象资源管理器窗口中，展开服务器节点，展开数据库目录，找到数据库 ssts，展开表节点 classThree，右击“索引”节点，在弹出的快捷菜单中依次选择“新建索引”→“聚集索引”选项，如图 6-1-5 所示。

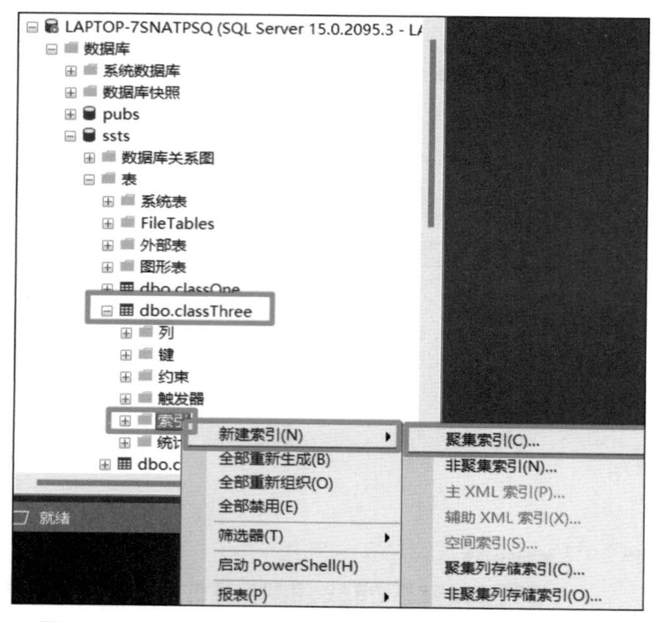

图 6-1-5　依次选择“新建索引”→“聚集索引”选项

在“新建索引”对话框的“常规”选择页中，可以配置索引的名称为“idx_idcard”，设置索引类型为“聚集”，在 SSMS 中新建的索引如图 6-1-6 所示。

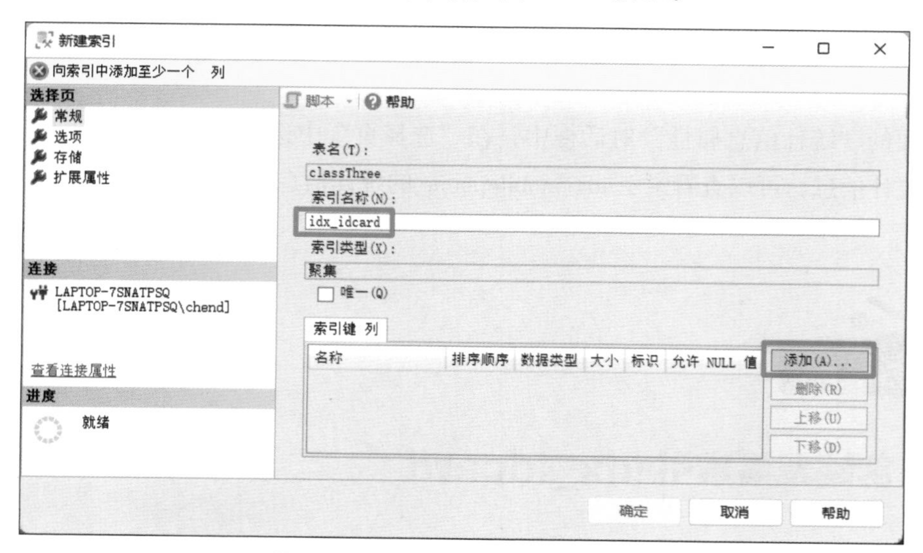

图 6-1-6　在 SSMS 中新建的索引

单击“添加”按钮，弹出“从‘dbo.classThree’中选择列”对话框，勾选“身份证号码”前的复选框，选择要添加到索引键的表列，如图 6-1-7 所示。

从“dbo.classThree”中选择列

就绪

选择要添加到索引中的表列:

名称	数据类型	大小	标识	允许 NULL 值
学号	nchar(10)	20	否	否
姓名	nchar(10)	20	否	否
性别	nchar(1)	2	否	否
身份证号码	char(18)	18	否	否
出生日期	smalldatetime	4	否	否
手机	varchar(11)	11	否	是
邮政编码	char(6)	6	否	是
家庭地址	nvarchar(50)	100	否	否
住宿	bit	1	否	是
系部	nchar(10)	20	否	否

确定　取消　帮助

图 6-1-7　选择要添加到索引键的表列

单击“确定”按钮，完成索引的创建。在表节点下的索引节点下便生成了一个名为“idx_idcard（聚集）”的索引，说明索引创建成功，如图 6-1-8 所示。

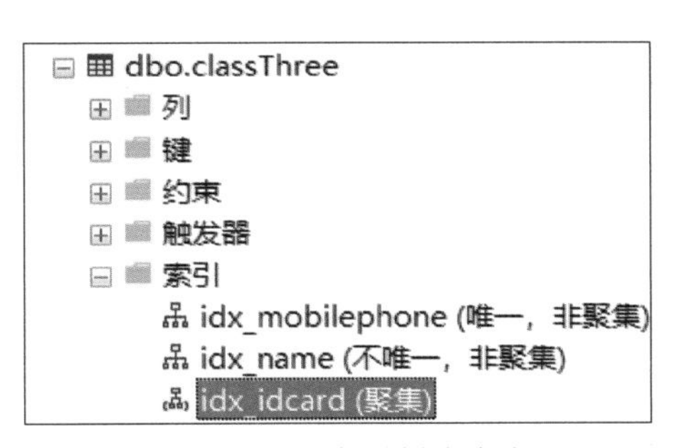

图 6-1-8　索引创建成功

二、创建非聚集索引 idx_name

根据提供的数据库 ssts，在数据库中有数据表 classThree，这张班级的学生表 classThree 中包含学号、姓名、性别、身份证号码、出生日期、手机等字段。

在学生表的“姓名”列上创建索引，设置索引名称为“idx_name”，在新建查询窗口中输入以下代码。

```
USE ssts
GO
CREATE NONCLUSTERED INDEX idx_name
ON classThree( 姓名 )
```

单击工具栏上的“执行”按钮，便可完成索引的创建。执行后，在 SSMS 的对象资源管理器窗口中展开 classThree 表节点下的索引目录，可以看到索引的名称，创建的非聚集索引 idx_name 如图 6-1-9 所示。

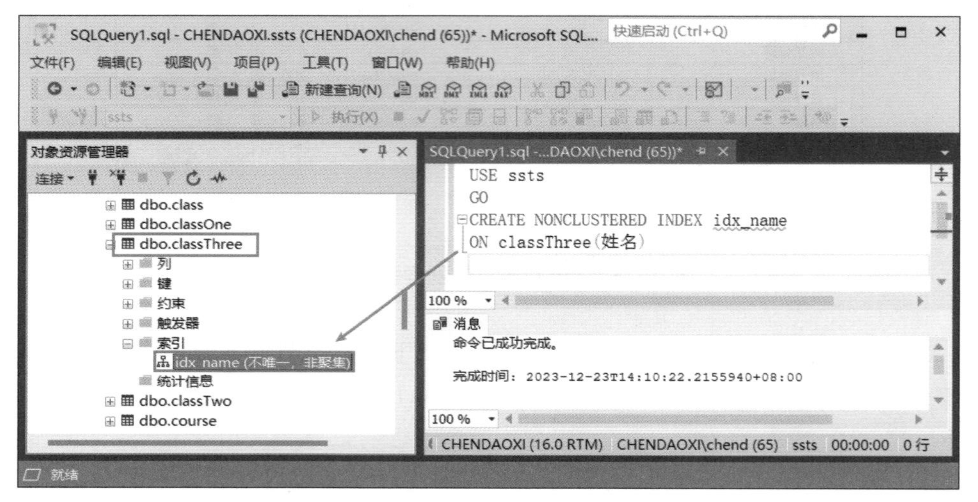

图 6-1-9　创建的非聚集索引 idx_name

任务 2　管理索引

学习目标

1. 能使用存储过程查看索引。
2. 能使用 SSMS 或 T-SQL 语句修改索引。
3. 能使用 SSMS 或 T-SQL 语句删除索引。

根据数据库 ssts 中的数据表 classThree，该表中包含学号、姓名、性别、身份证号码、出生日期、手机等字段，要求使用 T-SQL 语句在 classThree 表中的“手机”列上创建唯一的非聚集索引 idx_mobilephone，要求使用存储过程查看 classThree 表上的所有索引，要求使用 T-SQL 语句修改 idx_mobilephone 索引名为 idx_phone，重建 idx_phone 索引，最后删除 idx_phone 索引。

一、修改索引

1. 重命名索引

重命名索引的语法格式如下。

```
EXEC sp_rename 'table.oldIndexName', 'newIndexName', 'index'
```

其中，oldIndexName 是原索引名称，newIndexName 是新索引名称。sp_rename oldName 和 newName [,object_type] 必须在索引前面加上表名前缀。

2. 重新生成索引

重新生成索引的语法格式如下。

```
ALTER INDEX index_name ON table_or_view_name REBUILD
```

3. 禁用索引

禁用索引的语法格式如下。

```
ALTER INDEX index_name ON table_or_view_name DISABLE
```

二、删除索引

使用 T-SQL 语句中的 DROP INDEX 命令可以删除表中的索引，其语法格式如下。

```
DROP INDEX 表名.索引名
```

在删除索引时，要注意不能使用 DROP INDEX 语句删除由主键约束或唯一性约束创建的索引。要想删除这些索引，必须先删除这些约束。当删除表时，该表的全部索引也将被删除。当删除一个聚集索引时，该表的全部非聚集索引重新自动创建。

一、创建唯一的非聚集索引 idx_mobilephone

在 classThree 表的“手机”列上创建一个唯一的非聚集索引，设置其索引名称为“idx_mobilephone”。在新建查询窗口中输入以下代码。

```
USE ssts
GO
CREATE UNIQUE NONCLUSTERED INDEX
ON classThree( 手机 )
```

单击工具栏上的“执行”按钮，便可完成索引的创建。执行后，在 SSMS 的对象资源管理器窗口中展开 classThree 表节点下的索引目录，可以看到索引的名称，如图 6-2-1 所示。

二、使用系统存储过程 sp_helpindex 查看索引

使用系统存储过程 sp_helpindex 可以查看特定表上的索引信息，在新建查询窗口中输入以下代码。

```
EXEC sp_helpindex classThree
```

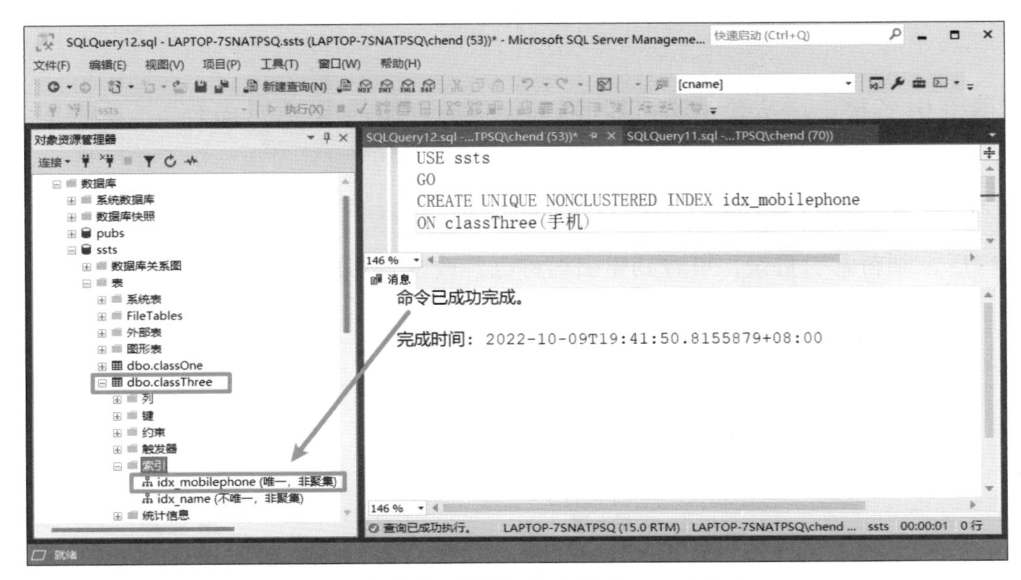

图 6-2-1　创建唯一的非聚集索引 idx_mobilephone

执行后，表的所有索引如图 6-2-2 所示。结果显示了 classThree 表上的所有索引的名称、类型和建立索引的列。

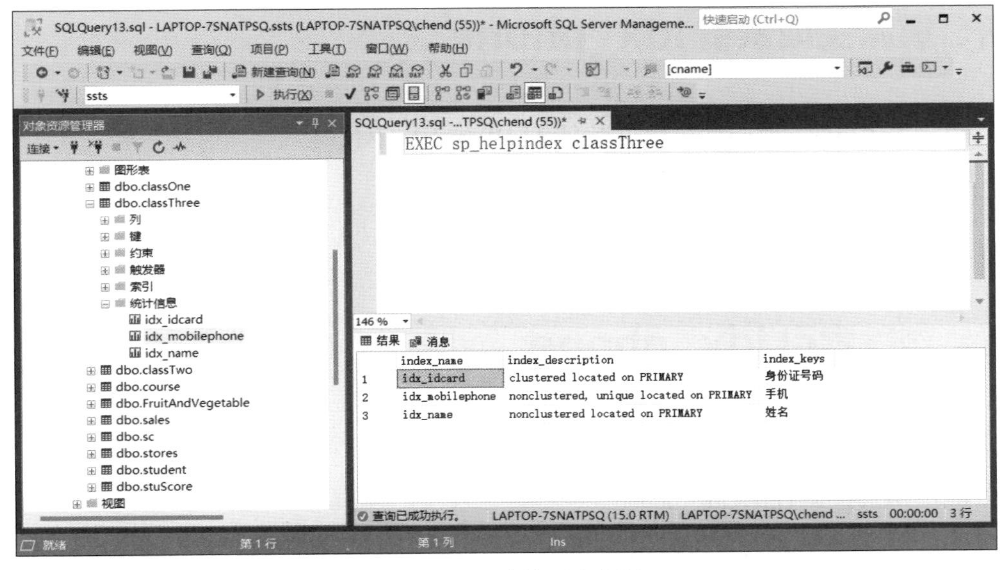

图 6-2-2　表的所有索引

三、将索引名称 idx_mobilephone 修改为 idx_phone

修改索引名称，语法格式为“EXEC sp_rename '表名.原索引名称', '新索引名称', 'index'”。在新建查询窗口中输入以下代码。

```
EXEC sp_rename 'classThree.idx_mobilephone', 'idx_phone', 'index'
```

执行后，刷新索引目录，可看到索引名称已经改变，修改索引名称的结果如图 6-2-3 所示。

图 6-2-3　修改索引名称的结果

四、重新生成索引 idx_phone

重新生成索引 idx_phone，在新建查询窗口中输入以下代码。

```
ALTER INDEX idx_phone ON classThree REBUILD
```

执行后，重新生成索引 idx_phone，如图 6-2-4 所示。

五、删除索引 idx_phone

使用 DROP INDEX 命令可以删除表中的索引，在新建查询窗口中输入以下代码。

```
DROP INDEX classThree.idx_phone
```

执行后，刷新索引目录，可看到索引 idx_phone 已被删除，如图 6-2-5 所示。

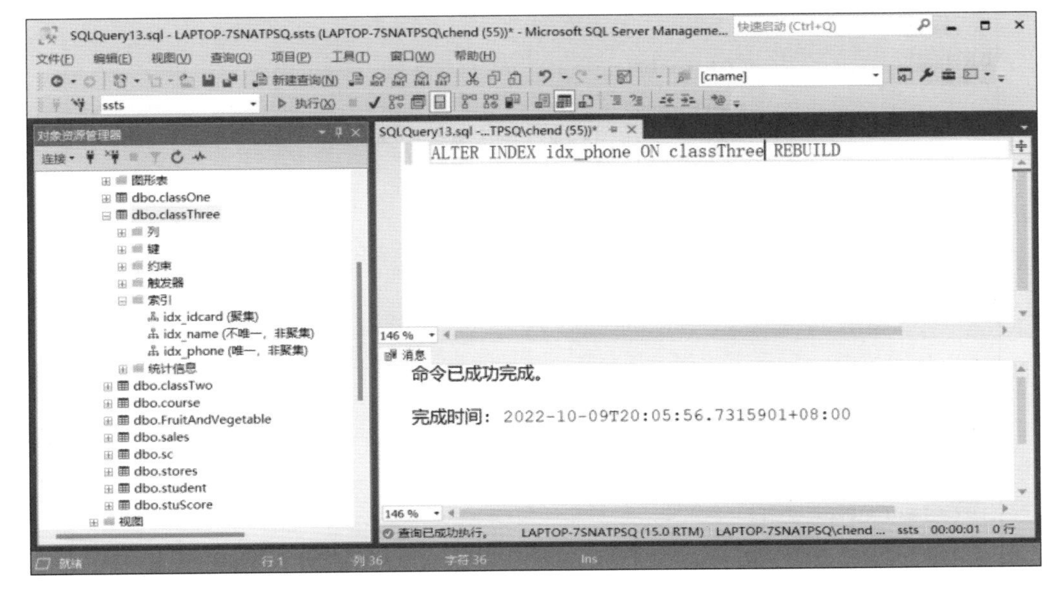

图 6-2-4　重新生成索引 idx_phone

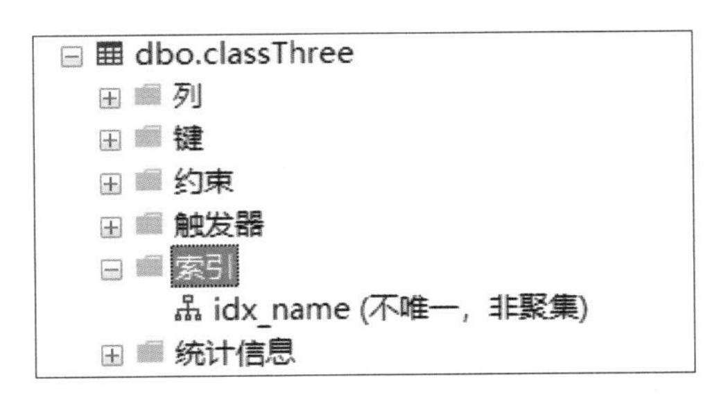

图 6-2-5　索引 idx_phone 已被删除

还可以在 SSMS 的对象资源管理器窗口中展开索引节点，单击需要删除的索引名称 idx_phone，在弹出的快捷菜单中，选择“删除”选项，在弹出的“删除对象”对话框中，选中索引 idx_phone，单击“确定”按钮，即可完成删除索引操作，如图 6-2-6 所示。

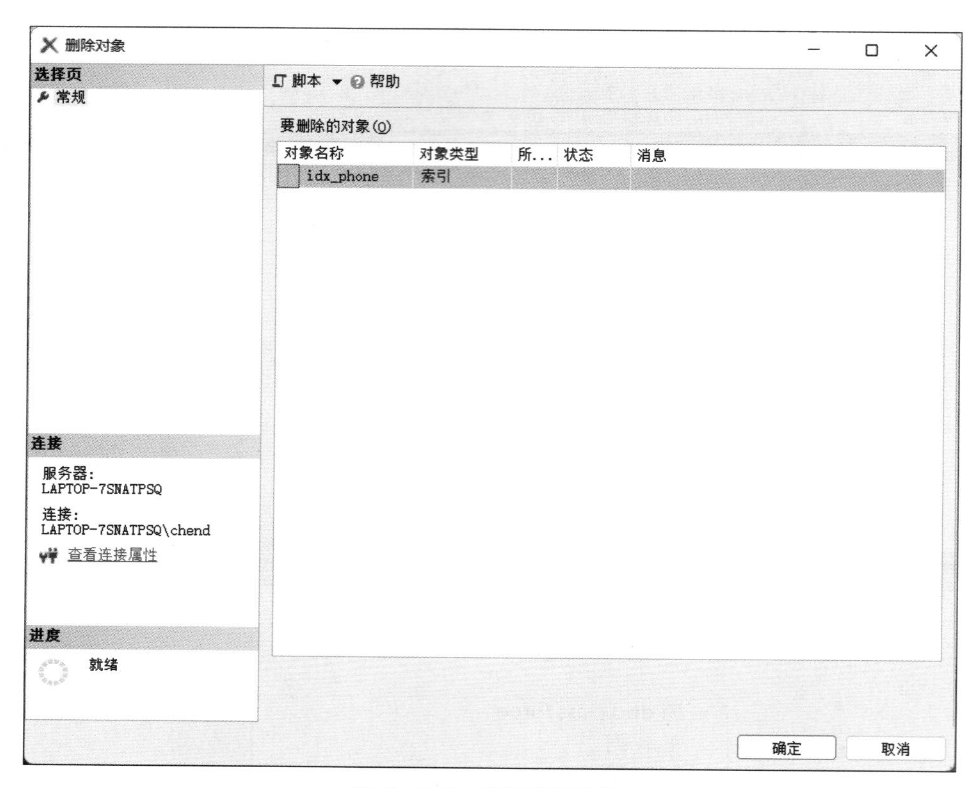

图 6-2-6 删除索引操作

任务 3 管理视图

1. 能在 SSMS 中查看视图、创建视图、修改视图和删除视图。
2. 能通过视图查询、添加、修改、删除表数据。

现要求附加上已有的数据库 ssts，在数据库中分别打开学生表 student、课程表 course 和选课表 sc。需要在 SSMS 中创建视图 vi_score，要求查询数学课程的考试成绩大于等于 60 分的学生的学号、姓名、课程名称和成绩。使用系统存储过程 sp_help 查看视图，来显示视图的名称、拥有者、类型和创建时间等信息。使用系统存储过程 sp_helptext 查看视图的定义。查看已经创建的视图，修改视图 vi_score。创建的视图 vi_score 如图 6-3-1 所示。

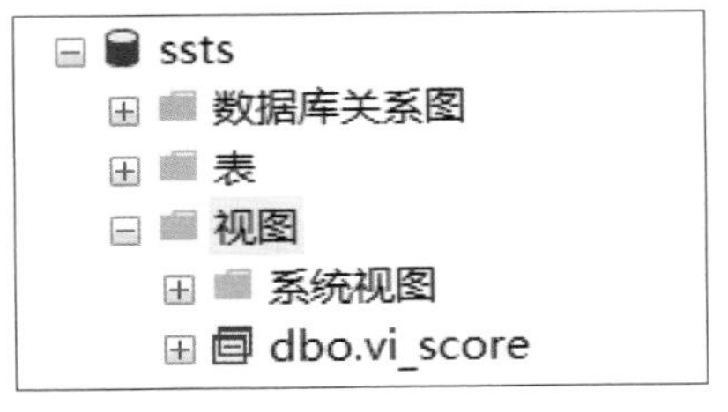

图 6-3-1　创建的视图 vi_score

一、视图的概念

视图是一种数据库对象，是一个虚拟的数据表，该数据表中的数据记录是从一个或多个表（称为基础表）中进行查询筛选后的结果。

当对视图中的数据进行修改时，相应的基本表数据也被修改；若基本表的数据被修改，视图中的对应数据也会自动修改。视图可以是一个数据表的一部分，也可以是多个基本表的联合，视图还可以由一个或多个其他视图产生。视图上的操作和基本表类似，但是数据库管理系统对视图的更新操作等往往存在一定的限制。视图简化了操作，也提供了数据库的安全机制，可以只允许用户通过视图访问数据，而不允许用户直接访问基础表。

例如，学生信息表包括学号、姓名、所学课程的课程号，课程表有课程号、课程名，若要查询学生学习了哪些课程，可以把学生信息表和课程表联系在一起进行查询，但是数据量较大时需要一定的时间，这时可以考虑使用视图进行操作，把查询的学生学号、姓名、课程名放到视图中。需要注意的是这些学号、姓名、课程名仍然是原来数据表中的数据，但呈现给查询者的是一张新表，只不过这张表是虚拟的表，不是保存在数据库中的真实的数据表。

简单地说，学生信息的数据库中有多个表，学校各个部门所关注的学生数据内容是不同的，可以根据不同的要求，创建用户所需的视图。在学生成绩数据库中，为简化数据操作，将经常使用的查询定义为视图，并对视图进行相应的编辑。

二、使用存储过程查看视图

1. 使用存储过程 sp_help 查看视图信息，显示视图的名称、拥有者、类型和创建时间等信息，语法格式如下。

```
sp_help 视图名
```

2. 使用存储过程 sp_helptext 查看视图文本信息，即可以查看到 CREATE VIEW 的 T-SQL 语句，语法格式如下。

```
sp_helptext 视图名
```

但是若要查看已经被加密视图的信息，如查看已被加密的 vi_score 视图，则会返回信息“对象‘vi_score’的文本已加密”。

三、删除视图

在 SSMS 中删除视图的操作与删除表一样，右击需要删除的视图名，如 vi_student，在弹出的快捷菜单中，选择“删除”选项，在弹出的对话框中单击“确定”按钮，即可完成删除操作。

可以使用 DROP VIEW 语句删除视图，其语法格式如下。

```
DROP VIEW 视图名
```

【例 6-3-1】删除 vi_score 视图。

```
DROP VIEW vi_score
```

删除一个视图后，虽然它所基于的表和数据不会受到任何影响，但是依赖于该视图的其他对象或查询将会在执行时出现错误。

一、使用 SSMS 创建视图

在创建视图前，先附加上数据库 ssts，为后续的操作做好准备。数据库 ssts 中的三张表如图 6-3-2 所示，分别是课程表 course、选课表 sc、学生表 student。

在数据库 ssts 中创建一个基于以上三张表的视图 vi_score，要求查询数学课程的考试成绩大于等于 60 分的学生的学号、姓名、课程名称和成绩。

在 SSMS 对象资源管理器窗口中，展开数据库 ssts，右击“视图”节点，在弹出的快捷菜单中，选择“新建视图”选项，如图 6-3-3 所示。

在图 6-3-4 所示的“添加表”对话框中，按住键盘上的 Ctrl 键，依次单击选中课程表 course、选课表 sc、学生表 student 三张表，单击“添加”按钮。

返回视图窗口，显示了三张表的全部列，在此可以选择视图查询的列，按照查询要求选择“学号、姓名、课程名和成绩”列。在 SQL 窗格中显示了三张表的连接语句，也显示了这个视图包含的数据内容，选择要查询的列如图 6-3-5 所示。

图 6-3-2　数据库 ssts 中的三张表

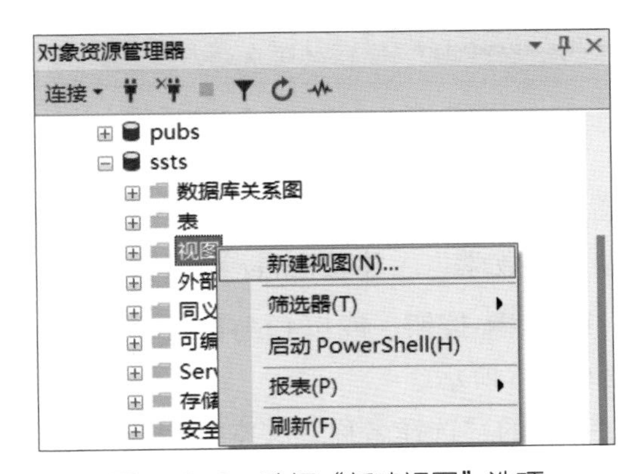

图 6-3-3　选择“新建视图”选项

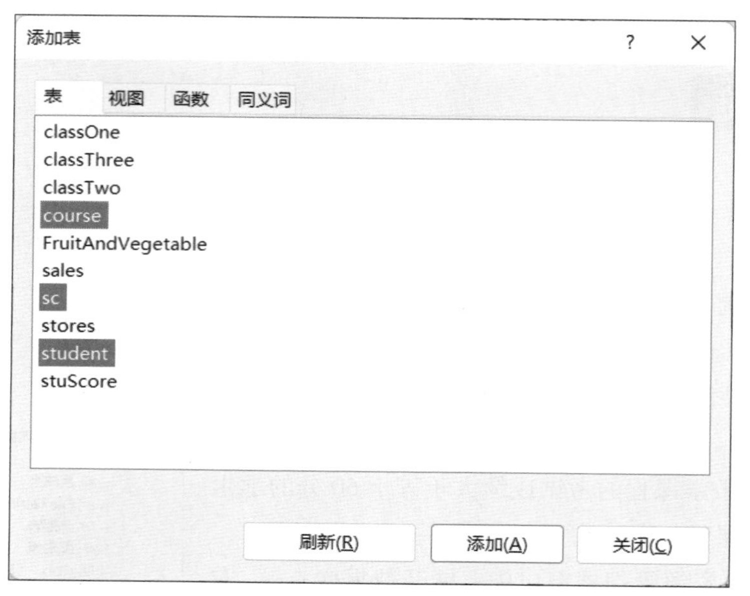

图 6-3-4 “添加表”对话框

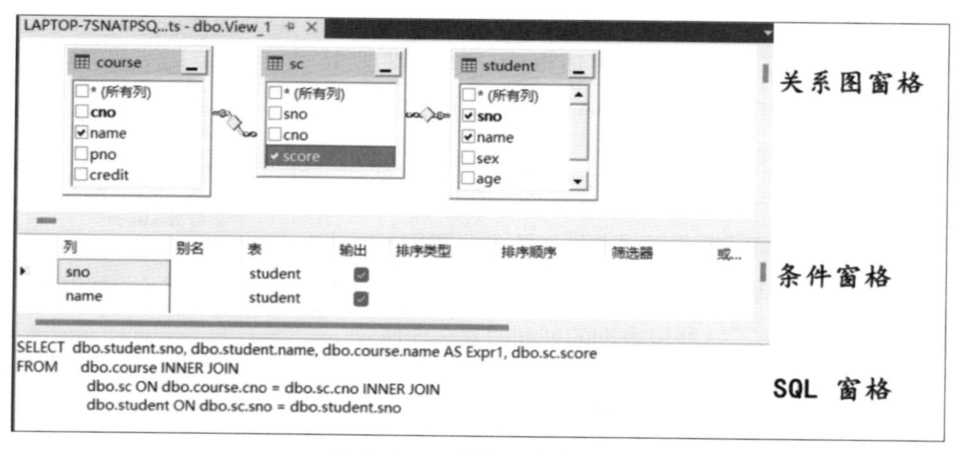

图 6-3-5 选择要查询的列

在“条件窗格”中设置过滤条件，在“score”行的“筛选器”单元格中输入“>=60”，在“课程名”单元格中输入“数学”，并按 Enter 键，依次选择菜单栏上的“查询设计器”→“执行 SQL”选项，或按 按钮，或按 Ctrl+R 组合键，在“结果窗格”中显示查询出的结果集，查询结果如图 6-3-6 所示。

单击“保存”按钮，在弹出的“选择名称”文本框中输入视图名称为“vi_score”，单击“确定”按钮即可。此时，在视图节点下增加了一个新的视图 vi_score。

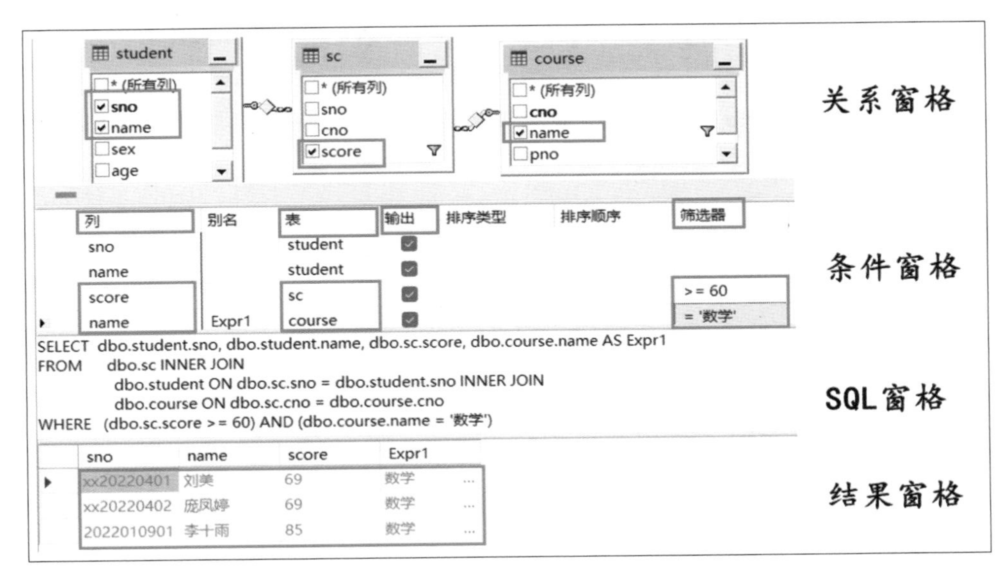

图 6-3-6 查询结果

二、查看视图的执行结果

在 SSMS 中查看视图与查看表类似，展开视图，右击视图名 vi_score，在弹出的快捷菜单中，选择“选择前 1000 行”选项，打开 vi_score 视图，如图 6-3-7 所示 。

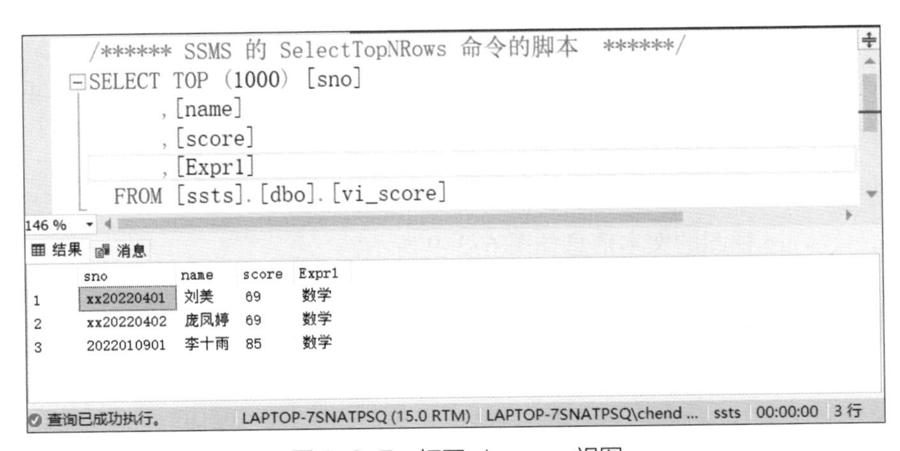

图 6-3-7 打开 vi_score 视图

三、使用 sp_help 或 sp_helptext 查看视图

用系统存储过程 sp_help 查看视图，显示视图的名称、拥有者、类型和创建时间等信息，语法格式如下。

```
sp_help 视图名
```

在新建查询窗口中输入以下代码。

```
sp_help vi_score
```

执行后，vi_score 的基本信息如图 6-3-8 所示。

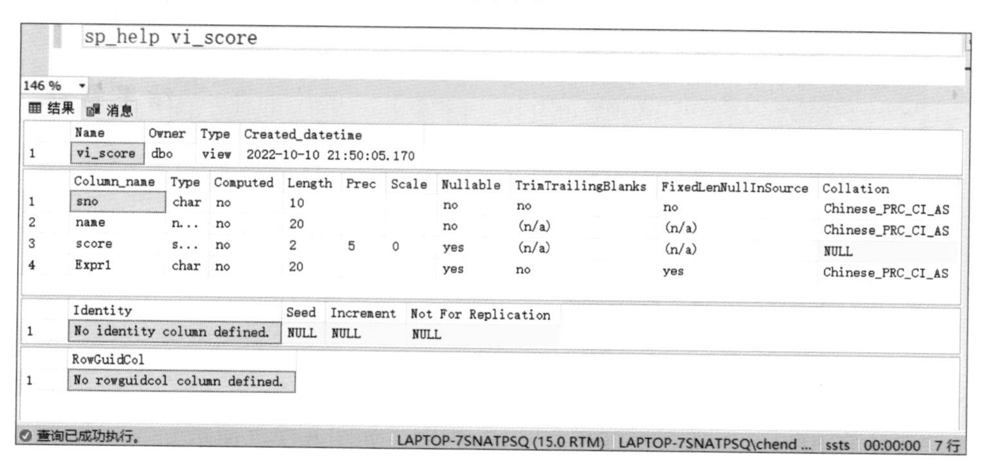

图 6-3-8　vi_score 的基本信息

使用系统存储过程 sp_helptext 来显示视图定义的语句，查看视图 vi_score 的文本信息，在新建查询窗口中输入以下代码。

```
sp_helptext    vi_score
```

执行后，vi_score 视图的文本信息如图 6-3-9 所示。

四、使用 SSMS 修改视图

在 SSMS 中修改视图，展开“视图”目录，右击“vi_score”选项，在弹出的快捷菜单中，选择“设计”选项，观察设计视图的“关系窗格”“条件窗格”“SQL 窗格”“结果窗格”，修改后的视图 vi_score 如图 6-3-10 所示。

```
sp_helptext vi_score
```

146 %

结果 消息

	Text
1	CREATE VIEW dbo.vi_score
2	AS
3	SELECT dbo.student.sno, dbo.student.name, dbo.sc.score, dbo.course.name AS Expr1
4	FROM dbo.sc INNER JOIN
5	dbo.student ON dbo.sc.sno = dbo.student.sno INNER JOIN
6	dbo.course ON dbo.sc.cno = dbo.course.cno
7	WHERE (dbo.sc.score >= 60) AND (dbo.course.name = '数学')

查询已成功执行。 LAPTOP-7SNATPSQ (15.0 RTM) LAPTOP-7SNATPSQ\chend ... ssts 00:00:00 7 行

图 6-3-9 vi_score 视图的文本信息

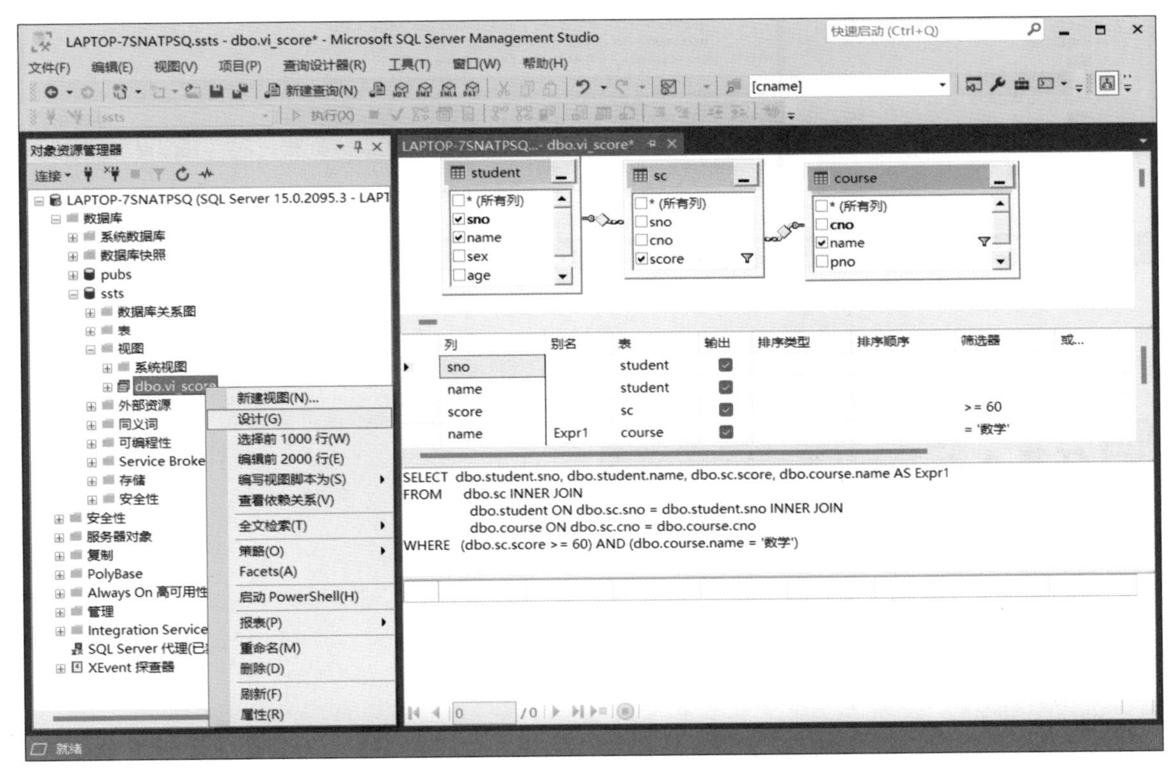

图 6-3-10 修改后的视图 vi_score

在条件窗格中，查询课程名为语文，成绩大于等于 60 分的学生的学号、姓名、课程名和成绩信息，按 Ctrl+R 组合键执行 SQL 语句，修改视图 vi_score 的查询条件，如图 6-3-11 所示。

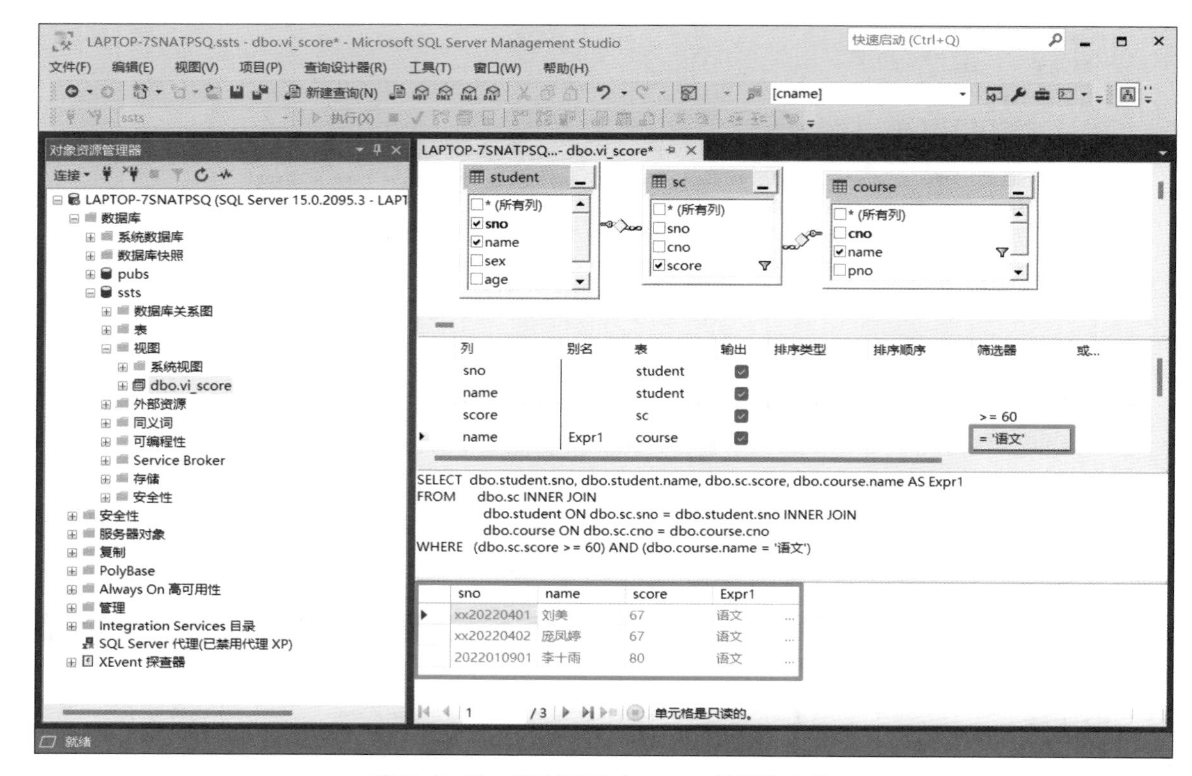

图 6-3-11　修改视图 vi_score 的查询条件

任务 4　通过视图操作数据表

1. 能使用 T-SQL 语句创建视图、查看视图的记录内容、修改视图和删除视图。
2. 能通过视图查询、添加、修改、删除表数据。

本任务要求附加上已有的数据库 ssts，在数据库中打开学生表 student、课程表 course 和选课表 sc。

通过视图 vi_score 查询视图的执行结果，查询成绩最高的学生的姓名和成绩。创建查询学生表 student 所有信息的视图 vi_student 后，通过视图添加表数据，增加一个名为“冯刚”的学生记录。通过视图 vi_student 修改表数据，将“冯刚”的系部由“机电工程系”修改为“电气工程系”。通过视图 vi_student 删除表数据，删除名为“冯刚”的学生记录。

一、视图的操作

视图的操作主要包括视图的创建、修改、删除和重命名等，这些操作可以通过 T-SQL 语句来实现。

1. 使用 T-SQL 语句创建视图

使用 T-SQL 语句创建视图的简单语法结构如下。

```
CREATE VIEW 视图名
    [是否加密，可选]
AS
    SELECT 语句
```

【例 6-4-1】使用 T-SQL 语句创建一个视图 vi_score，基于学生表 student、课程表 course 和选课表 sc，要求查询数学课程的考试成绩大于等于 60 分的学生的学号 sno、姓名 name、课程名 name 和成绩 score。

在新建查询窗口中输入以下代码。

```
CREATE VIEW vi_score
AS
SELECT student.sno, student.name AS stuName, course.name, sc.score
FROM  sc
INNER JOIN
        course ON course.cno = sc.cno
INNER JOIN
        student ON student.sno = sc.sno
WHERE  (sc.score >= 60)  AND  (course.name = '数学')
```

2. 使用 T-SQL 语句修改视图

可以使用 ALTER VIEW 语句来修改视图，语法格式如下。

```
ALTER VIEW 视图名称 [(字段 1，字段 2，…)]
AS
    SELECT 查询语句
[WITH CHECK OPTION]
```

【例 6-4-2】使用 T-SQL 修改视图 vi_score，查询课程名 course.name 为语文，成绩大于 60 分的学生的学号、姓名、课程名和成绩，并加密该视图。

在新建查询窗口中输入以下代码。

```
ALTER VIEW vi_score
WITH ENCRYPTION
AS
   SELECT student.sno, student.name AS stuName, course.name, sc.score
   FROM  sc
   INNER JOIN
         course ON course.cno = sc.cno
   INNER JOIN
         student ON student.sno = sc.sno
   WHERE (sc.score >= 60) AND (course.name = '语文')
```

二、视图的应用

通过视图可以完成某些与基本表相同的数据操作，如数据的查询、添加、修改和删除。

1. 通过视图查询表数据

通过视图对基本表做添加、修改和删除时，要注意限制条件。以视图的查询为例，视图的一个重要作用是简化查询，为复杂的查询建立一个视图，不必输入复杂的查询语句，只需对此视图做简单的查询即可。

【例 6-4-3】根据数据库 ssts 中的 classOne 表，创建学生的平均成绩视图 vi_avg，通过视图 vi_avg 查询平均成绩在 80 分及以上的学生情况。按平均分降序排列，当平均分相同时，按学号升序排列。

```
USE ssts
GO
CREATE VIEW vi_avg
AS
    SELECT 学号 , 姓名 ,( 总分 /4) AS 平均成绩
    FROM classOne
    WHERE ( 总分 /4)>=80
```

再按照要求查询视图，代码如下。

```
SELECT *
FROM vi_avg
ORDER BY 平均成绩 DESC, 学号
```

2. 通过视图添加表数据

使用视图插入数据与在基本表中插入数据一样，都可以通过 INSERT 语句来实现。插入数据的操作是针对视图中的列的插入操作，而不是针对基本表中的所有列的插入操作。使用 INSERT 语句进行插入操作的视图必须能够在基本表中插入数据，否则插入操作将会失败。对于由多个基本表连接而成的视图来说，一个插入操作只能作用于一个基本表上，语法格式如下。

```
INSERT INTO 视图名 VALUES( 列值 1，列值 2，列值 3，…，列值 n)
```

3. 通过视图修改表数据

使用视图修改数据与在基本表中修改数据一样，都可以通过 UPDATE 语句来实现，语法格式如下。

```
UPDATE 视图名
SET 列 1= 列值 1,
        列 2= 列值 2,
        ……,
        列 n= 列值 n
        WHERE 条件表达式
```

若通过视图修改数据，视图必须定义在一个表上，并且不包括统计函数，SELECT 语句中不包括 GROUP BY 子句。在视图中更新数据也与在基本表中更新数据一样，但是当视图基于多个基本表中的数据时，与插入操作一样，每次更新操作只能更新一个基本表中的数据。

4. 通过视图删除表数据

尽管视图不一定包含基础表的所有列，但可以通过视图删除基础表的数据行，语法格式如下。

```
DELETE FROM 视图名
WHERE 条件表达式
```

通过视图删除数据与通过基本表删除数据的方式一样，在视图中删除的数据同时在基本表中也被删除。当一个视图连接了两个以上的基本表时，对数据的删除操作则是不允许的。

一、查看视图的执行结果

使用 SELECT 语句查询 vi_score 视图，在新建查询窗口中输入以下代码。

```
SELECT   *
FROM   vi_score
```

查看 vi_score 视图如图 6-4-1 所示 。

121 %

结果　消息

	sno	name	score	Expr1
1	xx20220401	刘美	67	语文
2	xx20220402	庞凤婷	67	语文
3	2022010901	李十雨	80	语文

图 6-4-1　查看 vi_score 视图

二、通过 vi_score 视图查询表数据

在建立视图后，可以按基本表的查询方式查询视图数据。查询视图 vi_score 中的成绩最高的学生姓名和成绩。在新建查询窗口中输入以下代码。

```
SELECT name, score
FROM vi_score
WHERE score   IN (
          SELECT max(score)
          FROM vi_score)
```

通过 vi_score 视图查询表数据如图 6-4-2 所示。

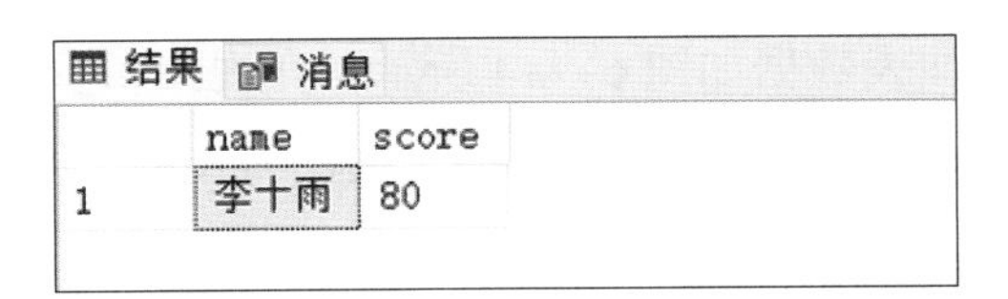
结果　消息

	name	score
1	李十雨	80

图 6-4-2　通过 vi_score 视图查询表数据

三、通过 vi_score 视图添加表数据

创建视图 vi_student，在新建查询窗口中输入以下代码。

```
CREATE VIEW vi_student
AS
        SELECT  *  FROM student
GO
SELECT  *  FROM vi_student
```

创建视图 vi_student 如图 6-4-3 所示。

	sno	name	sex	age	dept
1	2022010901	李十雨	女	17	创意服务系
2	2022010902	沈十一	女	17	创意服务系
3	2022010903	王九婷	女	17	创意服务系
4	xx20220401	刘美	女	17	信息工程系
5	xx20220402	庞凤婷	女	17	信息工程系
6	xx20220403	王帅	男	17	信息工程系
7	xx20220404	李飞祥	男	18	信息工程系
8	xx20220407	史默约	女	17	信息工程系

图 6-4-3　创建视图 vi_student

在视图 vi_student 中插入一行数据，增加一个名为“冯刚”的学生记录。在新建查询窗口中输入以下代码。

```
INSERT INTO vi_student
VALUES('jd20220101',' 冯刚 ',' 男 ',20,' 机电工程系 ')
GO
SELECT  *  FROM  vi_student WHERE name=' 冯刚 '
```

通过视图 vi_student 添加表数据如图 6-4-4 所示，在视图 vi_student 中多了一条记录，再执行“SELECT * FROM student WHERE name=' 冯刚 '”语句，可以发现结果与图 6-4-4 一致，即通过视图完成了添加表数据的操作。

	sno	name	sex	age	dept
1	jd20220101	冯刚	男	20	机电工程系

图 6-4-4　通过视图 vi_student 添加表数据

四、通过 vi_student 视图修改表数据

在新建查询窗口中输入以下代码。

```
UPDATE vi_student
SET dept=' 电气工程系 '
WHERE name=' 冯刚 '
GO
SELECT  *  FROM  vi_student
WHERE name=' 冯刚 '
SELECT  *  FROM  student
WHERE name=' 冯刚 '
```

通过视图 vi_student 修改表数据如图 6-4-5 所示，可知视图 vi_student 和学生表 student 的内容都已被更新，即通过视图完成了修改表数据的操作。

结果　消息

	sno	name	sex	age	dept
1	jd20220101	冯刚	男	20	电气工程系

	sno	name	sex	age	dept
1	jd20220101	冯刚	男	20	电气工程系

图 6-4-5　通过视图 vi_student 修改表数据

五、通过 vi_student 视图删除表数据

在新建查询窗口中输入以下代码。

```
DELETE FROM vi_student
WHERE name=' 冯刚 '
GO
SELECT  *  FROM  vi_student
```

```
WHERE name=' 冯刚 '
SELECT  *  FROM  student
WHERE name=' 冯刚 '
```

执行结果可知，视图 vi_student 和学生表 student 的内容都已经被删除，即通过视图完成了删除表数据的操作。

项目七　维护数据库安全

SQL Server 数据库建立了严格的访问控制策略，管理服务器登录和管理数据库用户是保护敏感数据和防止未经授权访问的关键，有助于减少恶意攻击、数据泄露、非法入侵等风险，可以防范潜在的安全威胁。当数据库管理任务繁重时，数据库管理员通常无法独自承担管理任务，为了保证数据的正常有效，会为数据库配备多名数据库操作员。为了有效地管理用户权限，数据库管理员会对具有相同权限的数据库操作员分配相应的角色，以便其可根据各自拥有的权限执行相应的操作任务。

本项目通过"配置 SQL Server 身份验证模式""管理服务器登录和数据库用户""管理角色""管理权限"任务实例，帮助读者学习维护 SQL Server 数据库安全的知识，能管理服务器登录和数据库用户，能使用 SQL Server 提供的角色机制，给应用程序授予读写权限，给运维人员授予完全访问权限，给开发人员授予读写权限。

任务 1　配置 SQL Server 身份验证模式

1. 了解两种不同的身份验证模式。
2. 了解身份验证模式的工作原理、优势和限制。
3. 能在 SQL Server 中更改身份验证模式，适应特定的身份验证需求。
4. 能更改身份验证模式，并了解其对应用程序和数据库的影响，保证应用程序和数据库正常运行。

SQL Server 安全管理模式是建立在安全身份验证和访问许可的基础上的。SQL Server 通过

验证登录名和口令的方式来保证其安全性，登录名和口令又称账号和密码。Windows 操作系统和 SQL Server 都是微软公司的产品，因此，SQL Server 的验证可以由 Windows 操作系统来完成。

SQL Server 身份验证模式有 Windows 验证机制和 SQL Server 验证机制两种。本任务要求把 Windows 验证机制修改为 SQL Server 验证机制，SQL Server 验证机制如图 7-1-1 所示。

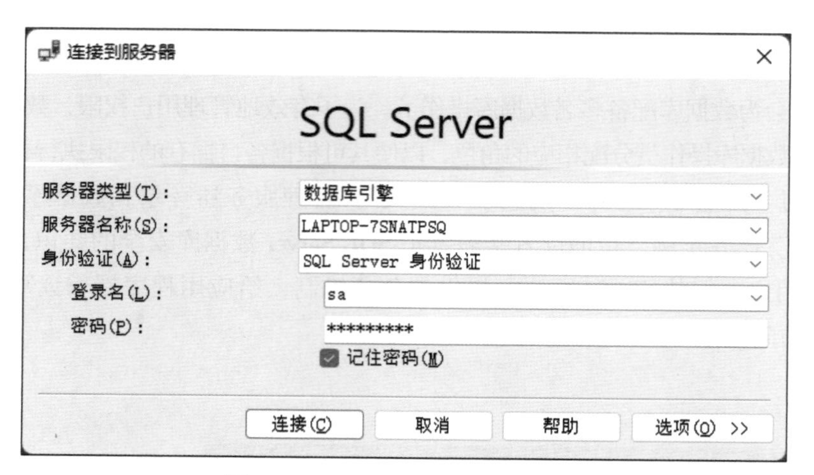

图 7-1-1　SQL Server 验证机制

一、安全身份验证

安全身份验证用来确认登录 SQL Server 用户的登录账号和密码的正确性，由此来验证该用户是否具有连接 SQL Server 的权限。任何用户在使用 SQL Server 数据库之前，必须经过系统的安全身份验证。

1. Windows 身份验证

SQL Server 数据库系统通常运行在 Windows 服务器上，而 Windows 作为网络操作系统，本身就具备管理登录、验证用户合法性的能力，因此 Windows 验证模式正是利用了这一用户安全性和账号管理机制，允许 SQL Server 可以使用 Windows 的用户名和口令。在这种模式下，只需要通过 Windows 身份验证，就可以连接到 SQL Server。

2. SQL Server 身份验证

SQL Server 身份验证模式允许用户使用 SQL Server 安全性连接到 SQL Server。在该认证模式下，用户在连接 SQL Server 时必须提供登录名和登录密码，这些登录信息存储在系统表 syslogins 中，与 Windows 的登录账号无关。SQL Server 自身执行认证处理，如果输入的登录信息与系统表 syslogins 中的某条记录相匹配，那么表明登录成功。

二、验证模式的设置

利用 SQL Server 管理平台可以进行认证模式的设置，操作步骤如下。

1. 打开 SQL Server 管理平台，右击要设置认证模式的服务器，在弹出的快捷菜单中，选择“属性”选项，弹出“服务器属性”对话框。

2. 在“服务器属性”对话框中选择“安全性”选择页，SQL Server 服务器属性如图 7–1–2 所示。

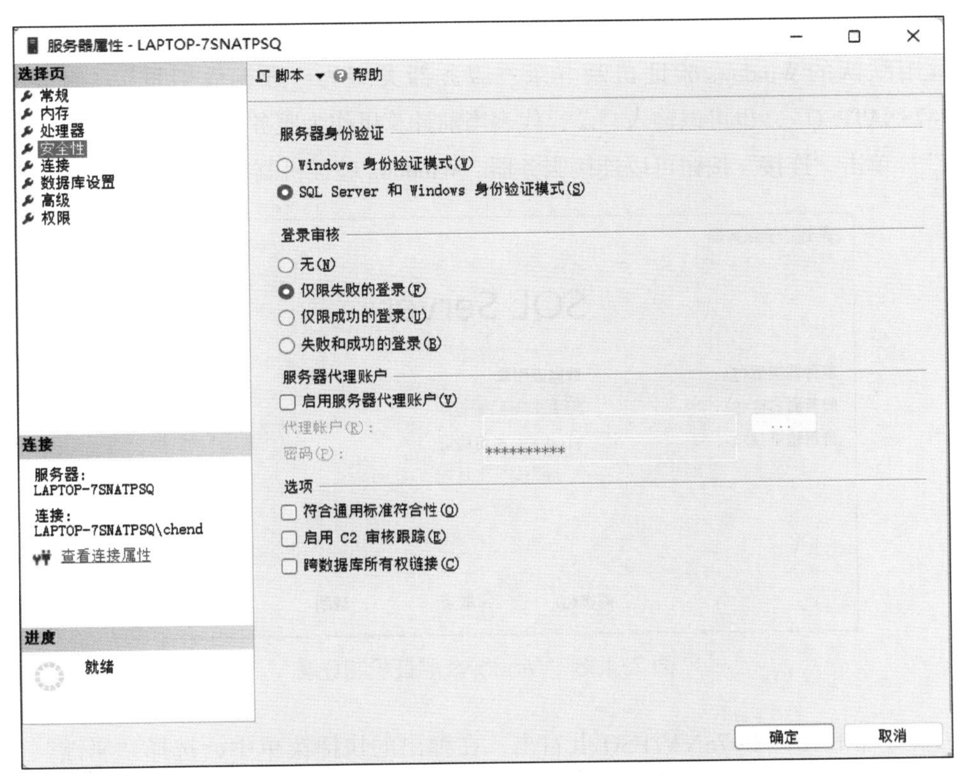

图 7–1–2　SQL Server 服务器属性

3. 在“数据库设置”选择页，可以更改“数据”“日志”“备份”文件的位置，这样在每次创建数据库时，可以省略更改数据库文件和日志文件的保存位置。

三、访问许可确认

通过了认证并不代表用户就能访问 SQL Server 中的数据，同时必须通过许可确认。用户只有在具有访问数据库的权限之后，才能对服务器上的数据库进行权限许可下的各种操作，这种用户访问数据库权限的设置是通过用户账号来实现的。

一、把 Windows 验证机制改为 SQL Server 验证机制

1. 运用默认的 Windows 验证机制登录，服务器类型为“数据库引擎”，服务器名称为“LAPTOP–7SNATPSQ”，也可以输入“.”，代表当前计算机作为服务器。身份验证选择“Windows 身份验证”，单击“连接”按钮可以连接服务器。Windows 验证机制登录如图 7–1–3 所示。

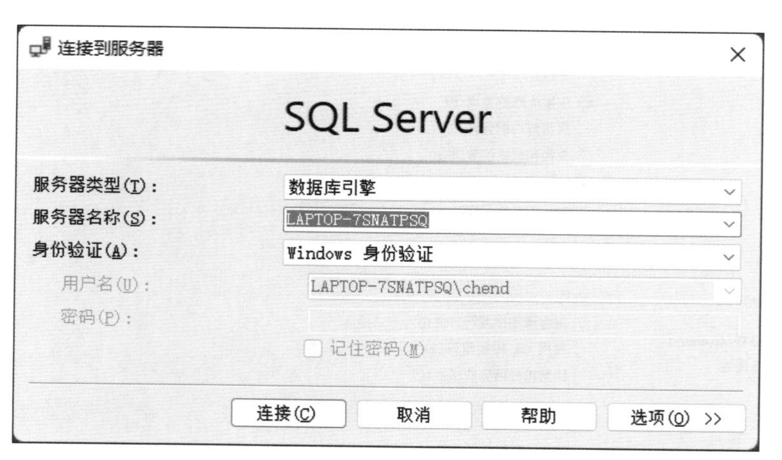

图 7-1-3 Windows 验证机制登录

2. 在服务器 LAPTOP–7SNATPSQ 上右击，在弹出的快捷菜单中，选择“属性”选项，如图 7–1–4 所示。

图 7-1-4　选择“属性”选项

3. 在弹出的“服务器属性”对话框中，单击“安全性”选择页，在右侧窗口中勾选“SQL Server 和 Windows 身份验证模式”单选框，单击“确定”按钮，混合验证模式如图 7-1-5 所示。

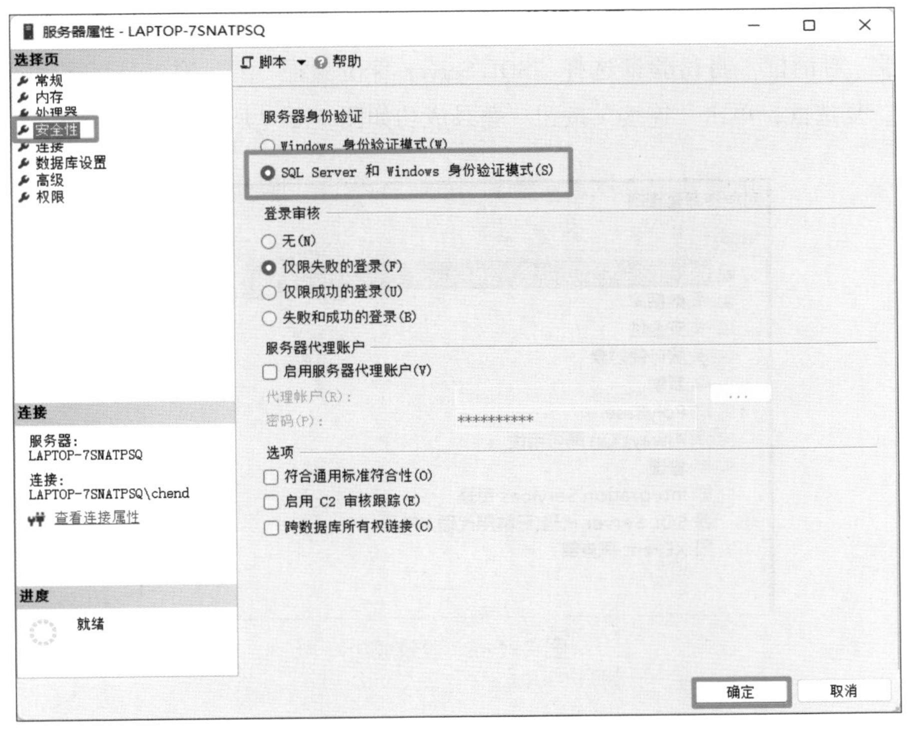

图 7-1-5　混合验证模式

二、重新启动 SQL Server

在弹出的图 7-1-6 所示的提示信息对话框中，单击“确定”按钮，需要重新启动 SQL Server 才会生效。

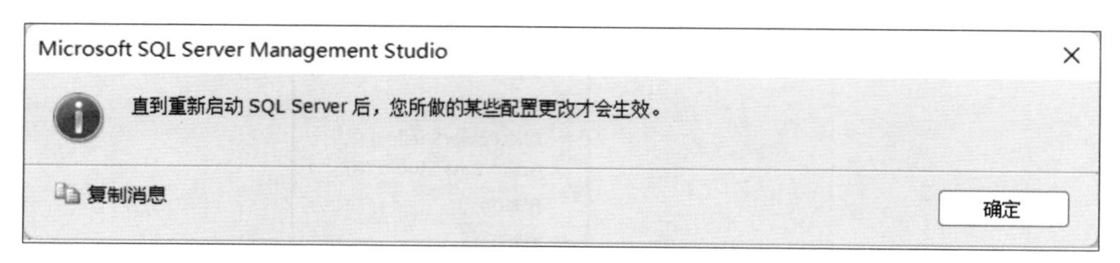

图 7-1-6　提示信息对话框

三、SQL Server 身份验证登录

在 SSMS 的对象资源管理器窗口中单击按钮，断开服务器。再单击按钮，弹出“连接到服务器”对话框，身份验证选择“SQL Server 身份验证”，并输入登录名和密码，勾选“记住密码”复选框，单击“连接”按钮。登录成功如图 7-1-7 所示。

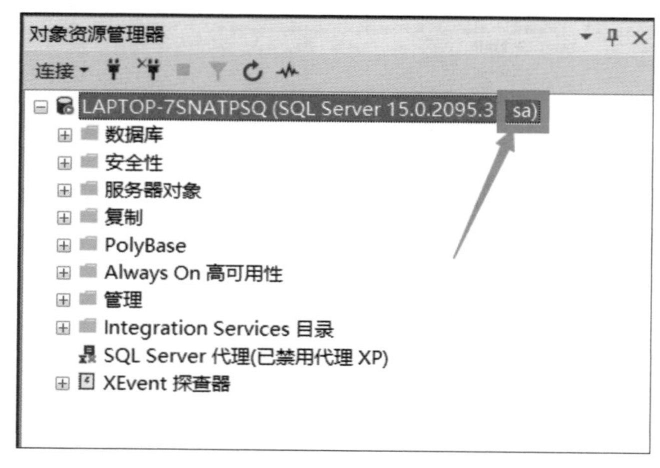

图 7-1-7　登录成功

四、“18456”错误的处理

如果弹出图 7-1-8 所示的错误提示，应该分析用户名与密码是否错误，服务器是否启用了混合验证模式，以及服务器的角色和用户账户的状态，设置完成后，要重新启动 MSSQLSERVER 服务。

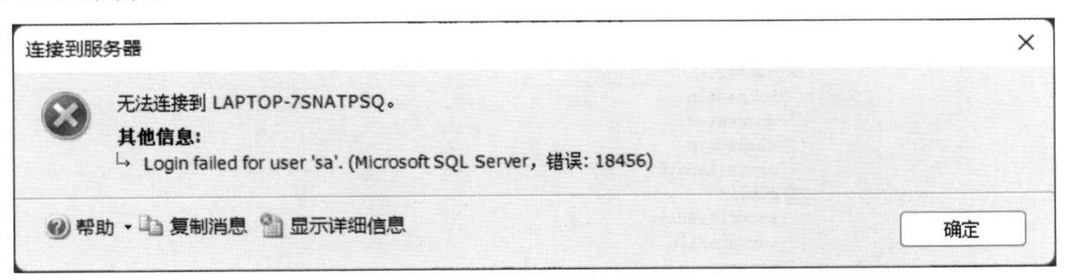

图 7-1-8　错误提示

使用 Windows 身份验证登录，展开“安全性”→“登录名”目录节点，双击“sa”用户，在弹出的图 7-1-9 所示的“登录属性”对话框中，重新设置密码。

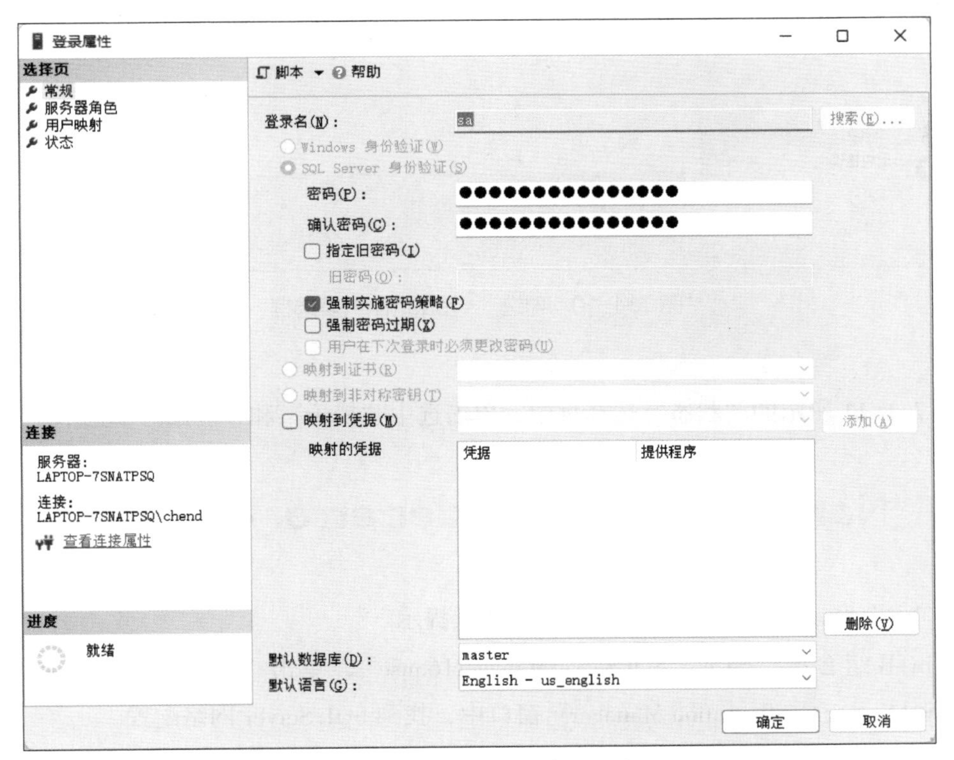

图 7-1-9　“登录属性”对话框

如果还是不能登录，再检查图 7–1–9 所示的“服务器角色”选择页，应勾选“sysadmin”复选项，如图 7–1–10 所示。

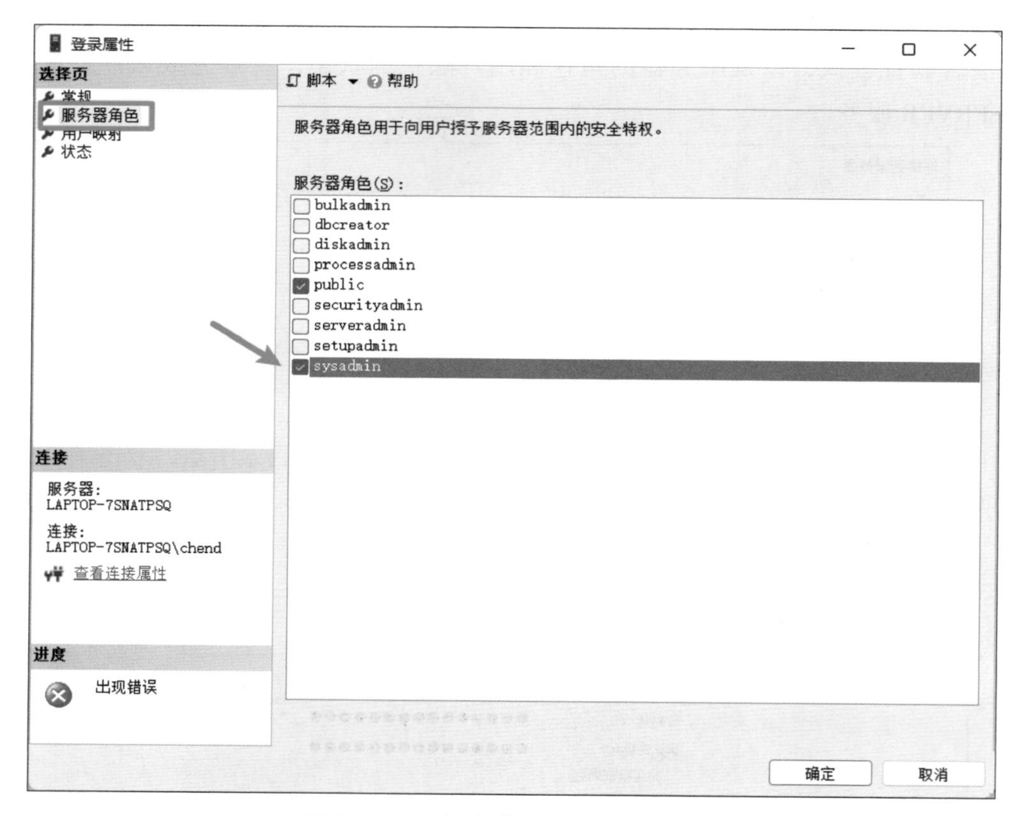

图 7-1-10　勾选“sysadmin”复选框

在图 7–1–11 所示的“状态”选择页中，单击选中“授予”和“启用”单选框。

五、“Named Pipes Provider error 40”错误的处理

使用“sa”登录，弹出图 7–1–12 所示的错误提示。

按 Win+R 组合键，输入“SQLServerManager16.msc”，单击“确定”按钮。在图 7–1–13 所示的“Sql Server Configuration Manager”窗口中，找到 SQL Server 网络配置。

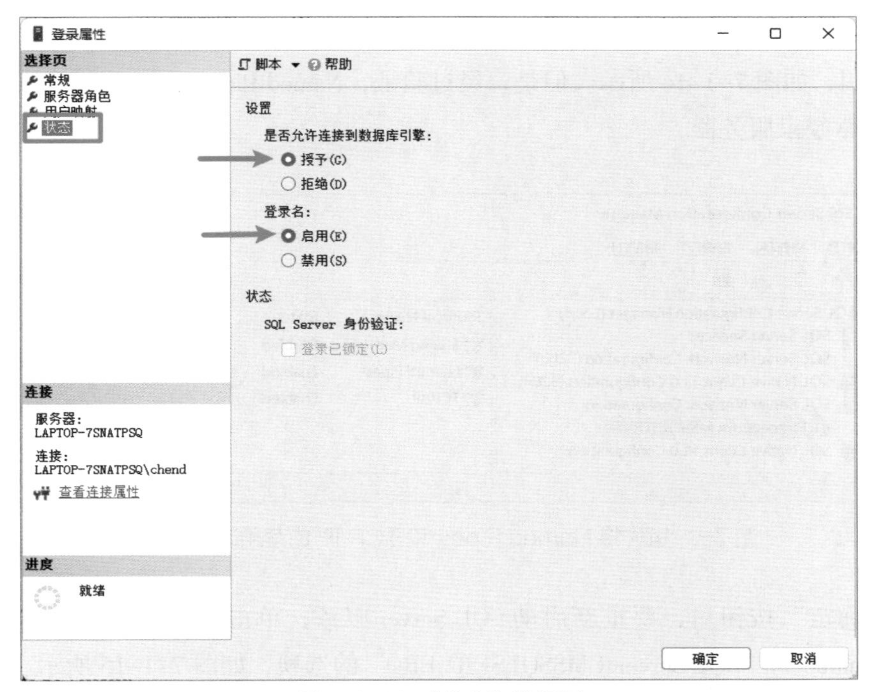

图 7-1-11　“状态”选择页

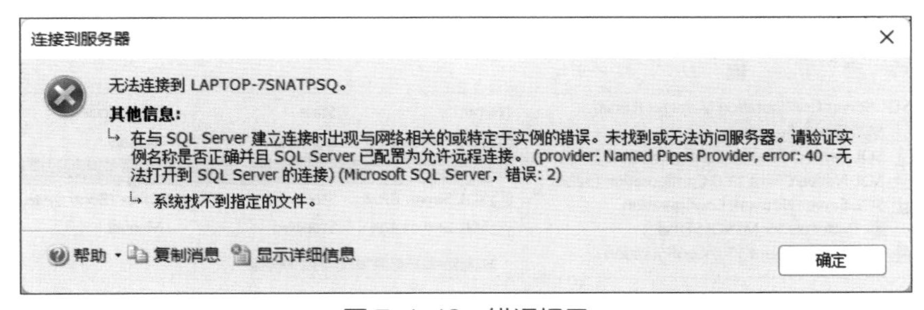

图 7-1-12　错误提示

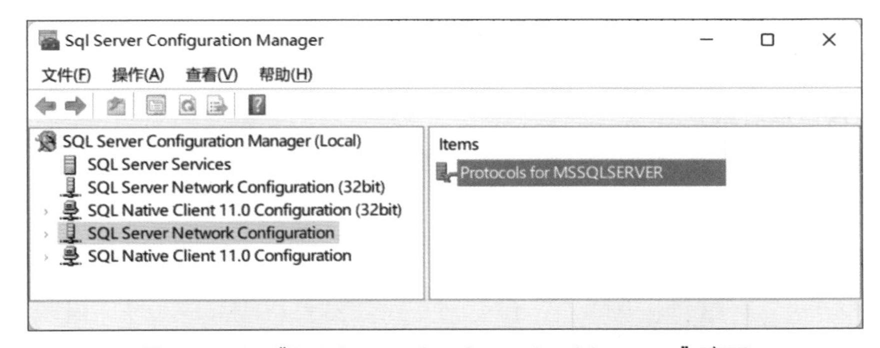

图 7-1-13　“Sql Server Configuration Manager”窗口

将 Named Pipes 和 TCP/IP 由“Disabled”改为“Enabled”，将 Named Pipes 和 TCP/IP 由禁用改为已启用，如图 7-1-14 所示。但是，经过验证，Named Pipes 项为“Disabled”时，用户“sa”可以正常登录服务器。

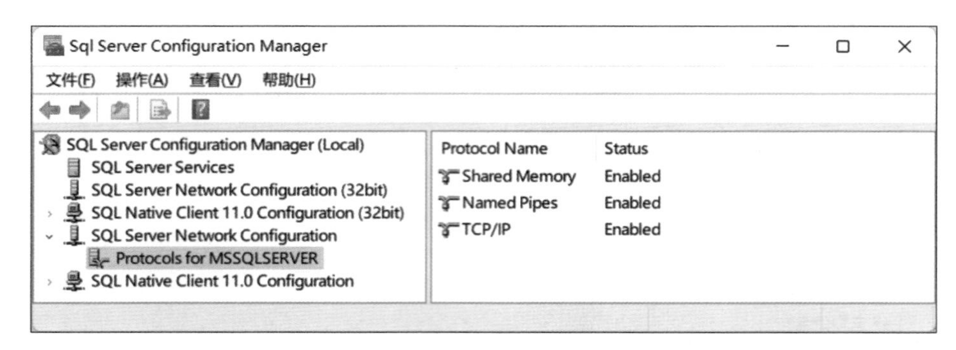

图 7-1-14　将 Named Pipes 和 TCP/IP 由禁用改为已启用

单击“确定”按钮后，要重新启动 SQL Server 服务，单击“SQL Server Services”选项，在右侧找到 name 为“SQL Server（MSSQLSERVER）”的选项，如图 7-1-15 所示。

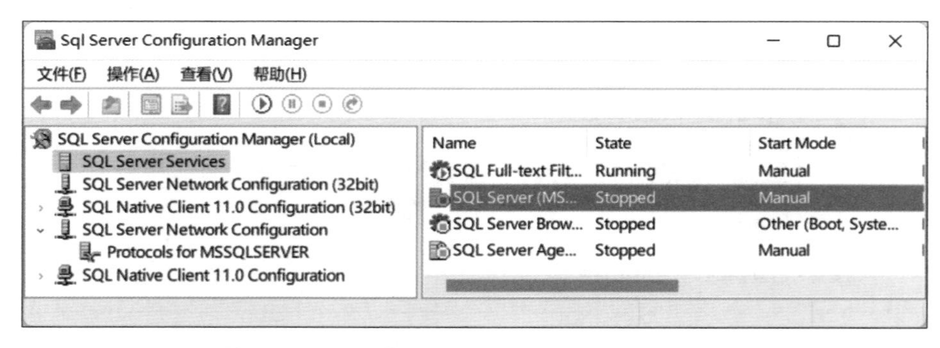

图 7-1-15　找到 name 为“SQL Server（MSSQLSERVER）”的选项

双击这一选项，在弹出的对话框中单击“Start”按钮启动服务，如图 7-1-16 所示，或单击“Restart”按钮重启服务。

再次使用用户“sa”登录即可登录成功，如图 7-1-17 所示。

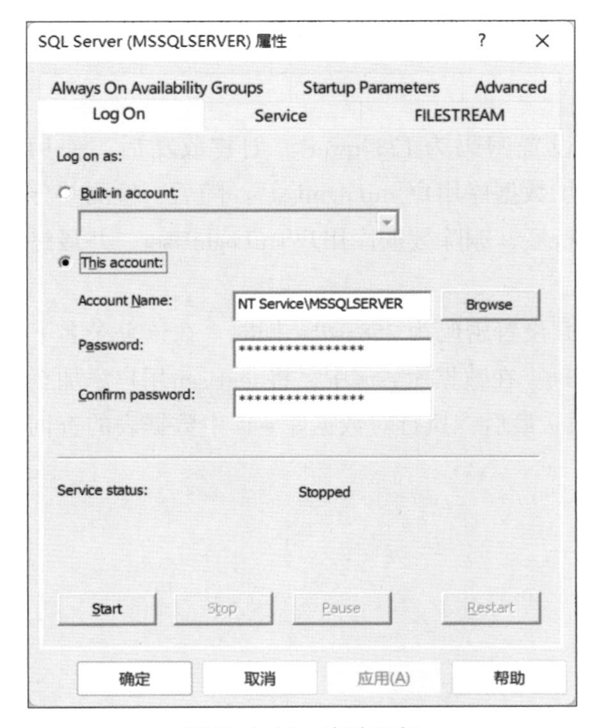

图 7-1-16　启动服务

图 7-1-17　登录成功

任务 2　管理服务器登录和数据库用户

学习目标

1. 能使用 SSMS 界面管理 SQL Server 登录，能创建、修改和删除登录账号。
2. 能使用 T-SQL 语言管理 SQL Server 登录，能创建、修改和删除登录账号。
3. 能管理登录账号和数据库用户，能分配适当的权限和角色。

通过命令行新建一个登录名 stuLogin，并设置密码为 1234qwer!。创建成功后，使用 stuLogin 登录数据库服务器，并在此登录名下添加数据库用户 stuLoginUser。随后，检测并分析 stuLoginUser 所能访问的数据库列表。完成分析后，删除数据库用户 stuLoginUser，并最终删除登录名 stuLogin。

为教师用户群体创建一个登录名 teaLogin，并设置密码为 258asd!。同时，在该登录名下创建数据库用户 teaUser，并指定其默认架构为 dbo。在数据库 ssts 中，将 teaUser 用户添加至 db_owner 角色，以对其赋予高级数据库管理权限。最后，执行对数据库 ssts 中数据表的查询操作，以确保权限配置正确无误。

一、服务器的登录名

在 SQL Server 中，利用 SQL Server 管理平台即 SSMS 可以创建服务器的登录名，也可以通过 T-SQL 语句新建服务器的登录名。

服务器的登录名用来登录 SQL Server 数据库服务器，一个数据库服务器上可能有若干个数据库。例如，当前数据库服务器上有 3 个数据库，一个图书管理数据库 pubs，一个教学数据库 ssts，一个政务平台数据库 zw，如图 7-2-1 所示，当前服务器的名称为 CHENDAOXI，登录名为 sa。

二、管理服务器的登录名

1. 使用 SSMS 新建服务器登录名

打开 SQL Server 管理平台，单击需要登录的服务器左侧的“+”按钮，然后展开“安全性”文件夹。

如图 7-2-2 所示，右击“登录名”文件夹，在弹出的快捷菜单中，选择“新建登录名”选项，弹出图 7-2-3 所示的“登录名 - 新建”对话框。

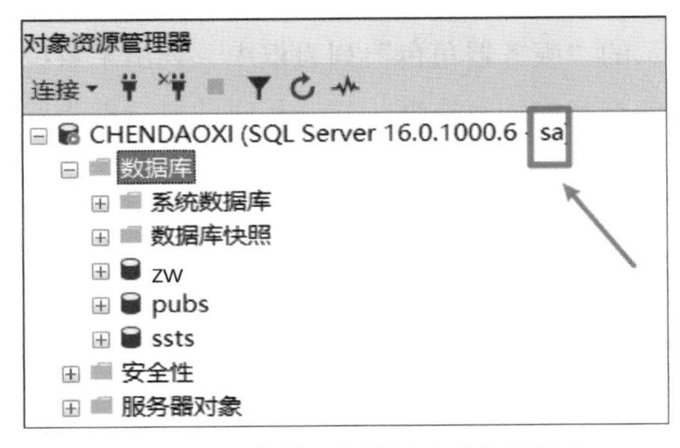

图 7-2-1　当前服务器的名称和登录名

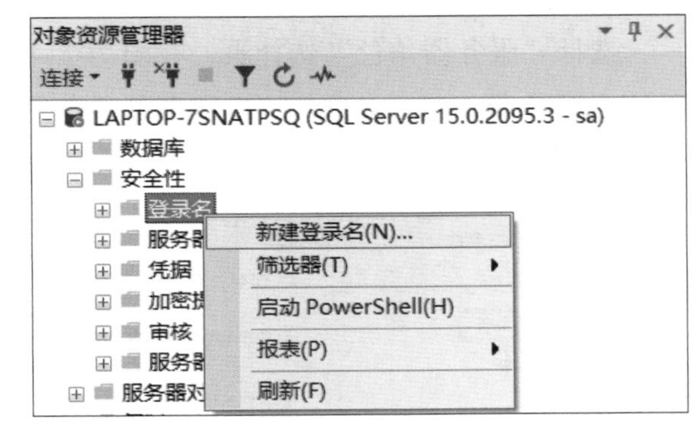

图 7-2-2　选择“新建登录名”选项

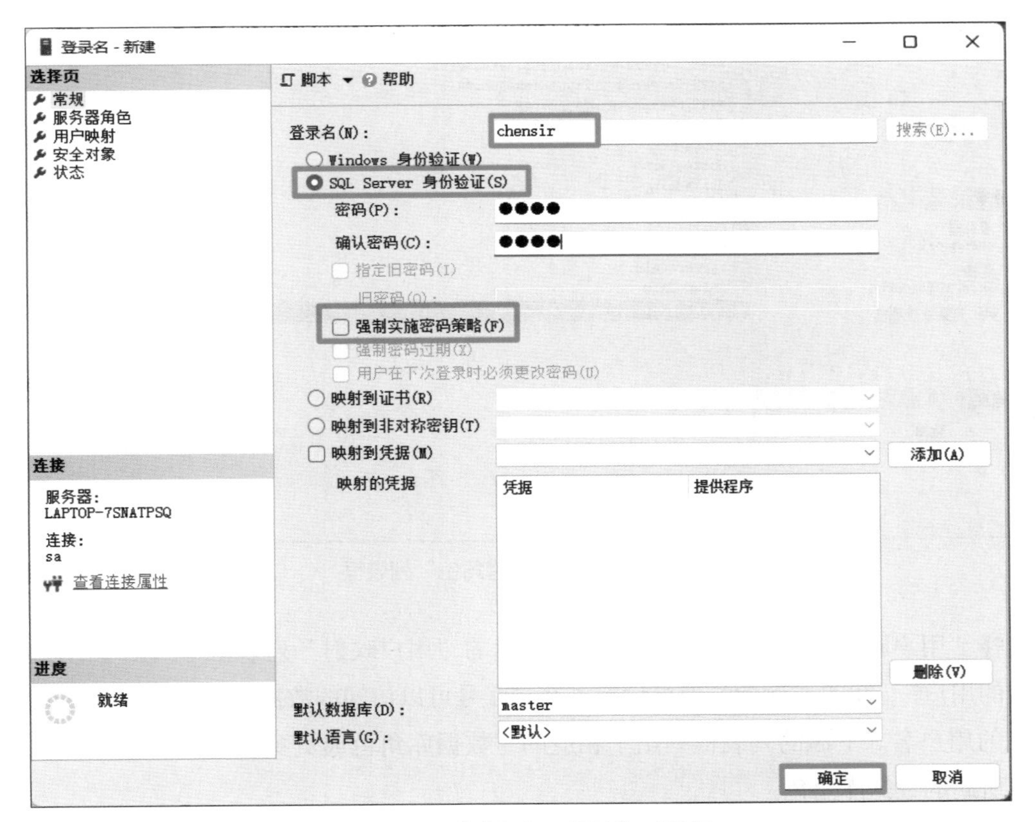

图 7-2-3　“登录名 - 新建”对话框

在“登录名”文本框中输入登录名，如“chensir”，可以选择 Windows 身份验证和 SQL Server 身份验证两种模式。可以去除勾选“强制密码过期”和“用户在下次登录时必须更改密码”及“强制实施密码策略”三个复选框，这样密码会简单些。

选择“服务器角色”选择页，在图 7-2-4 所示的“服务器角色”列表框中，列出了系统的固定服务器角色。在这些固定服务器角色的左侧有相应的复选框，勾选相应的复选框表示该登录账号是相应的服务器角色成员。

图 7-2-4 “服务器角色”列表框

选择“用户映射”选择页，在图 7-2-5 所示的“用户映射”列表框中列出了“映射到此登录名的用户”，单击左侧的复选框设定该登录账号可以访问的数据库及该账号在各个数据库中对应的用户名。下面的列表框列出了相应的“数据库角色成员身份”清单，从中可以指定该账号所属的数据库角色。

设置完成后，单击“确定”按钮即可完成登录账号的创建。可以在“登录名”文件夹下找到所创建的登录名。

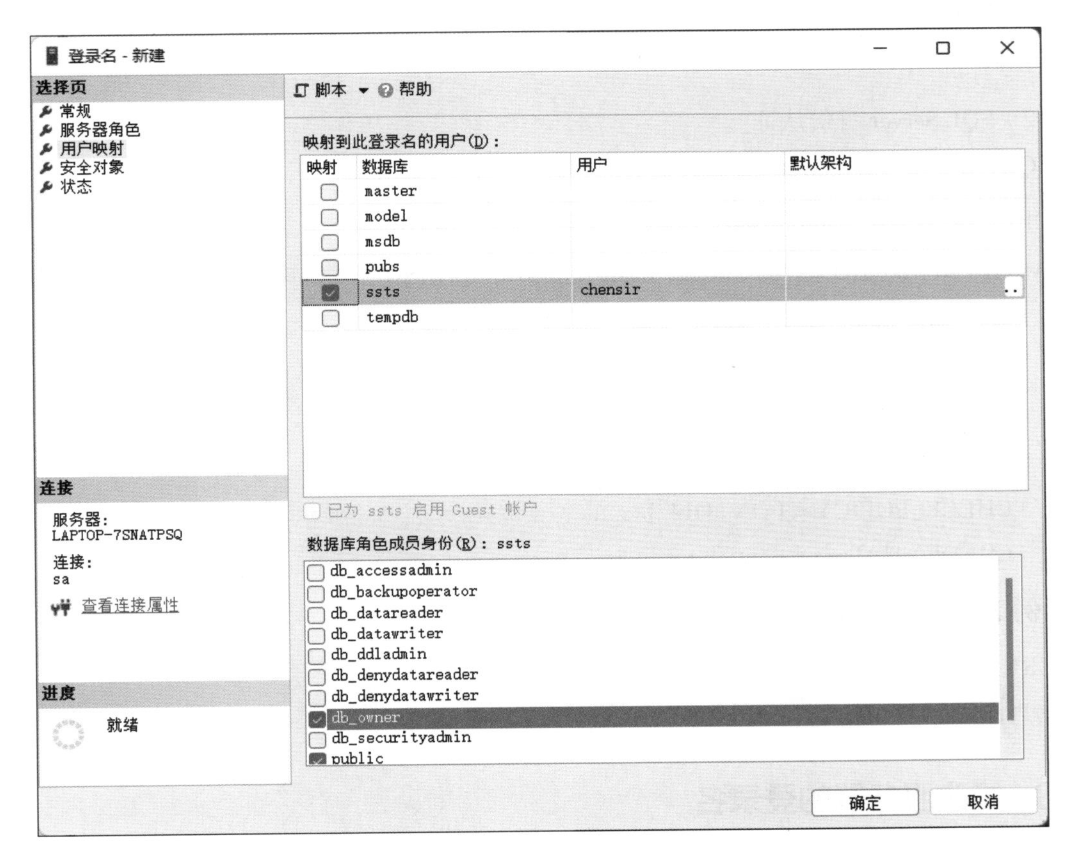

图 7-2-5　“用户映射”列表框

断开数据库的连接，使用新建的登录名 chensir 和密码登录数据库服务器。

2. 使用 T-SQL 语句新建服务器的登录名

（1）Windows 身份认证

Windows 身份认证的语法格式如下。

```
CREATE LOGIN [domain_name\login_name]
FROM WINDOWS
[ WITH DEFAULT_DATABASE = database_name
| DEFAULT_LANGUAGE = language_name ]
```

【例 7-2-1】新建 Windows 身份认证的登录名 techerLogin。

```
CREATE LOGIN [test_domain\techerLogin]
FROM WINDOWS
```

（2）SQL Server 身份认证

SQL Sever 身份认证的语法格式如下。

```
CREATE LOGIN login_name
WITH PASSWORD = { 'password' | hashed_password HASHED } [ MUST_CHANGE ]
[ , SID = sid_value
  | DEFAULT_DATABASE = database_name
  | DEFAULT_LANGUAGE = language_name
  | CHECK_EXPIRATION = { ON | OFF }
  | CHECK_POLICY = { ON | OFF }
  | CREDENTIAL = credential_name ];
```

【例 7-2-2】新建 SQL Server 身份认证的登录名 techerLogin。

```
CREATE LOGIN techerLogin
WITH PASSWORD = 'pwd123!'
```

3. 修改服务器的登录名

（1）启用已禁用的登录名

【例 7-2-3】启用已禁用的登录名 techerLogin。

```
ALTER LOGIN techerLogin ENABLE
```

（2）更改登录密码

【例 7-2-4】更改登录名 techerLogin 的登录密码。

```
ALTER LOGIN techerLogin WITH PASSWORD = '147mop$' OLD_PASSWORD = ' pwd123!'
```

（3）更改登录名称

【例 7-2-5】将登录名 techerLogin 更改为 techLogin。

```
ALTER LOGIN techerLogin WITH NAME = techLogin
```

4. 删除登录名

```
DROP LOGIN login_name
```

不能删除正在登录的登录名，也不能删除拥有任何安全对象、服务器级对象或 SQL Server 代理作业的登录名。

【例 7-2-6】删除登录名 techerLogin。

```
DROP LOGIN techerLogin
```

三、数据库用户

数据库用户访问指定的数据库。登录成功后，根据登录名找到对应的数据库用户，再去访问某个具体用户数据库。找到该数据库用户对应的权限，操作数据库。

服务器的登录名与数据库用户是一对多的关系，数据库用户与数据库是一对一的关系。

四、管理数据库用户

在一个数据库中，数据库用户账号可唯一标识一个用户，数据库用户对数据库的访问权限及对数据库对象的所有关系都是通过用户账号进行控制的。

1. 使用 SSMS 新建数据库用户

利用 SQL Server 管理平台可以授予 SQL Server 登录访问数据库的许可权限。利用 SQL Server 管理平台创建一个新数据库用户账号的过程如下。

打开 SQL Server 管理平台，展开要登录的服务器和数据库文件夹，然后展开要创建用户的数据库及“安全性”文件夹，右击“用户”图标，在弹出的快捷菜单中，选择“新建用户”选项，弹出图 7-2-6 所示的“数据库用户 - 新建”对话框。

在“用户类型框”文本框中输入数据库用户名称，在“登录名”选择框内选择已经创建的登录名，然后在下面的“默认架构”选择框中为该用户选择数据库角色，最后单击“确定”按钮，即可完成数据库用户的创建。

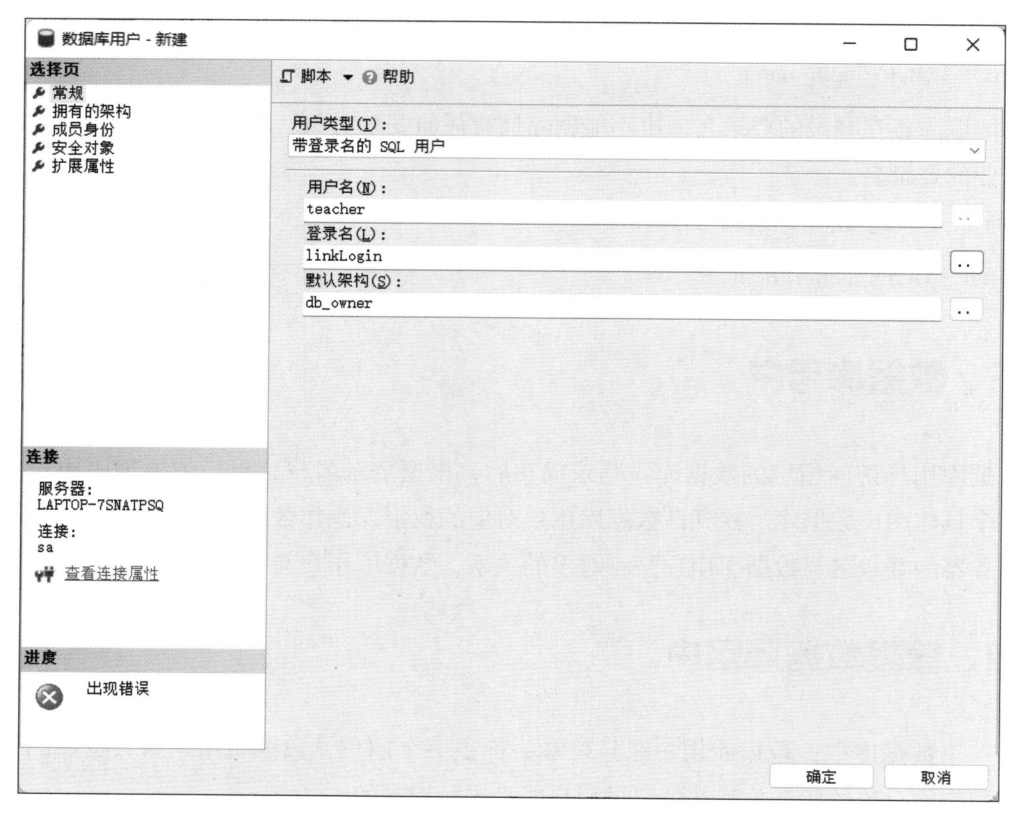

图 7-2-6 “数据库用户 - 新建”对话框

2. 使用 SSMS 查看或删除数据库用户

在 SQL Server 管理平台中，可以查看或删除数据库用户。

（1）展开某一数据库，展开“用户”文件夹，则会显示当前数据库的所有用户。

（2）在右侧的页框中，右击所要删除的数据库用户，在弹出的快捷菜单中，选择“删除”选项，如图 7-2-7 所示，即可删除数据库用户。

3. 使用 T-SQL 语句新建数据库用户

语法格式如下。

```
CREATE USER user_name FOR LOGIN login_name
```

如果已省略 FOR LOGIN，那么新的数据库用户将被映射到同名的 SQL Server 登录名。

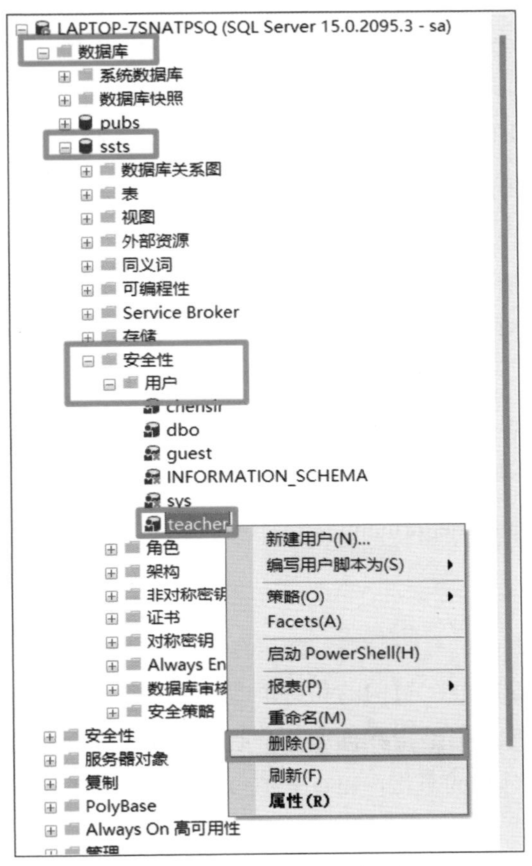

图 7-2-7　选择“删除”选项

【例 7-2-7】新建数据库用户 teacher，与登录名 techerLogin 关联。

```
CREATE USER teacher FOR LOGIN techerLogin
```

4. 使用 T-SQL 语句修改数据库用户

语法格式如下。

```
ALTER USER userName
WITH
    NAME = newUserName
    | DEFAULT_SCHEMA = { schemaName | NULL }
    | LOGIN = loginName
```

```
| PASSWORD = 'password' [ OLD_PASSWORD = 'oldpassword' ]
| DEFAULT_LANGUAGE = { NONE | <lcid> | <language name> | <language alias> }
| ALLOW_ENCRYPTED_VALUE_MODIFICATIONS = [ ON | OFF ]
```

上述语句中的 DEFAULT_SCHEMA 即默认架构，它是数据库中的一个概念，类似于 Windows 系统中的默认用户文件夹。在数据库中，每个用户或会话都有一个默认架构，用于在没有明确指定架构时解析对象名（如表名）。这意味着，如果只输入表名而不指定架构，数据库将自动在 DEFAULT_SCHEMA 中查找该表。简单来说，DEFAULT_SCHEMA 就是数据库用户默认的“工作空间”，用于存储和访问用户最常用的数据库对象。如果不能确定默认架构，就使用 dbo 架构。例如，数据库 ssts 中的 student 表，可以使用 ssts.dbo.student 去访问。

其中，principle_id 可以通过下面的查询语句得到：

```
SELECT * FROM sys.database_principals
```

小提示

架构是数据库对象的集合，架构的关键词是 SCHEMA。将数据库内部一些对象加入一个集合构成架构。架构的作用是当数据库用户登录服务器以后，通过为其设定架构，以确定该用户可操作数据库对象的范围。dbo 架构包含数据库的全部对象，而 public 架构为空的，无对象。

【例 7-2-8】修改数据库用户 teacher，将用户名改为 teacher_user，更改默认架构为 dbo 数据库。

```
ALTER USER teacher
WITH
    NAME = teacher_user,
    DEFAULT_SCHEMA =dbo
```

5. 使用 T-SQL 语句删除数据库用户

语法格式如下。

```
DROP USER user_name
```

不能从数据库中删除拥有安全对象的用户，必须先删除或转移安全对象的所有权，才能删除拥有这些安全对象的数据库用户。

【例 7-2-9】删除数据库用户 teacher_user。

```
DROP USER teacher_user
```

一、新建服务器的登录名 stuLogin

通过 T-SQL 语句新建 SQL Server 登录名 stuLogin 和密码，代码如下。

```
USE master
GO
EXEC sp_addlogin  'stuLogin',  '1234qwer!'
```

执行后，成功新建服务器的登录名，如图 7-2-8 所示。

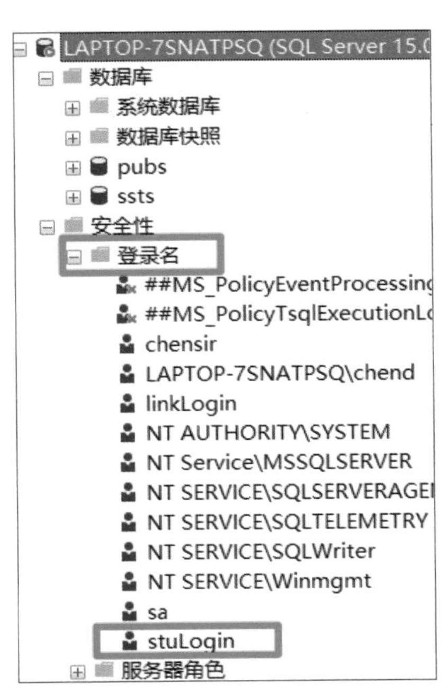

图 7-2-8　成功新建服务器的登录名

小提示

后续版本的 Microsoft SQL Server 将删除 sp_addlogin 功能。避免在新的开发工作中使用该功能，并着手修改当前还在使用该功能的应用程序。改用 CREATE LOGIN，例如，下面的代码也可以新建登录名。

```
-- 新建登录名
USE master
GO
CREATE Login stuLogin WITH PASSWORD ='1234qwer!'
```

二、验证新登录名 stuLogin

单击按钮，断开与服务器的连接，再单击按钮，连接服务器，使用新建登录名 stuLogin 和密码进行登录，如图 7-2-9 所示。

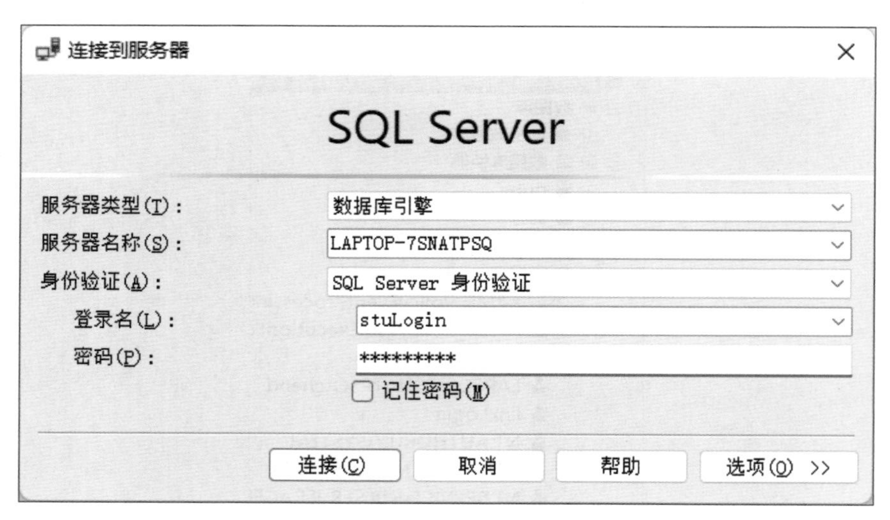

图 7-2-9 使用新建登录名 stuLogin 和密码进行登录

单击“连接”按钮，连接成功后显示登录成功，如图 7-2-10 所示。

展开数据库目录，尝试访问一个数据库，如访问数据库 ssts，弹出图 7-2-11 所示的提示信息，其原因是没有数据库的访问权限。

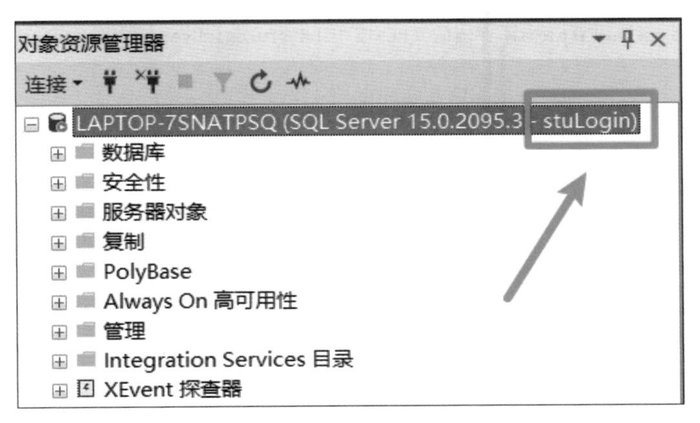

图 7-2-10　登录成功

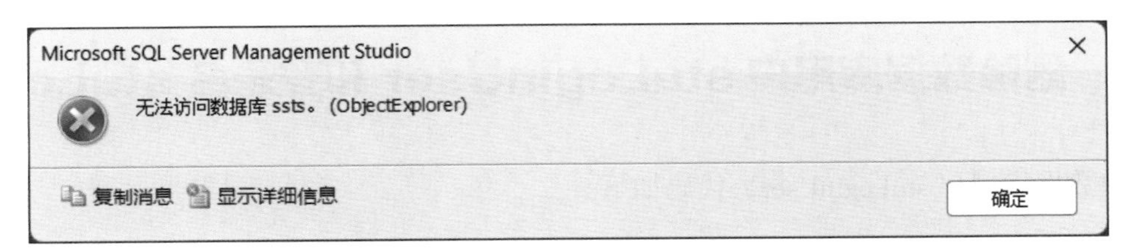

图 7-2-11　提示信息

三、为登录名 stuLogin 添加数据库用户 stuLoginUser

切换登录名，使用 SQL Server 的登录名“sa”登录或使用 Windows 身份认证登录，并且关闭原来的新建查询窗口，重新编写 T-SQL 语句。

新建数据库用户，为之前创建好的登录名 stuLogin 添加数据库用户 stuLoginUser。

```
-- 新建数据库用户
CREATE USER stuLoginUser FOR Login stuLogin
```

执行后，展开 master 数据库，依次展开“安全性”→“用户”文件夹，发现 stuLoginUser 用户添加成功，新建数据库用户如图 7-2-12 所示。

切换登录名，使用新建登录名 stuLogin 和密码登录，展开数据库目录，发现可以正常访问 master 数据库，且能访问系统表，但是不能访问数据库 ssts。

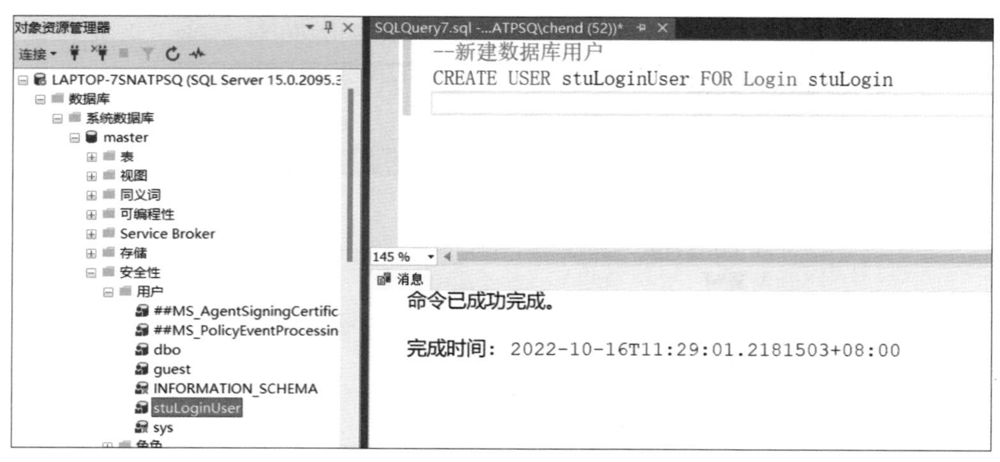

图 7-2-12　新建数据库用户

四、删除数据库用户 stuLoginUser 和登录名 stuLogin

删除数据库用户 stuLoginUser，代码如下。

```
DROP USER stuLoginUser
```

删除后，在 master 数据库的用户中，将看不到 stuLoginUser 用户。

删除前应切换登录名，使用 SQL Server 的登录名“sa”登录或使用 Windows 身份认证登录，并且关闭原来的新建查询窗口，重新输入以下代码。

```
-- 删除登录名
USE master
GO
DROP LOGIN stuLogin
```

删除登录名 stuLogin，如图 7-2-13 所示。

如果弹出“the user is currently logged in”的提示信息，不能删除，应使用以下语句进行检查。

```
select session_id from sys.dm_exec_sessions where login_name = 'stuLogin'
```

查出 session_id，后如 66，使用以下语句。

```
kill 66
```

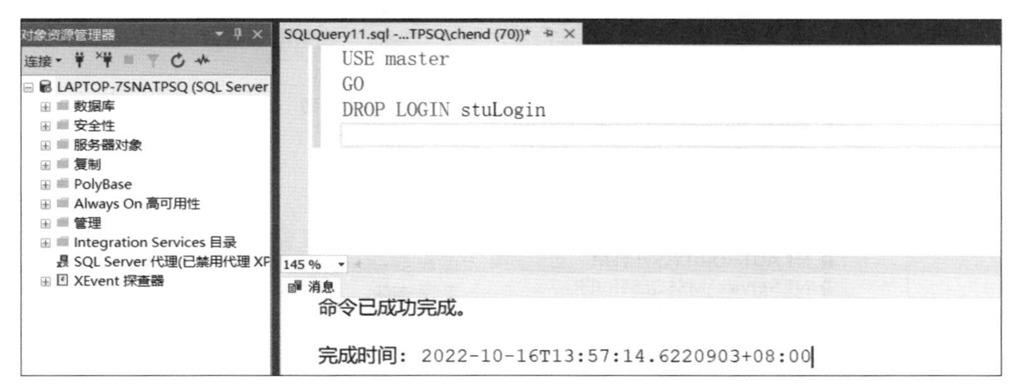

图 7-2-13　删除登录名 stuLogin

再进行删除登录名的操作，刷新服务器下的“安全性”→“登录名”目录，发现已经不存在登录名 stuLogin 了。

五、新建登录名 teaLogin 的同时创建数据库新用户 teaUser

使用命令新建登录名 teaLogin，密码为 258asd!，数据库用户名为 teaUser，默认架构为数据库 dbo，代码如下。

```
CREATE Login teaLogin
    WITH PASSWORD ='258asd!'
USE ssts
CREATE USER teaUser FOR Login teaLogin
    WITH DEFAULT_SCHEMA = dbo
```

执行后，单击服务器左侧的“+”按钮，然后展开“安全性”→“登录名”目录，发现已经存在登录名 teaLogin，展开数据库 ssts 下的“安全性”→“用户”目录，发现已经存在数据库用户名 teaUser，如图 7-2-14 所示。

六、赋予 teaUser 角色并验证

切换登录名，使用新建登录名 teaLogin 和密码进行登录，展开“数据库”目录，发现可以访问数据库 ssts，但是还不能访问表。

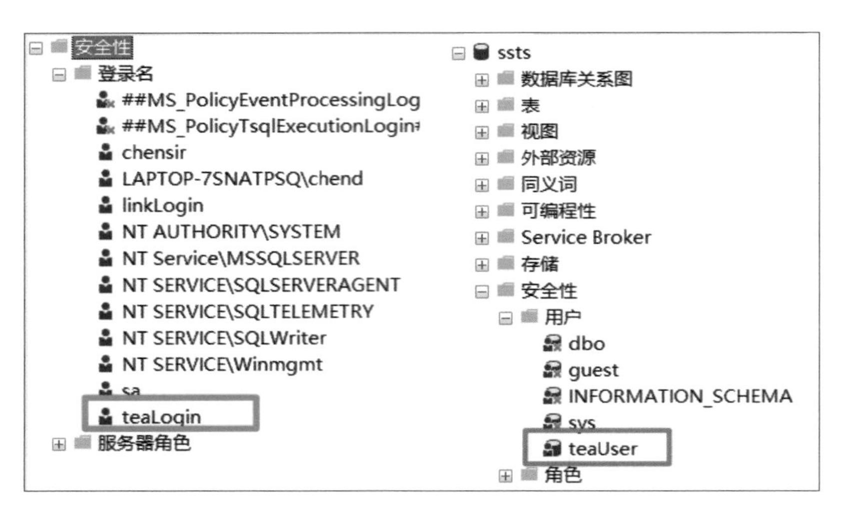

图 7-2-14　登录名 teaLogin 和数据库用户名 teaUser

再切换登录，使用 SQL Server 的登录名“sa”登录或使用 Windows 身份认证登录，并且关闭原来的新建查询窗口，重新编写以下代码。

```
USE ssts
GO
ALTER ROLE db_owner ADD MEMBER teaUser
```

执行后，用户 teaUser 是数据库角色 db_owner 的一个成员（数据库角色 db_owner 是数据库的拥有者，具体内容将在后面的任务中学习）。

切换登录名，使用新建登录名 teaLogin 和密码登录，登录名 teaLogin 可访问数据库 ssts 中的数据表，如图 7-2-15 所示，展开对应节点，可以看到数据库 ssts 中有若干个表，可以使用 SELECT 语句进行查询。

在 SSMS 中，查看用户“teaUser”的属性，单击“成员身份”选择页，用户 teaUser 成员身份如图 7-2-16 所示，可以看到用户 teaUser 是数据库角色 db_owner 的一个成员。

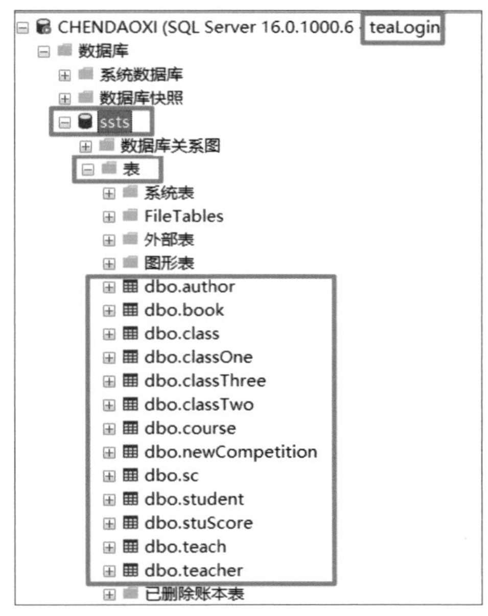

图 7-2-15　登录名 teaLogin 可访问数据库 ssts 中的数据表

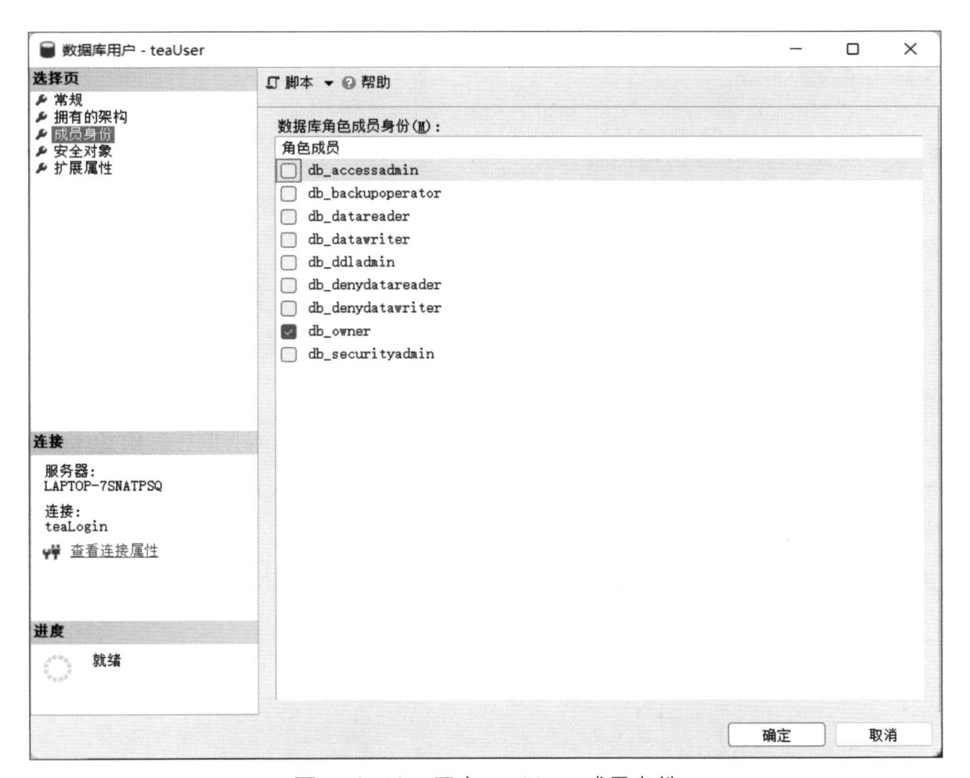

图 7-2-16　用户 teaUser 成员身份

任务 3 管理角色

1. 能使用 SSMS 或 T-SQL 语句管理固定服务器角色及其成员。
2. 能使用 SSMS 或 T-SQL 语句管理固定数据库角色及其成员。
3. 能使用 SSMS 或 T-SQL 语句管理用户自定义数据库角色及其成员。
4. 能使用 SSMS 或 T-SQL 语句管理应用程序角色。

本任务要求完成以下管理角色的操作。

使用 SSMS 管理固定服务器角色，查看固定服务器角色，增加用户 linkLogin 为 sysadmin 服务器成员，一段时间后，删除服务器角色成员 linkLogin。

使用 SSMS 管理固定数据库角色，查看固定数据库角色及其成员和权限，添加登录名 linkLogin，默认登录数据库 ssts，添加数据库 ssts 的用户 zhangyong，其登录名为 linkLogin，设置为 db_owner 数据库角色的成员。

使用 SSMS 管理用户自定义数据库角色，在数据库 ssts 中，创建用户角色 teacher，并添加用户 zhangyong 作为角色成员，为角色 teacher 授予查询和插入选课表 sc 的权限。用户自定义的数据库角色 teacher 的属性和成员如图 7-3-1 所示。

使用 SSMS 方式管理应用程序角色：创建应用程序角色 AppNewRole。为此角色配置拥有的架构 db_owner。

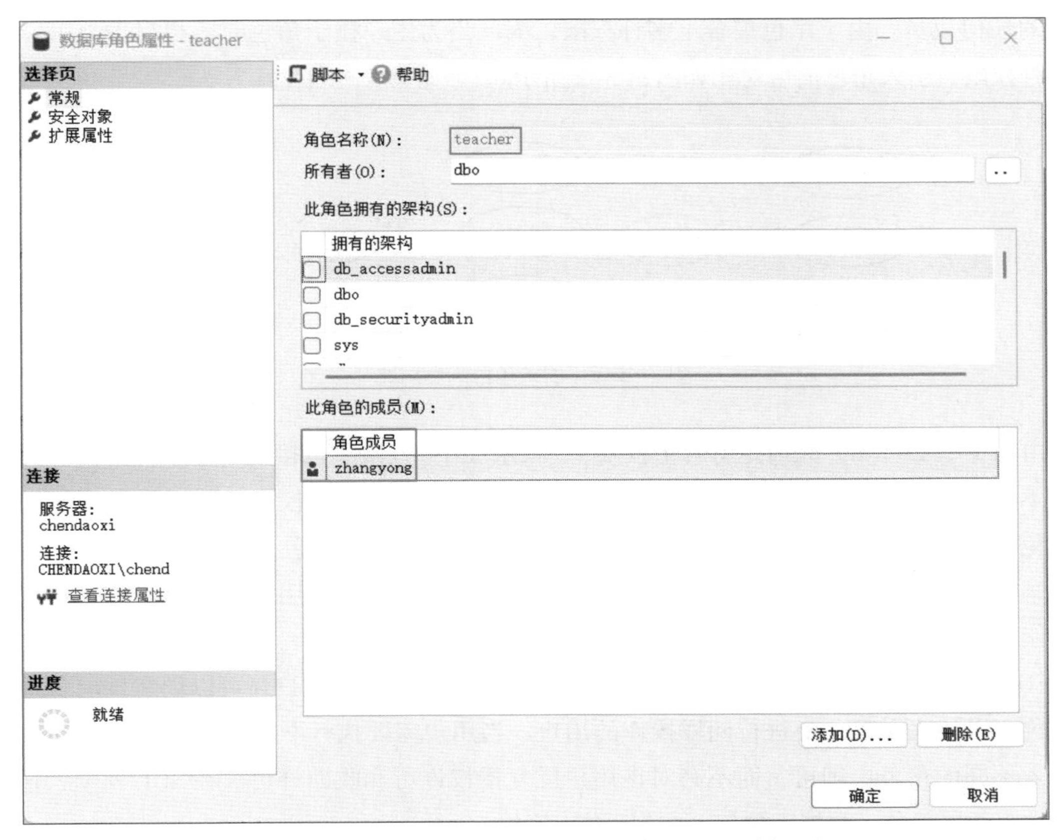

图 7-3-1　用户自定义的数据库角色 teacher 的属性和成员

数据库管理员（database administrator，DBA）在管理数据库权限时，权限设置是非常复杂的，权限的类型非常多，数据库的用户通常也有很多，如果为每个用户授予或撤销相应的权限，那么工作量是非常大的，为了简化权限管理工作，SQL Server 提出了角色（roles）的概念。

角色是具有名称的一组相关权限的组合，即将不同的权限集合在一起就形成了角色。角色定义了常规的 SQL Server 用户类别，每种角色将该类别的用户与其使用 SQL Server 时执行的任务集及成功完成这些任务所需的知识相关联。对角色授予、拒绝、撤销的权限适用于角色中的任何成员。由于角色集合了多种权限，因此当为用户授予角色时，相当于为用户授予了多种权限，引入角色前后对比如图 7-3-2 所示。

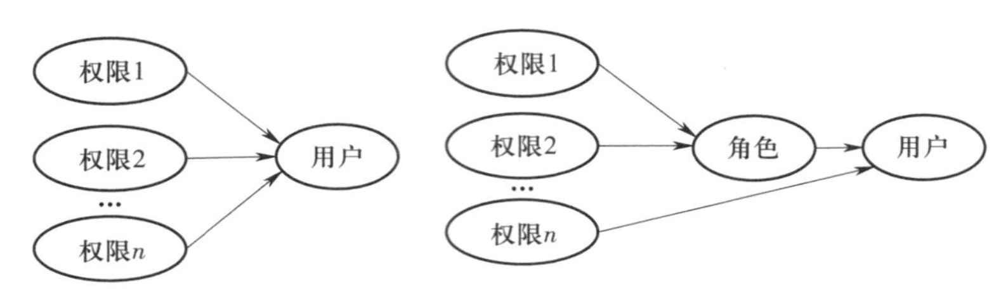

图 7-3-2　引入角色前后对比

由图 7-3-2 可知，先前是将若干权限 1、权限 2……权限 n 直接授予用户，而在引入角色后，不同的权限 1 和权限 2 集合在一起就形成了角色，授予角色权限，再授予用户角色。这样避免了向用户逐一授权，从而简化了用户权限的管理。利用角色，DBA 可以将某些用户设置为某一角色，这样只要对角色进行权限设置便可以实现对所有用户权限的设置，极大减少了工作量。

SQL Server 提供了用户管理固定服务器角色和数据库角色。用户还可以创建自定义的数据库角色，以便表示某一类进行同样操作的用户。当用户需要执行不同的操作时，只需将该用户加入不同的角色中即可，而不必对该用户反复授权许可和收回许可。在 SQL Server 中可以划分为服务器角色、数据库角色、应用程序角色。

一、服务器角色

服务器角色根据 SQL Server 的管理任务，及这些任务相对的重要性等级来把具有 SQL Server 管理职能的用户划分为不同的用户组，每一组所具有的管理权限都是 SQL Server 内置的。服务器角色也称为固定服务器角色，它不能被用户创建，其权限作用域为服务器范围。

服务器角色可用来管理服务器上的权限。当用户成功安装 SQL Server 后，服务器角色就存在于数据库服务器中，且已具备了执行指定操作的权限。可以将服务器级主体（SQL Server 登录名、Windows 账户和 Windows 组）添加到服务器角色。

固定服务器角色的每个成员都可以将其他登录名添加到该角色，用户定义的服务器角色的成员无法将其他服务器级主体添加到角色。不是每个用户都应该分配为服务器角色，只有高级用户如数据库管理员，应分配为服务器角色。

SQL Server 提供了 9 个固定服务器角色，服务器角色的权限见表 7-3-1。

表 7-3-1　服务器角色的权限

固定服务器角色	权限
批量数据输入管理员（bulkadmin）	可以运行 BULK INSERT 语句
数据库创建者（dbcreator）	可以创建、更改、删除和还原任何数据库
磁盘管理员（diskadmin）	可以管理磁盘文件
进程管理员（processadmin）	可以终止在 SQL Server 实例中运行的进程
安全管理员（securityadmin）	可以管理和审核 SQL Server 系统登录操作，可以管理登录名及其属性，可以 GRANT、DENY 和 REVOKE 服务器级或数据库级权限，可以重置 SQL Server 登录名的密码
服务器管理员（serveradmin）	可以更改服务器范围的配置选项和关闭服务器
安装管理员（setupadmin）	可以使用 T-SQL 语句添加或删除链接服务器，建立数据库复制及管理扩展存储过程
系统管理员（sysadmin）	可以在服务器上执行任何活动
公共（public）	每个 SQL Server 登录名都属于 public 服务器角色，public 与其他角色的实现方式不同，可通过 public 固定服务器角色授予、拒绝或撤销权限

1. 查看固定服务器角色及其成员

在新建查询窗口输入以下代码。

```
EXEC sp_helpsrvrole
```

执行后，查看固定服务器角色如图 7-3-3 所示。

由图 7-3-3 可以看出，显示有 8 个固定服务器角色，另外还有 1 个 public 角色没有显示，原因是 sp_helpsrvrole 无法识别 public 角色。在服务器上创建的每个登录名都是 public 服务器角色的成员，不能将用户、组或角色指派为 public 角色的成员。不要为服务器 public 角色授予服务器权限，可以通过对 public 设置权限从而为所有数据库设置相同的权限。

	ServerRole	Description
1	sysadmin	System Administrators
2	securityadmin	Security Administrators
3	serveradmin	Server Administrators
4	setupadmin	Setup Administrators
5	processadmin	Process Administrators
6	diskadmin	Disk Administrators
7	dbcreator	Database Creators
8	bulkadmin	Bulk Insert Administrators

图 7-3-3　查看固定服务器角色

2. 增加服务器角色成员

将登录账号添加到固定服务器角色中，使用系统存储过程 sp_addsrvrolemember，语法格式如下。

```
sp_addsrvrolemember [ @loginame= ] 'login' , [ @rolename = ] 'role'
```

其中，login 是待添加的登录名，可以是 Windows 登录名或 SQL Server 登录名；role 是固定服务器角色名称。

【例 7-3-1】 使用 T-SQL 语句，将登录名 linkLogin 添加到 sysadmin 固定服务器角色中，使其可以在数据库服务器上执行任何操作。

第 1 步：查看登录名 linkLogin。依次展开当前服务器（例如 LAPTOP-7SNATPSQ）→安全性→登录名，检查有没有登录名 linkLogin。如果没有，可以使用“CREATE LOGIN”语句，在新建查询窗口输入以下代码。

```
CREATE LOGIN linkLogin WITH password='445566', default_database=ssts
```

其中“default_database=ssts”可以省略，此时默认数据库为 master 数据库。执行后，右击“登录名”文件夹，在弹出的快捷菜单中，选择“刷新”选项，登录名 linkLogin 如图 7-3-4 所示。

第 2 步：将 linkLogin 添加到固定服务器角色 sysadmin 中，在新建查询窗口输入以下代码。

```
EXEC sp_addsrvrolemember 'linkLogin','sysadmin'
```

执行后，依次展开当前服务器→安全性→服务器角色→ sysadmin，右击“sysadmin”选项，在弹出的快捷菜单中，选择“属性”选项，sysadmin 角色的成员 linkLogin 如图 7-3-5 所示，说明添加固定服务器角色成员已成功。

图 7-3-4　登录名 linkLogin

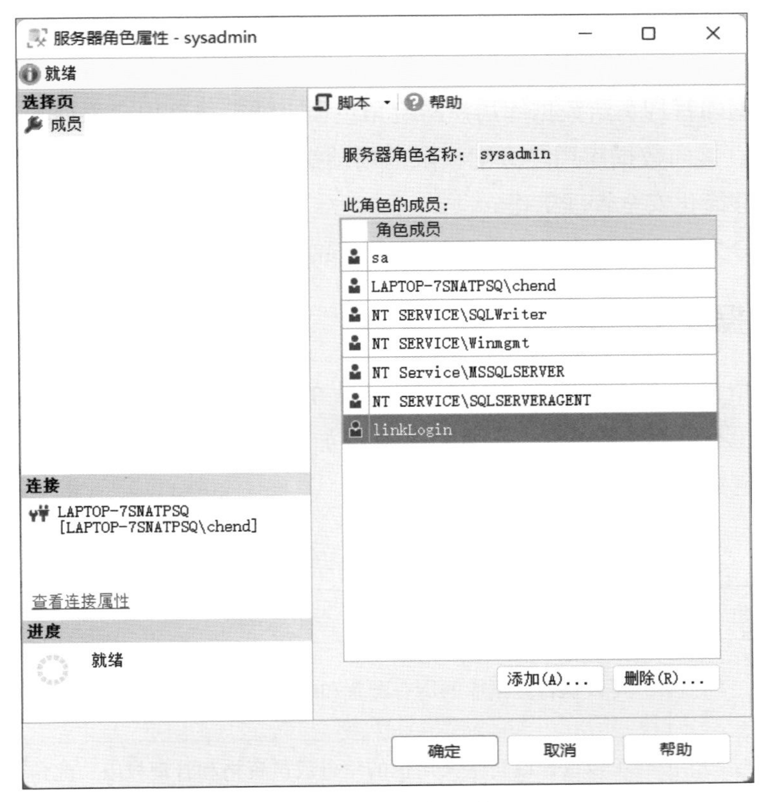

图 7-3-5　sysadmin 角色的成员 linkLogin

3. 删除服务器角色成员

将登录名从固定服务器角色中删除，使用系统存储过程 sp_dropsrvrolemember，语法格式如下。

```
sp_dropsrvrolemember [ @loginame= ] 'login' , [ @rolename = ] 'role'
```

【例 7-3-2】将登录名 linkLogin 从 sysadmin 固定服务器角色中删除。

```
EXEC sp_dropsrvrolemember 'linkLogin','sysadmin'
```

执行后，再刷新，可按照上面的方法去检查一下，登录名 linkLogin 是否被删除，验证操作是否成功。

二、数据库角色

数据库角色是为某一用户或某一组用户授予不同级别的管理或访问数据库及数据库对象的权限，这些权限是数据库专有的，并且还可以使一个用户具有属于同一数据库的多个角色。

数据库角色定义在数据库级上，保存在各自数据库的系统表 sysusers 之中，作用在各自的数据库之内。数据库管理员给数据库用户指定角色，也就是将该用户添加到相应的角色组中。通过角色简化了直接向数据库用户分配权限的烦琐操作，对于用户数量多、安全策略复杂的数据库系统，能够简化安全管理工作。

数据库角色分为固定数据库角色和用户自定义数据库角色。

1. 固定数据库角色

固定数据库角色是系统预先定义在数据库级上的角色。除 public 角色外，角色的种类和权限都是固定的，不可更改或删除，只允许为其添加或删除成员。SQL Server 提供了 9 个固定数据库角色，固定数据库角色的权限见表 7-3-2。

表 7-3-2　固定数据库角色的权限

固定数据库角色	权限
数据库拥有者（db_owner）	可以执行数据库的所有配置和维护活动，拥有全部权限
数据库安全管理员（db_securityadmin）	可以仅修改自定义角色的角色成员资格和管理权限，此角色的成员可能会提升其权限，应监视其操作

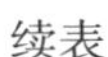

续表

固定数据库角色	权限
数据库访问管理员 (db_accessadmin)	可以为 Windows 登录名、Windows 组和 SQL Server 登录名添加或删除数据库访问权限
数据库备份操作员 (db_backupoperator)	可以备份数据库
数据库 DDL 管理员 (db_ddladmin)	可以在数据库中运行任何数据定义语言 (DDL) 命令
数据写入者 (db_datawriter)	可以在所有用户表中添加、删除或修改数据
数据读取者 (db_datareader)	可以从所有用户表和视图中读取所有数据
数据库拒绝数据写入者 (db_denydatawriter)	不能添加、修改或删除数据库内用户表中的任何数据
数据库拒绝数据读取者 (db_denydatareader)	不能读取数据库内用户表和视图中的任何数据

除表 7-3-2 列出的固定数据库角色外，SQL Server 中还有一个特殊的固定数据库角色 public，它在初始状态下没有任何权限，且每个数据库用户都是 public 角色的成员，因此不能将用户、组指派为 public 角色的成员，也不能删除 public 角色成员。

（1）查看固定数据库角色及其成员

查看数据库 ssts 固定数据库角色，在新建查询窗口输入以下代码。

```
USE ssts
GO
sp_helpdbfixedrole
```

执行后，查看固定数据库角色如图 7-3-6 所示。

要显示固定数据库角色的权限，可以使用使命令 sp_dbfixedrolepermission；要返回当前数据库中有关角色的信息，可以使用命令 sp_helprole；要返回有关当前数据库中某个角色的成员的信息，可以使用命令 sp_helprolemember。

	DbFixedRole	Description
1	db_owner	DB Owners
2	db_accessadmin	DB Access Administrators
3	db_securityadmin	DB Security Administrators
4	db_ddladmin	DB DDL Administrators
5	db_backupoperator	DB Backup Operator
6	db_datareader	DB Data Reader
7	db_datawriter	DB Data Writer
8	db_denydatareader	DB Deny Data Reader
9	db_denydatawriter	DB Deny Data Writer

图 7-3-6　查看固定数据库角色

（2）添加固定数据库角色成员

与固定服务器角色类似，SQL Server 提供的系统存储过程 sp_addrolemember，能够为数据库角色添加成员，语法格式如下。

```
sp_addrolemember [ @rolename = ] 'role', [ @membername = ] 'security_account'
```

其中，role 是当前数据库中数据库角色的名称；security_account 是添加到该角色的安全账户；security_account 可以是数据库用户、数据库角色、Windows 登录或 Windows 组。

（3）删除固定数据库角色成员

若要删除数据库角色的成员，使用的存储过程为 sp_droprolemember，语法格式如下。

```
sp_droprolemember [ @rolename = ] 'role', [ @membername = ] 'security_account'
```

【例 7-3-3】将数据库 ssts 中的用户 tom 从 db_datawriter 角色中删除。

```
USE ssts
GO
EXEC sp_droprolemember db_datawriter,'tom'
```

执行后，可以按照上面的方法去检查一下，验证操作是否成功。

2. 用户自定义数据库角色

当没有满足需要的固定数据库角色时，数据库操作员可以创建自定义的数据库角色，并且将需要相同数据库权限的多个用户组合起来。通过对角色的授权、拒绝和撤销等进行权限配置，实现对角色中多个用户权限的统一管理。

（1）创建用户自定义数据库角色

使用 CREATE ROLE 语句可以自定义数据库角色，语法格式如下。

```
CREATE ROLE role_name [ AUTHORIZATION owner_name ]
```

其中，role_name 是用户自定义角色的名称，AUTHORIZATION owner_name 是将拥有新角色的数据库用户或角色，如果未指定用户，那么执行 CREATE ROLE 的用户将拥有该角色。

（2）添加用户为角色成员

与添加固定服务器角色成员类似，将用户添加到角色中，使用户成为角色成员，获得与角色一样的权限，将用户添加到角色中可以使用 sp_addrolemember 语句完成。

（3）授予角色权限

为主体授予安全对象的权限，使用“GRANT <某种权限> ON <某个对象> TO <某个用户、登录名或组>”，语法格式如下。

```
GRANT { ALL [ PRIVILEGES ] }
        | permission [ ( column [ ,…n ] ) ] [ ,…n ]
        [ ON [ class :: ] securable ] TO principal [ ,…n ]
        [ WITH GRANT OPTION ] [ AS principal ]
```

如果指定了 WITH GRRANT OPTION 子句，那么获得某种权限的用户还可以把这种权限再授予给其他用户。如果没有指定 WITH GRRANT OPTION 子句，那么获得某种权限的用户只能使用该权限，不能传播该权限。

GRANT 语句向用户授予权限，REVOKE 语句撤销已经授予用户的权限。

【例 7-3-4】为数据库 ssts 添加角色 reader，并将用户 link 添加到该角色中，授予该角色在作者 author 表上拥有查询和修改的权限，拒绝该角色在作者 author 表上拥有插入和删除的权限。

```
-- 创建登录用户 linkLogin
CREATE LOGIN linkLogin WITH password='445566', default_database=ssts
USE ssts
GO
-- 创建数据库用户 link
CREATE USER link FOR LOGIN linkLogin WITH DEFAULT_SCHEMA=dbo
```

```
GO
-- 创建角色 reader
CREATE ROLE reader
GO
-- 将用户 link 添加到该角色中
EXEC sp_addrolemember 'reader','link'
GO
-- 授予角色在作者 author 表上拥有查询和修改的权限
GRANT SELECT,UPDATE ON author TO reader
-- 可以将自己拥有的权限授权给别人
WITH GRANT OPTION
GO
-- 拒绝该角色在作者 author 表上拥有插入和删除的权限
DENY INSERT,DELETE ON author TO reader
```

若要验证以上操作是否成功，单击“断开连接”按钮，断开当前数据库的连接，再单击“连接对象资源管理器”按钮，选择以 SQL Server 身份验证，登录名为“linkLogin”，密码为“445566”，登录后可以看到“连接 LAPTOP-7SNATPSQ (SQL Server 15.0.2095.3 - linkLogin)”，服务器名最后的“linkLogin”是登录名。关闭当前所有的查询窗口，单击“新建查询”按钮，将自动打开“新建查询”窗口，在新建查询窗口输入以下代码。

```
SELECT * FROM author
```

结果可以运行，在新建查询窗口输入以下代码。

```
UPDATE author
SET city=' 上海 '
WHERE authorID='chen2022'
```

结果也可以运行，而其他的 INSERT、DELETE 不能被执行，执行语句可自行编写，提示如下。

```
The INSERT|DELETE permission was denied on the object 'author', database 'ssts', schema 'dbo'
```

【例 7-3-5】在数据库 ssts 中，创建角色 myRole，指定该角色的所有者为 reader，reader 为上一个例题的角色。

执行下面的语句前，在 SSMS 中查看数据库 ssts 下的“安全性→角色→数据库角色”，是否有角色 reader。如果有，执行下面的语句，将创建角色 myRole，myRole 角色的所有者为 reader 角色。如果没有，执行上一个例题的代码创建角色 reader。

```
CREATE ROLE myRole AUTHORIZATION reader
```

执行后，创建角色如图 7-3-7 所示。

图 7-3-7　创建角色

（4）删除用户自定义数据库角色

删除用户自定义数据库角色时，可以使用 DROP ROLE 命令实现。

【例 7-3-6】删除数据库 ssts 中名为 reader 的角色。

在删除 reader 之前，要先将该角色的成员移除。查看角色中的成员如图 7-3-8 所示。

图 7-3-8　查看角色中的成员

将成员 link 从角色 reader 中移除后，再执行删除操作，代码如下。

```
EXEC sp_droprolemember 'reader', 'link'
GO
DROP ROLE myRole
DROP ROLE reader
```

从上例中可以看出，如果要删除一个角色，首先必须保证该角色中没有任何成员，也不是其他角色的拥有者，否则将角色删除失败，弹出“The role has members. It must be empty before it can be dropped.”的提示信息。如果要删除一个角色，也要先删除角色 myRole，因为 myRole 的所有者是 reader，否则将角色删除失败，弹出“the database principal owns a database role and cannot be dropped.”的提示信息。

三、应用程序角色

应用程序角色是数据库主体，是依附于某一具体的数据库，这一点与用户自定义数据库角色相同，它使应用程序能够使用类似用户的权限来运行。使用应用程序角色时，只允许通过特定应用程序连接的用户访问特定数据。与数据库角色不同，应用程序角色默认情况下不包含任何成员。

一旦启动了应用程序角色，用户现有的权限将被关闭，应用程序角色的安全权限被相应打开，这时应用程序就可以使用应用程序角色来操作数据库。

1. 创建应用程序角色

使用 CREATE APPLICATION ROLE 语句创建应用程序角色，语法格式如下。

```
CREATE APPLICATION ROLE application_role_name
    WITH PASSWORD = 'password' [ , DEFAULT_SCHEMA = schema_name ]
```

其中，application_role_name 是指定应用程序角色的名称，此名称不得已用于引用数据库中的任何主体；password 是指定数据库用户将用于激活应用程序角色的密码；schema_name 是指定服务器在解析此角色的对象名称时将搜索的第一个架构，如果未定义默认架构，那么应用程序角色将使用 dbo 作为其默认架构。

2. 激活应用程序角色

当用户执行客户端应用程序并连接到 SQL Server 服务器时，需要调用系统存储过程 sp_setapprole 来激活应用程序角色，语法格式如下。

```
sp_setapprole [ @rolename = ] 'role', [ @password = ] { encrypt N'password' }'
```

其中，[@rolename =] 'role' 在当前数据库中定义应用程序角色的名称。[@password =] { encrypt N'password' } 激活应用程序角色所需的密码。使用 encrypt 函数时，必须将 N 放在第一个引号之前，将密码转换为 Unicode 字符串。

使用 sp_setapprole 激活应用程序角色后，该角色将保持活动状态，直到用户与服务器断开连接或停用该角色。

3. 删除应用程序角色

若从当前数据库删除应用程序角色，则需要使用“DROP APPLICATION ROLE”语句，语法格式如下。

```
DROP APPLICATION ROLE rolename
```

4. 使用应用程序角色的过程

（1）用户执行客户端应用程序，客户端应用程序以用户身份连接到 SQL Server 服务器。

（2）应用程序通过指定密码和应用程序角色执行系统存储过程 sp_setapprole。

（3）若应用程序角色生效，此时连接会放弃用户的原有权限。

（4）使用应用程序角色操作数据库。

【例 7-3-7】在数据库 ssts 中，首先创建应用程序角色为 AppRole，设置密码为 abc123，默认架构使用默认值，然后使用应用程序角色，授予角色对学生表 student 的 SELECT 权限，再验证角色的功能，最后删除应用程序角色 AppRole。

```
USE ssts
GO
-- 创建应用程序角色
CREATE APPLICATION ROLE AppRole WITH PASSWORD='abc123'
-- 授予角色 AppRole 对学生表 student 的 SELECT 权限
GRANT SELECT ON student TO AppRole
GO
-- 激活应用程序角色
EXEC sp_setapprole AppRole, 'abc123'
```

当应用程序角色激活后，就可以对数据库进行访问操作。执行上述语句后，验证角色的功能，可输入以下查询语句。

```
-- 验证角色，可成功执行
SELECT * FROM student
```

如果要删除应用程序角色，应单击“新建查询”按钮，在新建窗口中输入以下代码。

```
-- 删除应用程序角色
DROP APPLICATION ROLE AppRole
```

小提示

应用程序角色的权限与用户和数据库角色的权限是相互排斥的，只要应用程序请求使用应用程序角色，原用户或数据库角色的权限便会自动失效。

一、管理服务器角色

1. 查看当前服务器固定服务器角色

在对象资源管理器窗口中，依次展开“当前服务器（例如 LAPTOP-7SNATPSQ）”→“安全性”→“服务器角色”，通过 SSMS 查看服务器角色如图 7-3-9 所示。

与 T-SQL 语句查看固定服务器角色相比，多了一个 public 角色。

图 7-3-9　通过 SSMS 查看服务器角色

2. 增加当前服务器角色成员

在图 7-3-9 所示的服务器角色中，右击某个角色，例如“sysadmin”，在弹出的快捷菜单中，选择“属性”选项，弹出“服务器角色属性”对话框，从中可以看到该角色的成员，服务器角色属性如图 7-3-10 所示。

在图 7-3-10 所示“服务器角色属性”对话框中，单击“添加”按钮，在弹出的“选择服务器登录名或角色”对话框中，单击“浏览”按钮，弹出图 7-3-11 所示的“查找对象”对话框，勾选“linkLogin”复选框，单击“确定”按钮即可完成添加。

图 7-3-10 “服务器角色属性”对话框

查找对象

找到 10 个匹配所选类型的对象。

匹配的对象(M)：

	名称	类型
☐	[##MS_PolicyEventProcessingLogin##]	登...
☐	[##MS_PolicyTsqlExecutionLogin##]	登...
☐	[LAPTOP-7SNATPSQ\chend]	登...
☑	[linkLogin]	登...
☐	[NT AUTHORITY\SYSTEM]	登...
☐	[NT Service\MSSQLSERVER]	登...

确定　取消　帮助

图 7-3-11 “查找对象”对话框

还有一种 SSMS 添加服务器角色成员方法，先找到登录名，再通过其属性的方法来添加。依次展开“当前服务器”→“安全性”→“登录名”→“linkLogin”，右击“linkLogin”选项，在弹出的快捷菜单中，选择“属性”选项，在弹出的图 7-3-12 所示的“登录属性”对话框中，单击“服务器角色”选择页。

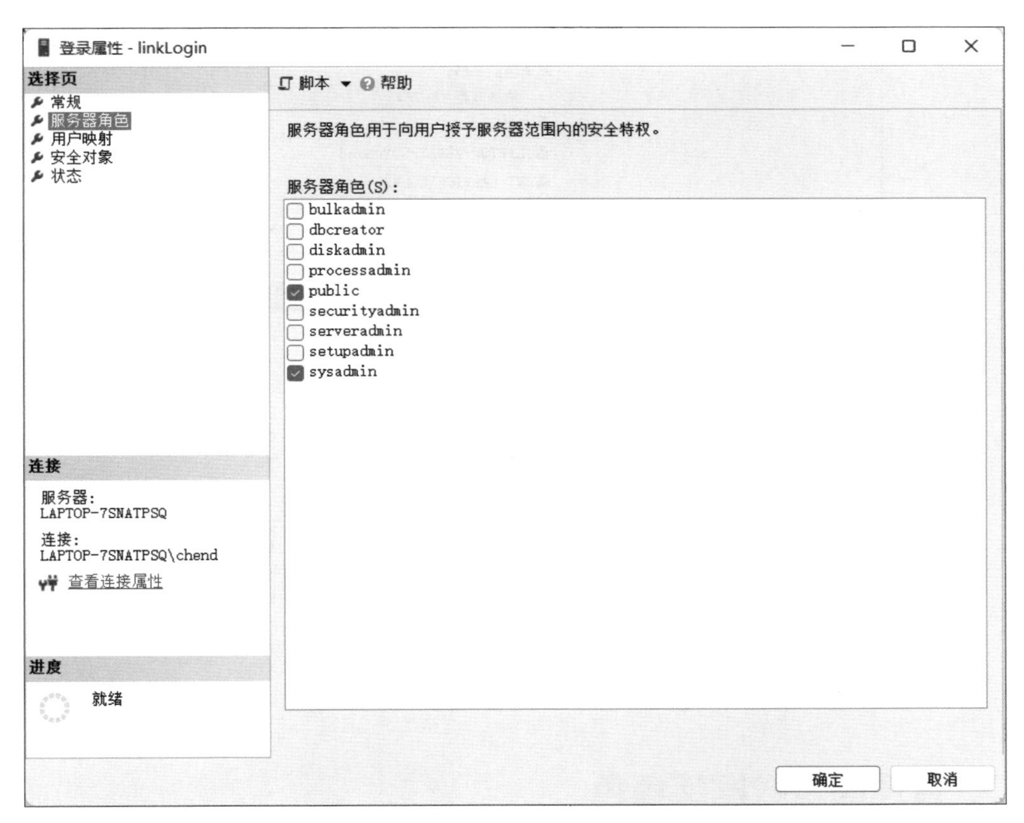

图 7-3-12　“登录属性”对话框

在右侧“服务器角色”中勾选“sysadmin”复选框，单击“确定”按钮即可完成添加，右击“sysadmin”选项，在弹出的快捷菜单中，选择“属性”选项，弹出“服务器角色属性”对话框，从中可以看到已经添加到该角色的成员，完成添加成员如图 7-3-13 所示。

3. 删除当前服务器角色成员

在图 7-3-10 所示“服务器角色属性”对话框，选中要从该角色中删除的登录者，例如“linkLogin”，单击“删除”按钮，再单击“确定”按钮，即可将它从该服务器角色中删除。注意不能删除“sa”登录账号。

图 7-3-13　完成添加成员

二、管理固定数据库角色

1. 添加登录名 linkLogin

在对象资源管理器窗口中，依次展开“当前服务器（例如 LAPTOP-7SNATPSQ）”→“安全性”→“登录名”，检查是否已经存在登录名 linkLogin。若有，删除后再重新添加；若没有，则添加。右击“登录名”文件夹，在弹出的快捷菜单中，选择“登录名”选项，弹出“登录名 - 新建”对话框，输入登录名“linkLogin”，这是以选中“SQL Server 身份验证”为例，取消勾选“强制密码过期”和“强制实施密码策略”复选框，输入密码“445566”，再次输入后确认密码。在“默认数据库”列表中，可选择登录名的默认数据库，此选项的默认值是“master”，修改为“ssts”数据库，添加登录名 linkLogin，如图 7-3-14 所示。

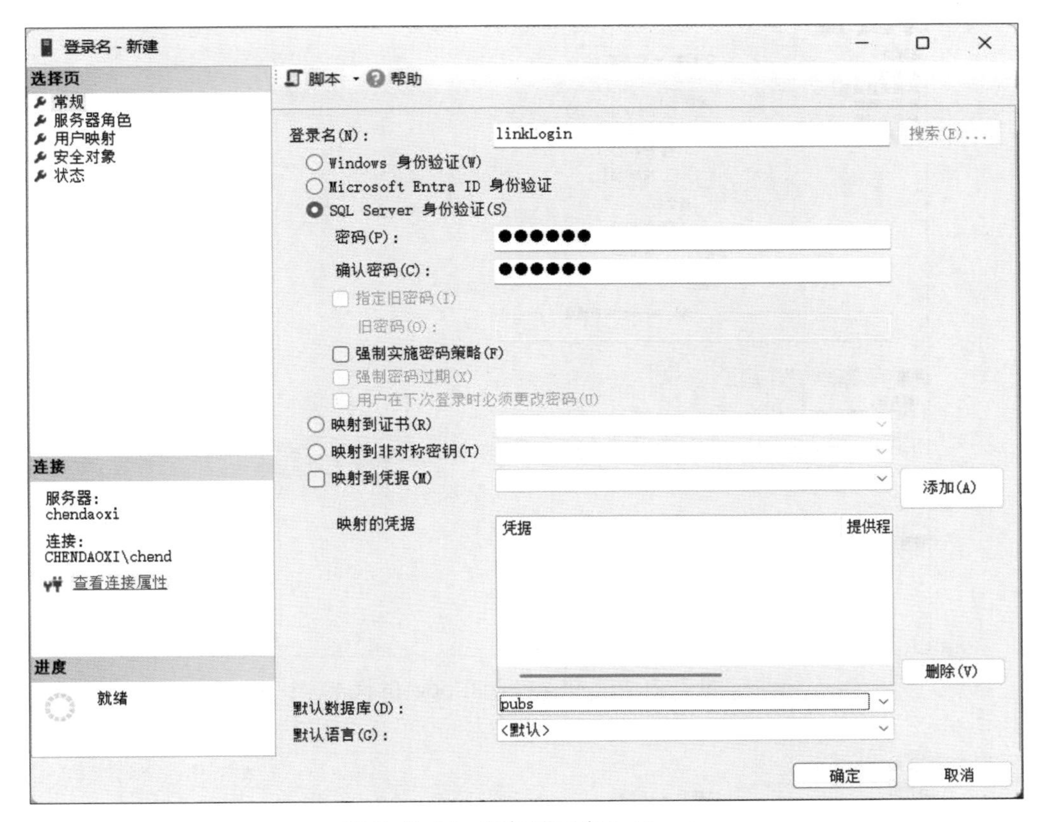

图 7-3-14　添加登录名 linkLogin

单击图 7-3-14 所示的“状态”选择页，选中“授予”和“启用”两个选项，登录名 linkLogin 的状态如图 7-3-15 所示，最后再单击“确定”按钮，在对象资源管理器窗口中，右击“安全性”文件夹下的“登录名”选项，选择“刷新”选项，登录名 linkLogin 创建完成。

2. 添加数据库 ssts 的用户 zhangyong

在对象资源管理器窗口中，展开“数据库”文件夹，展开要在其中创建新数据库用户的数据库，以 ssts 为例，依次展开“ssts→安全性→用户”，右击“用户”文件夹，在弹出的快捷菜单中选择“新建用户”选项，弹出“数据库用户－新建”对话框，新建数据库 ssts 用户 zhangyong，如图 7-3-16 所示，在“数据库用户－新建”对话框中，填写用户名为“zhangyong”，登录名为“linkLogin”，默认架构为“dbo”，登录名与默认架构都可以单击[..]按钮来打开新的选择窗口，通过“浏览”按钮找到相应的选项并勾选，单击“确定”按钮，完成新用户的创建。

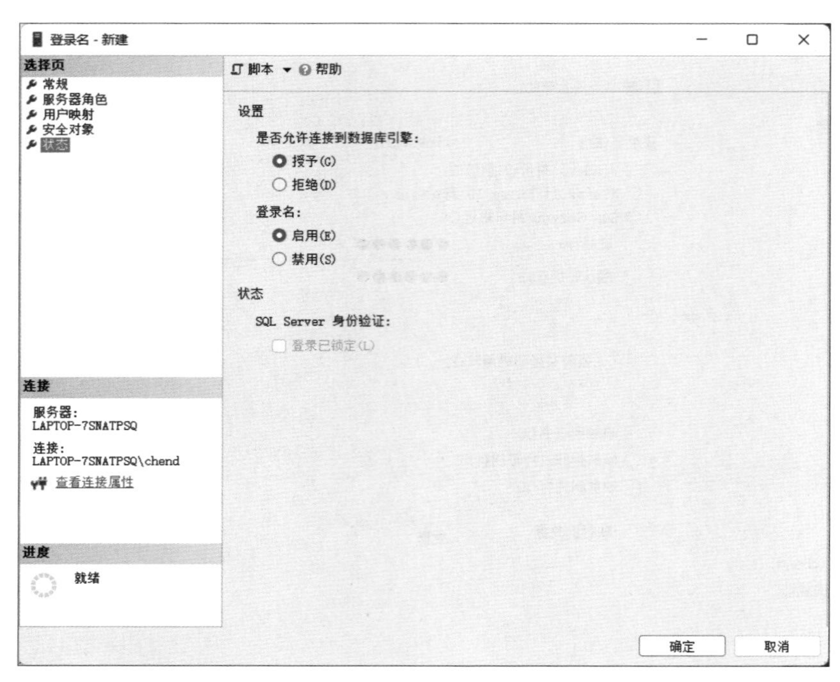

图 7-3-15　登录名 linkLogin 的状态

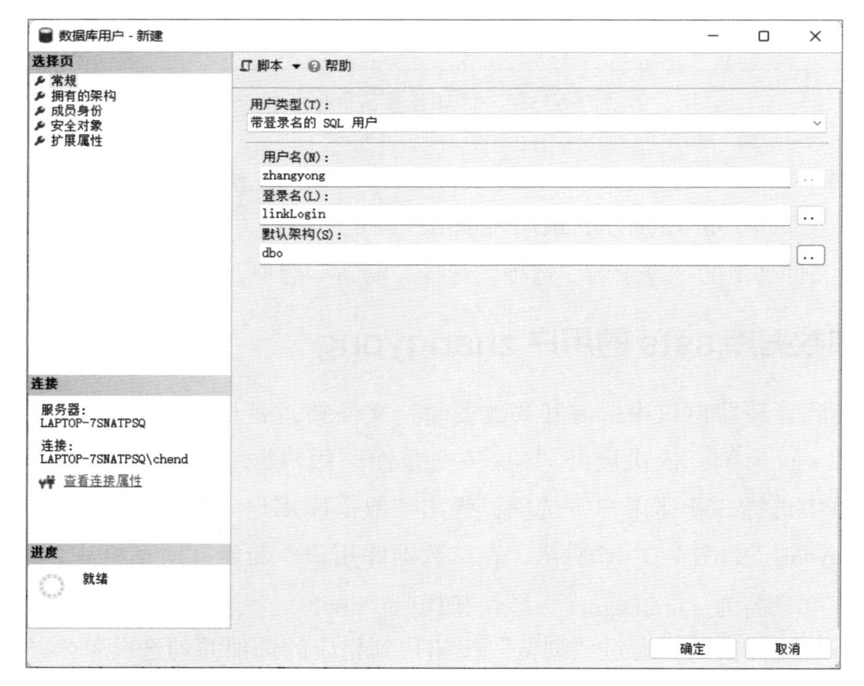

图 7-3-16　新建数据库 ssts 用户 zhangyong

小提示

数据库登录名和数据库用户名是有区别的，对于SQL Server服务器来说，一个服务器下通常有多个不同的数据库，登录名和用户名是一对多的关系，一个登录名可以在每一个数据库中创建不同的用户名。

3. 设置为db_owner数据库角色的成员

使用SSMS工具将数据库ssts的用户zhangyong，设置为db_owner数据库角色的成员。

在对象资源管理器窗口中，依次展开"当前服务器→数据库→ssts→安全性→用户→zhangyong"，右击"zhangyong"用户，在弹出的快捷菜单中，选择"属性"选项，系统将弹出"数据库用户-zhangyong"对话框，在选项页中选择"拥有的架构"选项，打开"此用户拥有的架构"窗口。在"拥有的架构"列表中勾选"db_owner"复选框。用户zhangyong设置为db_owner数据库角色的成员如图7-3-17所示，单击"确定"按钮，完成设置。

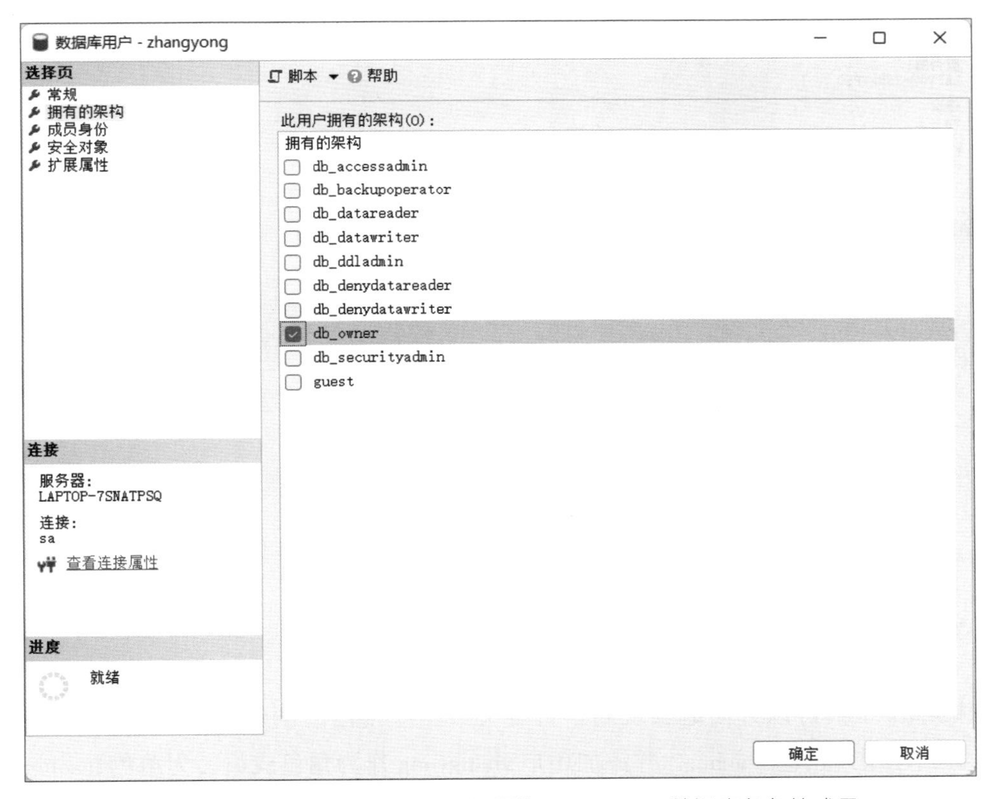

图7-3-17　用户zhangyong设置为db_owner数据库角色的成员

查看固定数据库角色及其成员和权限，在对象资源管理器窗口中，依次展开“当前服务器→数据库→ssts→安全性→角色→数据库角色→db_owner”，右击“db_owner”角色，在弹出的快捷菜单中选择“属性”选项，系统将弹出“数据库角色属性-db_owner”对话框，在“选项页”中选择“常规”选项，查看db_owner数据库角色的成员，如图7-3-18所示。

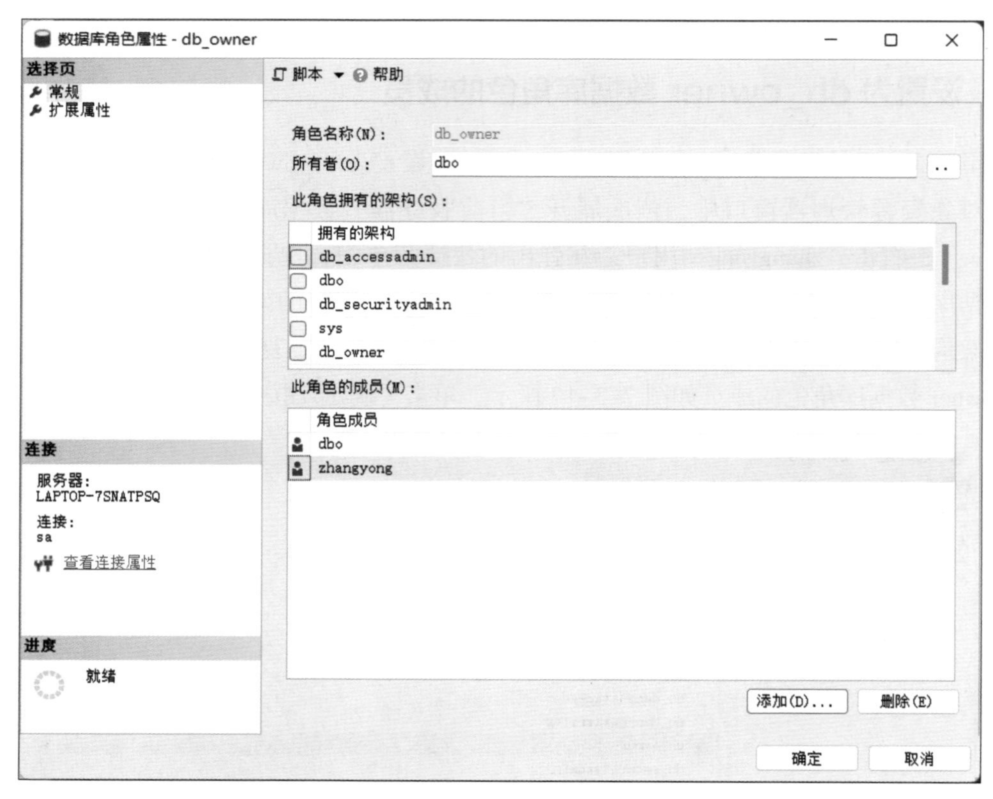

图7-3-18　查看db_owner数据库角色的成员

在图7-3-18中，单击“添加”或“删除”按钮，可以添加或删除固定数据库角色的成员。

三、管理用户自定义数据库角色

使用SSMS工具可以方便地实现用户自定义数据库角色的创建。在数据库ssts中，使用SSMS工具创建用户角色teacher，并添加用户zhangyong作为角色成员，为角色teacher授予查询和插入折扣表discounts的权限。

1. 创建用户角色 teacher

在对象资源管理器窗口中，依次展开“当前服务器→数据库→ssts→安全性→角色→数据库角色”，右击“数据库角色”文件夹，在弹出的快捷菜单中，选择“新建数据库角色”选项，弹出“数据库角色 - 新建”对话框。

另外，也可以在对象资源管理器窗口中，依次展开“当前服务器（例如 LAPTOP-7SNATPSQ）→数据库→ssts→安全性→角色”，右击“角色”文件夹，在弹出的快捷菜单中，依次选择“新建”→“新建数据库角色”选项，弹出图 7-3-19 所示的“数据库角色 - 新建”对话框，在“角色名称”文本框中输入 teacher。

图 7-3-19　“数据库角色 - 新建”对话框

2. 添加用户 zhangyong 作为角色成员

单击“添加”按钮，弹出“选择数据库用户或角色”对话框，单击“浏览”按钮，弹出图 7-3-20 所示的“查找对象”对话框，选中要添加的用户 zhangyong。

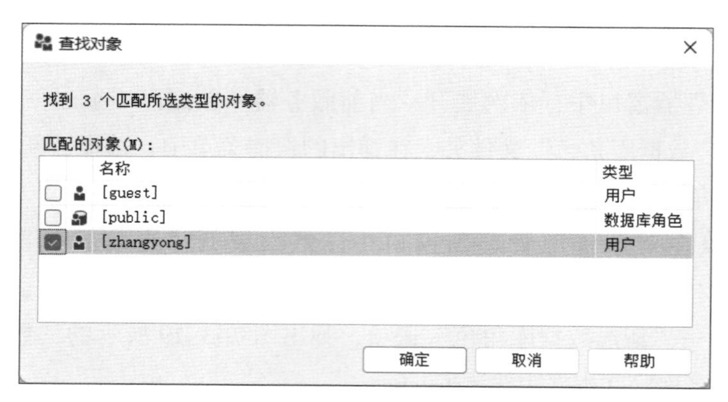

图 7-3-20 “查找对象”对话框

单击“确定”按钮，回到“选择数据库用户或角色”对话框，单击“确定”按钮，回到“数据库角色属性”对话框，新建数据库角色如图 7-3-21 所示。

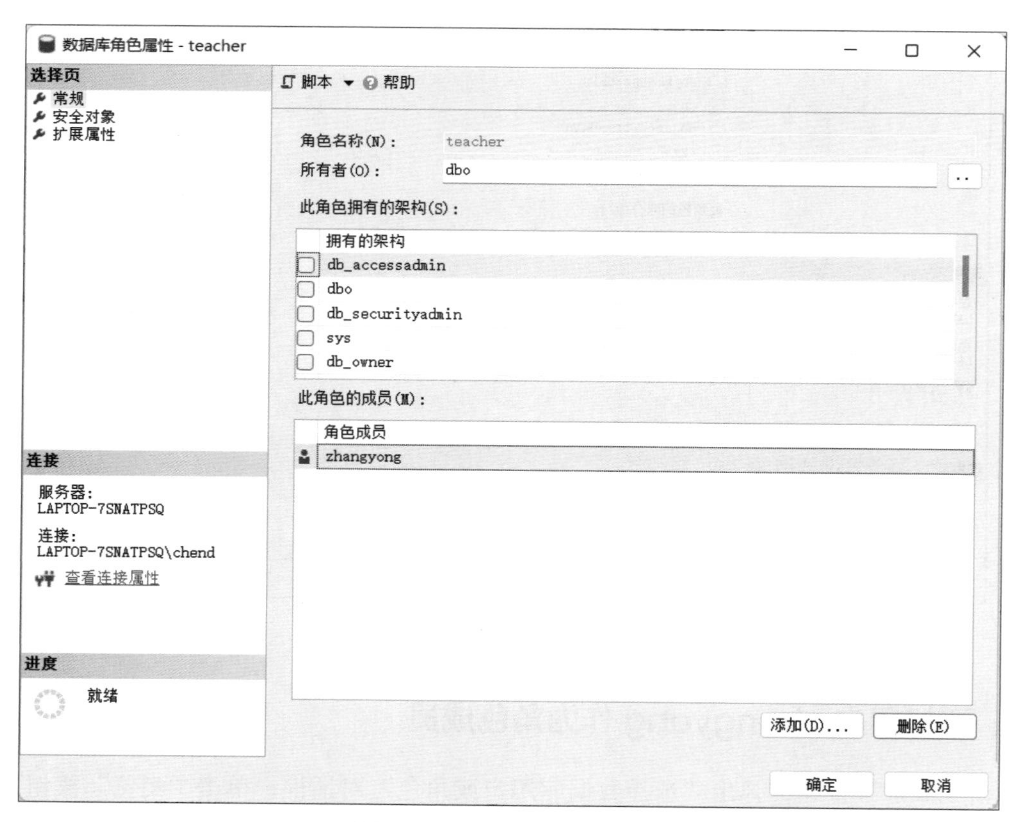

图 7-3-21 新建数据库角色

从图 7-3-21 中可以看到，此角色的成员列表中有用户 zhangyong，选择“选项页”中的“安全对象”选项，系统切换到角色的权限配置窗口，安全对象如图 7-3-22 所示。

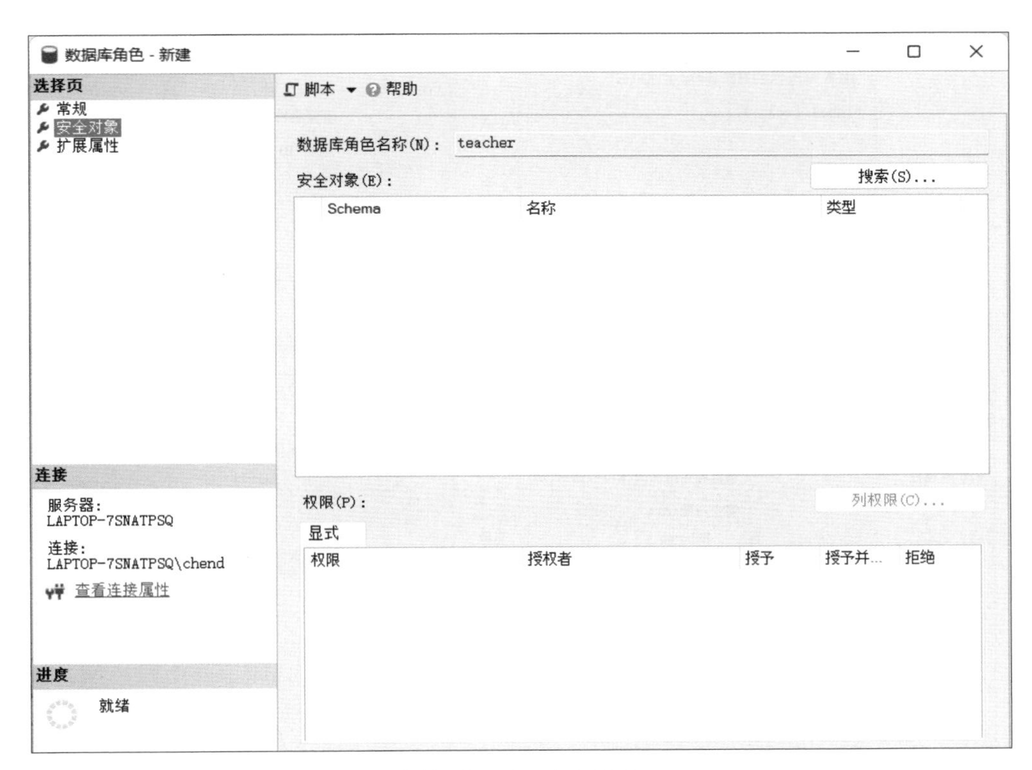

图 7-3-22　安全对象

3. 为角色 teacher 授予查询和插入选课表 sc 的权限

单击“搜索”按钮，在弹出的“添加对象”对话框中，选中“特定对象”选项，单击“确定”按钮，弹出图 7-3-23 所示的“选择对象”对话框，单击“对象类型”按钮。弹出“选择对象类型”对话框，选择“表”选项，单击“确定”按钮。回到“选择对象”对话框，单击“浏览”按钮，勾选“选课表 sc”复选框，单击“确定”按钮，回到“选择对象”对话框，再单击“确定”按钮。

回到“数据库角色 – 新建”对话框，配置该角色在表上的权限，勾选“授予”下的“插入”和“选择”复选框，勾选“拒绝”下的“删除”复选框，新建数据库角色如图 7-3-24 所示。

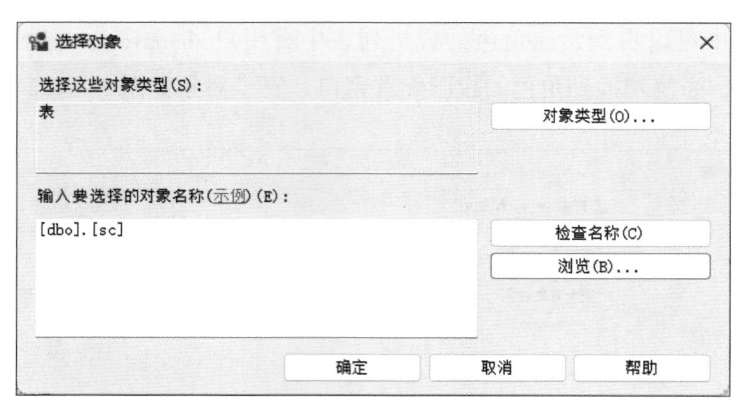

图 7-3-23 “选择对象”对话框

图 7-3-24 新建数据库角色

单击“确定”按钮，完成角色的创建和权限的配置。

4. 验证测试

断开 SQL Server 服务器的连接，选择 SQL Server 身份认证方式，输入登录名“linkLogin”，并输入密码“445566”进行连接，这时打开数据库 ssts，只能看到一个选课表 sc，单击“新建查询”按钮，弹出查询窗口，对选课表 sc 进行以下操作。

```
SELECT * FROM sc
```

执行成功。

```
INSERT INTO sc (sno, cno, score) VALUES('xx20220401', 'c03', 80)
```

执行成功。

```
DELETE FROM sc
WHERE sno =' xx20220401'
```

执行结果如下。

```
The DELETE permission was denied on the object 'sc', database 'ssts', schema 'dbo'.
```

综上说明，有查询和插入的权限，没有删除的权限。

四、管理应用程序角色

使用 SSMS 工具创建应用程序角色 AppNewRole。

1. 在对象资源管理器窗口中，依次展开“ssts→安全性→角色→应用程序角色”，右击“应用程序角色”文件夹，然后单击“新建应用程序角色…”选项，弹出“应用程序角色 - 新建”对话框。

2. 单击“选项页”的“常规”选项，在“角色名称”文本框中输入新的应用程序角色的名称 AppNewRole。在“默认架构”文本框中，通过输入对象名称指定将拥有此角色创建的对象的架构，如果为空即为 dbo。本次操作不填写任何内容，默认为 dbo。

3. 在“密码”文本框中，输入新角色的密码“abc123”，在“确认密码”文本框中再次输入该密码。

4. 在“此角色拥有的架构”的列表框中，选择此角色将拥有的架构“db_owner”。架构只能由一个架构或角色拥有，应用程序角色 AppNewRole 如图 7-3-25 所示，单击“确定”按钮完成角色的创建。

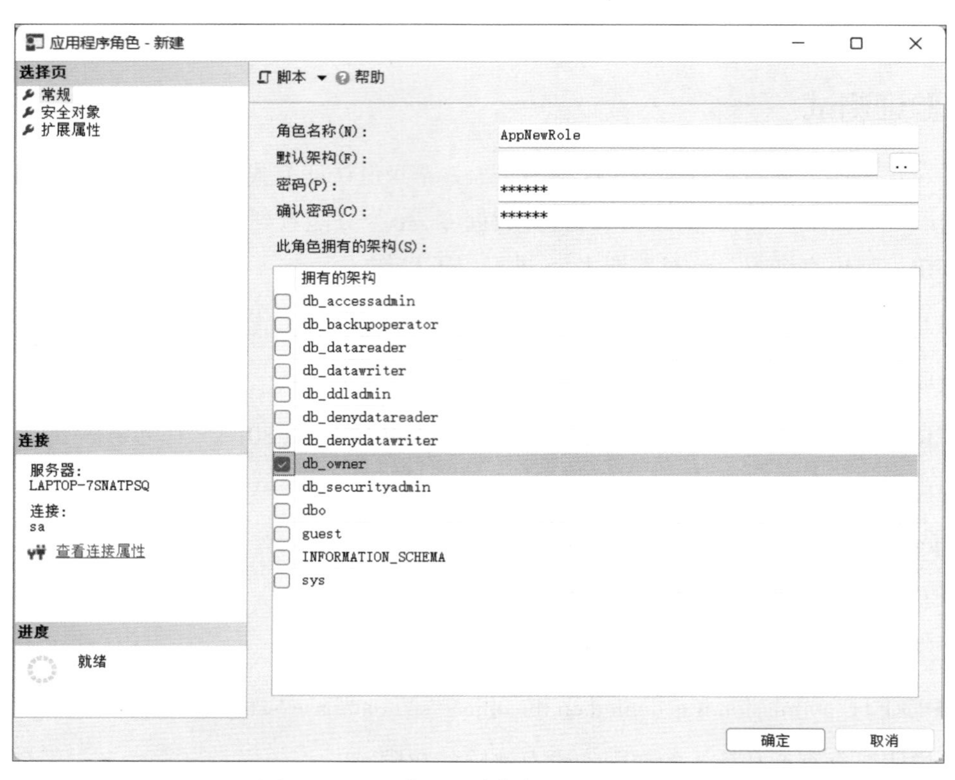

图 7-3-25　应用程序角色 AppNewRole

任务 4 管理权限

1. 能使用 GRANT 语句授予对象级权限，授予表、视图、存储过程等的访问权限。
2. 能使用 GRANT 语句授予系统级权限，授予登录、数据库访问、备份恢复等的权限。
3. 能使用 DENY 语句完成拒绝授予权限的操作，阻止用户或角色对某些对象的访问或操作。
4. 能使用 REVOKE 语句完成收回权限的操作，撤销已经授予的权限。

任务描述

管理员有权限允许用户创建、修改和删除数据表。在数据库 ssts 中，管理员使用 T-SQL 语句管理用户 chensir 的权限，授予用户 chensir 对数据表 student 的 SELECT 权限，拒绝用户 chensir 对数据库 ssts 中学生表 student 进行增加、删除、修改的权限。数据库用户 chensir 的权限如图 7-4-1 所示。

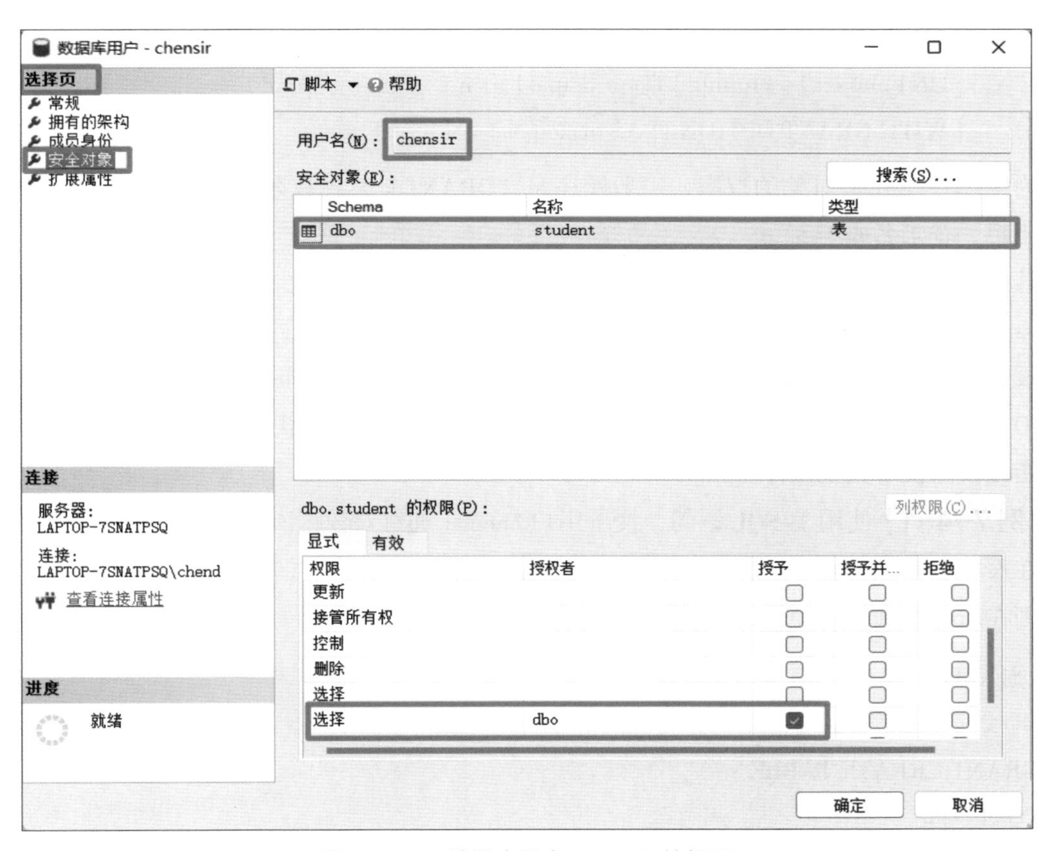

图 7-4-1　数据库用户 chensir 的权限

经过一段时间后，管理员撤销授予用户 chensir 对数据表 student 的 SELECT 权限。最后删除数据库用户 chensir，删除登录名 chensir。

一、授予权限

对数据对象授予权限的基本语法如下。

```
GRANT { ALL [ PRIVILEGES ] }
      | permission [ ( column [ ,…n ] ) ] [ ,…n ]
      [ ON [ class :: ] securable ] TO principal [ ,…n ]
      [ WITH GRANT OPTION ] [ AS principal ]
```

为主体授予安全对象的权限，一般顺序是"GRANT < 某种权限 > ON < 某个对象 > TO < 某个用户、登录名或组 >"。

其中，ALL 表示授予为全部可能的权限；PRIVILEGES 包含此参数是为了符合 ISO 标准；permission 是权限的名称；column 指定表中将授予权限的列的名称，需要使用圆括号；class 指定将授予权限的安全对象的类，需要使用作用域限定符 ::；securable 指定将授予权限的安全对象；TO principal 是主体的名称；GRANT OPTION 指示被授权者在获得指定权限的同时，还可以将指定权限授予其他主体。

【例 7-4-1】使用 T-SQL 语句，授予用户 chensir 拥有对数据库 ssts 创建表的权限。

在授权之前，检查数据库 ssts 中是否有用户 chensir。若没有，则要创建数据库用户；若有，则在新建查询窗口中输入以下代码。

```
USE ssts
GO
GRANT CREATE TABLE
TO chensir
```

二、拒绝授予权限

拒绝为主体授予权限，防止该主体通过组或角色成员身份继承权限。DENY 优先于所有权限，但 DENY 不适用于 sysadmin 固定服务器角色的对象所有者或成员。需要注意的是，

sysadmin 固定服务器角色的成员和对象所有者不能拒绝授予权限。

对数据对象拒绝授予权限的基本语法如下。

```
DENY    { ALL [ PRIVILEGES ] }
      | <permission>   [ ( column [ ,…n ] ) ] [ ,…n ]
      [ ON [ <class> :: ] securable ]
      TO principal [ ,…n ]
      [ CASCADE] [ AS principal ]
```

其中，参数的含义与 GRANT 语句的参数相同，CASCADE 指示拒绝授予指定主体该权限时，被该指定主体授予了该权限的所有其他主体也被拒绝授予该权限。当主体具有带 GRANT OPTION 的权限时，CASCADE 为必选项。

【例 7-4-2】使用 T-SQL 语句，拒绝授予用户 chensir 拥有对数据库 ssts 中的学生表 student 进行增加、删除、修改的权限。

```
USE ssts
GO
DENY INSERT, UPDATE, DELETE
ON student
TO chensir
```

三、收回权限

撤销以前授予或拒绝的权限，基本语法如下。

```
REVOKE [ GRANT OPTION FOR ]
        {
          [ ALL [ PRIVILEGES ] ]
          |
                    permission [ ( column [ ,…n ] ) ] [ ,…n ]
        }
        [ ON [ class :: ] securable ]
        { TO | FROM } principal [ ,…n ]
        [ CASCADE] [ AS principal ]
```

参数的含义与 GRANT 语句的参数相同。

【例 7-4-3】使用 T-SQL 语句，撤销用户 chensir 对数据库 ssts 创建表的权限。

```
USE ssts
GO
REVOKE CREATE TABLE
TO chensir
```

一、创建登录名 chensir 和数据库用户 chensir

在新建查询窗口输入以下代码。

```
USE master
GO
CREATE Login chensir WITH PASSWORD ='1234qwer!'
USE ssts
CREATE USER chensir FOR Login chensir
```

执行后，检查登录名 chensir 和数据库用户 chensir 是否创建成功，如图 7-4-2 所示。

二、授予用户 chensir SELECT 权限

1. 授予 SELECT 权限

在指定的数据库 ssts 下授予用户 chensir 对数据表 student 的 SELECT 权限。

```
USE ssts
GO
GRANT SELECT
ON student
TO chensir
```

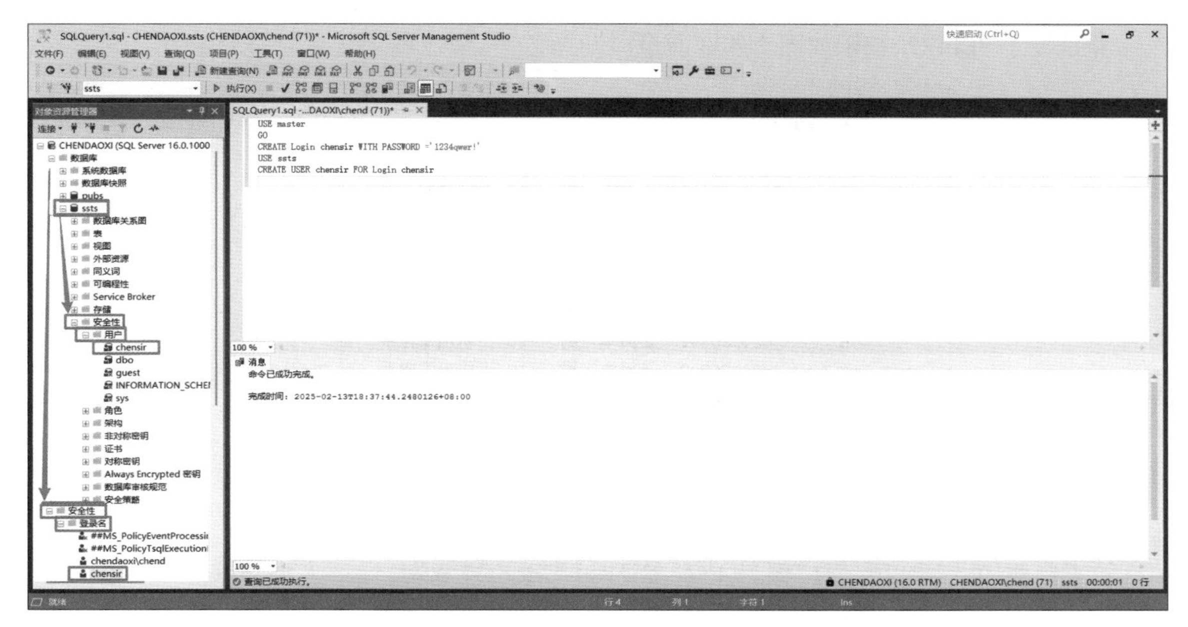

图 7-4-2　检查登录名 chensir 和数据库用户 chensir 是否创建成功

执行后，右击数据库用户“chensir”，在弹出的快捷菜单中，选择“属性”选项，在弹出的窗口中，单击“选择页”下的“安全对象”选项，可以查看数据库用户 chensir 的权限。

2. 验证 SELECT 权限

在新建查询窗口输入 SELECT 查询语句，能够执行 SELECT 查询，但是这不是验证权限，因为当前登录是使用 Windows 登录或使用 sa 登录，并非使用 chensir 登录。在新建查询窗口输入以下查询语句。

```
SELECT SUSER_NAME()                    -- 查询当前用户的登录标识名
```

执行结果是“LAPTOP-7SNATPSQ\chend”，表示当前登录是使用 Windows 登录，并非使用 chensir 登录，要断开数据库引擎的连接，使用登录名“chensir”和密码“1234qwer!”重新连接数据库引擎，关闭原来所有的查询窗口。再次执行上述的查询语句，执行结果是“chensir”，表示当前登录的用户是 chensir。

在新建查询窗口输入 SELECT 查询语句。

```
USE ssts
GO
SELECT * FROM student
```

验证授予 SELECT 权限如图 7-4-3 所示。

	sno	name	sex	age	dept
1	2022010901	李十雨	女	18	创意服务系
2	2022010902	沈十一	女	17	创意服务系
3	2022010903	王九婷	女	17	创意服务系
4	dq20220401	吴电	男	16	电气工程系
5	dq20220402	齐兰州	男	18	电气工程系
6	jd20220301	吉勇军	男	16	机电工程系
7	jd20220302	孙机电	男	18	机电工程系
8	xx20220401	刘美	女	17	信息工程系
9	xx20220402	庞凤婷	女	17	信息工程系
10	xx20220403	王帅	男	17	信息工程系
11	xx20220404	李飞祥	男	18	信息工程系
12	xx20220407	史默约	女	17	信息工程系

图 7-4-3　验证授予 SELECT 权限

三、拒绝授予用户 chensir 增加、删除、修改的权限

1. 拒绝授予增删改权限

断开连接，使用 Windows 身份认证方式登录，关闭原来所有的查询窗口。拒绝授予用户 chensir 拥有对数据库 ssts 中学生表 student 进行增加、删除、修改的权限。在新建查询窗口输入以下代码。

```
USE ssts
GO
DENY INSERT, UPDATE, DELETE
ON student
TO chensir
```

执行后，显示“命令已经成功完成”。

2. 验证增删改权限

再次断开连接，切换到使用 chensir 登录，关闭原来所有的查询窗口。在新建查询窗口输入以下代码。

```
USE ssts
UPDATE student
SET name=' 李雨 '
WHERE name=' 李十雨 '
```

执行后，弹出如下消息。

```
The UPDATE permission was denied on the object 'student', database 'ssts', schema 'dbo'.
```

上述消息说明没有权限进行 UPDATE 操作，说明拒绝授权有效。这时执行 SELECT 操作，授权有效。

四、撤销授予用户 chensir SELECT 权限

1. 撤销 SELECT 权限

再次断开连接，使用 Windows 身份认证方式登录，关闭原来所有的查询窗口。撤销授予用户 chensir 对数据表 student 的 SELECT 权限。在新建查询窗口输入以下代码。

```
USE ssts
GO
REVOKE SELECT
ON student
TO chensir
```

执行后，显示“命令已经成功完成”。

2. 验证 SELECT 权限

再次断开连接，切换到使用 chensir 登录，关闭原来所有的查询窗口。在新建查询窗口输入以下代码。

```
USE ssts
GO
SELECT * FROM student
```

验证 chensir 的 SELECT 权限如图 7-4-4 所示。

消息
消息 229，级别 14，状态 5，第 3 行
The SELECT permission was denied on the object 'student', database 'ssts',

图 7-4-4 验证 chensir 的 SELECT 权限

因为已经撤销了 chensir 的 SELECT 权限，所以这次使用 SELECT 查询数据表被拒绝。

五、删除数据库用户 chensir，删除登录名 chensir

再次断开连接，使用 Windows 身份认证方式登录，关闭原来所有的查询窗口。在新建查询窗口输入以下代码。

```
USE ssts
GO
DROP USER chensir
DROP LOGIN chensir
```

执行后，数据库用户 chensir 和登录名 chensir 已被删除。

项目八　设计与实现政务平台数据库

政务平台旨在为社会公众发布政策新闻，并使用 SQL Server 作为后端数据库以存储和管理政务数据。该平台连接 SQL Server 数据库服务器来执行查询、插入、更新和删除等操作，从而实现对结构化数据的灵活控制和管理。SQL Sever 数据库满足了政务平台的应用需求，包括数据的安全存储、高效提取和直观展示，确保了数据应用的高效性、可靠性和安全性。

本项目通过“创建政务平台数据库”“编辑政务平台数据库”“查询政务平台数据库”“使用索引和视图优化政务平台数据库”任务实例，帮助读者掌握数据库综合应用的方法。

任务 1　创建政务平台数据库

学习目标

1. 能对数据库功能需求和性能需求进行分析。
2. 能绘制数据库的 E-R 图，能写出数据表的关系模式。
3. 能使用 CREATE DATABSE 创建数据库，能使用 CREATE TABLE 创建数据表。
4. 能使用 INSERT INTO VALUES 语句，插入一条或多条记录到表中，能选择恰当的数据类型。
5. 能在创建表时使用主键、外键等约束。

任务描述

政务平台面向广大社会群众，发布政府政策新闻、公开信息、机构设置等信息，其后台需要政务数据库的支持，在开发数据库之前，需要对政务平台的数据库进行前期的需求分析，数据库分析与设计完成后，公司的数据库工程师接到创建政务平台数据库(policy platform database)的任务，现要求创建一个名为zw的数据库，包括Information、Organization、User三个表，分别定义主键、外键等约束。数据库zw的数据库关系图如图8-1-1所示。

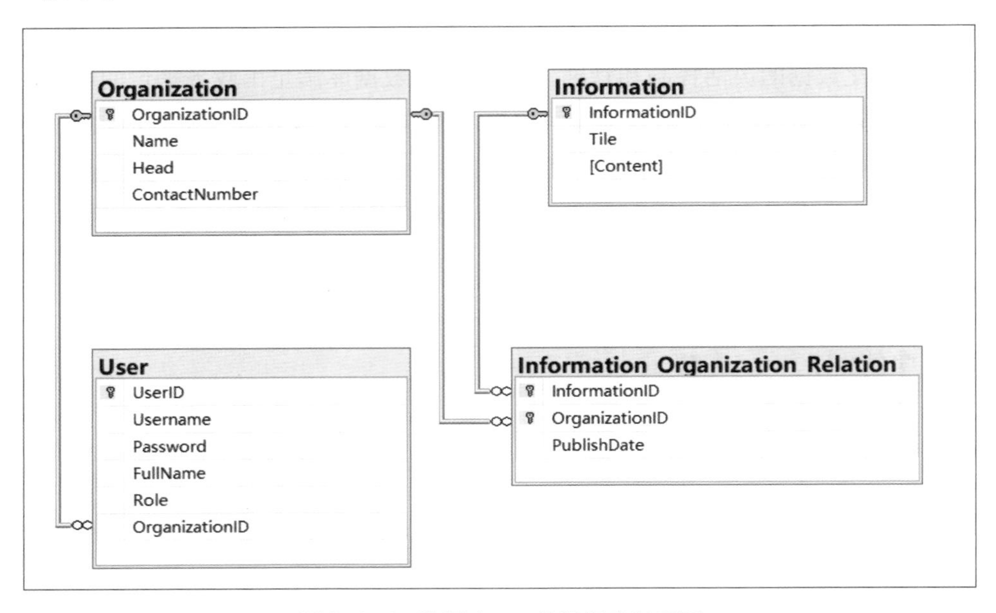

图 8-1-1　数据库 zw 的数据库关系图

一、政务平台数据库需求分析

通过对系统的终端用户、政府职能部门的调查分析，定义政务平台数据库的功能需求。政务平台数据库的功能需求主要包括用户管理、机构管理及信息发布和查询等功能。用户管理包括用户的注册、登录、权限控制等；机构管理包括机构信息的录入和管理；信息发布和查询功能包括发布新信息、查询已发布信息、按机构过滤信息等。此外，用户角色的划分也是必要的，以便不同角色的用户有不同的操作权限。

政务平台数据库的性能需求涉及查询和更新操作的效率，尤其在信息发布频繁的情况下，要求数据库能够迅速处理大量用户登录、信息发布和查询的请求。由于机构与信息存在一对多关系，需要优化查询机构发布的所有信息的性能。同时，对于信息的查询，可能需要考虑按标题、按内容等字段进行模糊查询，因此需要有相应的索引来提高政务平台信息的检索速度。

二、概念结构设计阶段

在需求分析的基础上，通过实体关系模型（ER 模型）等工具，将需求转化为数据库设计的概念模型，确定实体、关系及其属性，并建立实体间的关系模式。

在设计政务平台数据库时，需要考虑实体包括信息、机构、用户及其属性。在概念结构设计阶段，绘制出数据库的 E–R 图。政务平台数据库的 E–R 图如图 8–1–2 所示。

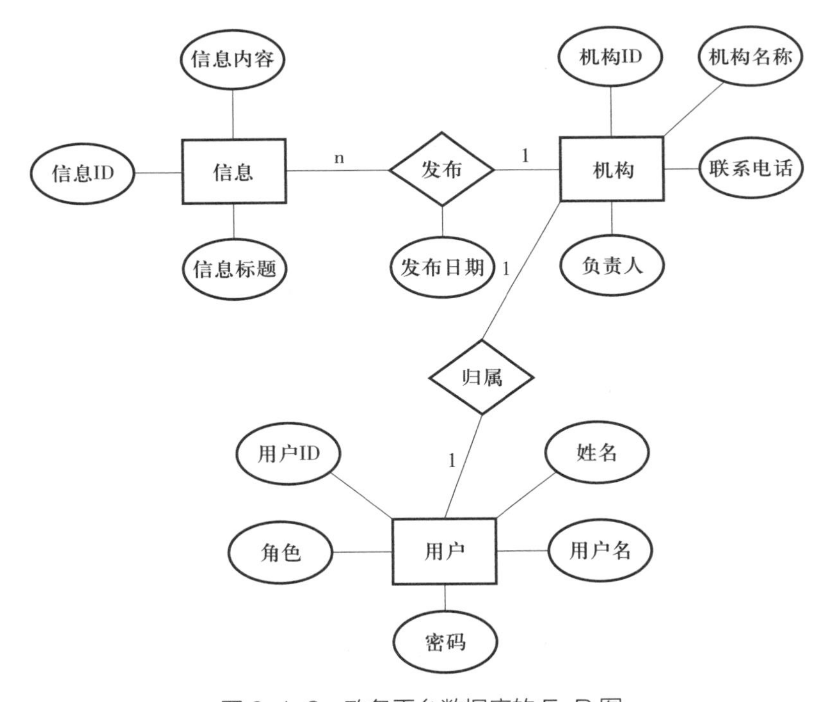

图 8-1-2　政务平台数据库的 E-R 图

将需求转化为概念模型，每个实体转化为一个表，实体的属性转化为列，并确定主键。

信息（信息 ID、信息标题，信息内容）

Information (<u>InformationID</u>, Tile, Content)

机构（机构 ID，机构名称，负责人，联系电话）

Organization (OrganizationID, Name, Head, ContactNumber)

用户（用户 ID，用户名，密码，姓名，角色，机构 ID）

User (UserID, Username, Password, FullName, Role, OrganizationID)

其中，UserID 为主键，OrganizationID 为外键，指向机构的主键。

对于联系也进行转化，机构与信息是一对多关系，创建如下关系模式。

信息公开（信息 ID、发布机构，发布日期）

Information_Organization_Relation(InformationID,OrganizationID, PublishDate)

三、逻辑设计阶段

在概念设计的基础上，使用关系模型（如关系模式、范式等），将概念模型转化为数据库系统所支持的关系模式，包括确定表结构、键的定义、约束条件等。

本项目使用 SQL Server 数据库系统，确定了各个表的结构，Information 信息表见表 8-1-1，Organization 机构表见表 8-1-2，User 用户表见表 8-1-3，Information_Organization_Relation 信息公开表见表 8-1-4。

表 8-1-1　Information 信息表

字段	数据类型	长度	约束
InformationID	INT		主键
Tile	NVARCHAR	100	
Content	NVARCHAR	MAX	

表 8-1-2　Organization 机构表

字段	数据类型	长度	约束
OrganizationID	INT		主键
Name	NVARCHAR	100	
Head	NVARCHAR	50	
ContactNumber	NVARCHAR	20	

表 8-1-3　User 用户表

字段	数据类型	长度	约束
UserID	INT		主键
Username	NVARCHAR	50	
Password	NVARCHAR	100	
FullName	NVARCHAR	100	
Role	NVARCHAR	50	
OrganizationID	INT		外键

表 8-1-4　Information_Organization_Relation 信息公开表

字段	数据类型	长度	约束
InformationID	INT		外键
OrganizationID	INT		外键
PublishDate	DATE		

四、实施阶段

1. 创建数据库

打开 SSMS，连接到数据库服务器，创建政务平台数据库，数据库名为 zw。

```
CREATE DATABSE zw
```

2. 创建数据表

在数据库 zw 中，创建数据表。

（1）创建 Information 信息表

```
USE zw
GO
-- 创建信息表
CREATE TABLE Information (
```

```
    InformationID INT PRIMARY KEY,
    Tile NVARCHAR(100),
    Content NVARCHAR(MAX)
);
```

（2）创建 Organization 机构表

```
-- 创建机构表
CREATE TABLE Organization (
    OrganizationID INT PRIMARY KEY,
    Name NVARCHAR(100),
    Head NVARCHAR(50),
    ContactNumber NVARCHAR(20)
);
```

（3）创建 User 用户表

```
-- 创建用户表
CREATE TABLE [User](
    UserID INT PRIMARY KEY,
    Username NVARCHAR(50),
    Password NVARCHAR(100),
    FullName NVARCHAR(100),
    Role NVARCHAR(50),
    OrganizationID INT,
    FOREIGN KEY (OrganizationID) REFERENCES Organization(OrganizationID)
);
```

（4）创建 Information_Organization_Relation 信息公开表

```
-- 创建信息公开表
CREATE TABLE Information_Organization_Relation (
    InformationID INT,
    OrganizationID INT,
    PublishDate DATE,
```

```
    PRIMARY KEY (InformationID, OrganizationID),
    FOREIGN KEY (InformationID) REFERENCES Information(InformationID),
    FOREIGN KEY (OrganizationID) REFERENCES Organization(OrganizationID)
);
```

表创建完成后，可以创建数据库关系图，检测与任务描述是否一致，显示多张表之间的主外键关系。

3. 插入数据

在各个表中插入数据，注意外键关系，防止违反约束。

```
USE zw
GO
-- 信息表（Information）
INSERT INTO Information (InformationID, Tile, Content)
VALUES
    (101, '重要通知', '关于发布国家生态环境标准《海水、海洋沉积物和海洋生物质量评价技术规范》的公告。'),
    (102, '职业教育', '教育部公布新时代职业学校名师（名匠）名校长培养计划。'),
    (103, '地方动态', '三大政策支持大学生就业见习。');

-- 机构表（Organization）
INSERT INTO Organization (OrganizationID, Name, Head, ContactNumber)
VALUES
    (201, '环保局', '张三', '123-456-7890'),
    (202, '教育局', '李四', '987-654-3210'),
    (203, '人社局', '王五', '456-789-0123');

-- 用户表（User）
INSERT INTO [User] (UserID, Username, Password, FullName, Role, OrganizationID)
VALUES
    (301, 'user1', 'password1', '张三', '普通用户', 201),
```

```
        (302, 'user2', 'password2', ' 李四 ', ' 管理员 ', 202),
        (303, 'user3', 'password3', ' 王五 ', ' 普通用户 ', 203);

-- 信息公开表（Information_Organization_Relation）
INSERT INTO Information_Organization_Relation (InformationID, OrganizationID, PublishDate)
VALUES
        (101, 201, '2023-07-28'),
        (102, 202, '2023-07-28'),
        (103, 203, '2023-07-28');
```

任务 2 编辑政务平台数据库

1. 能使用 INSERT INTO VALUES 语句，插入一条或多条记录到表中。
2. 能使用 UPDATE 语句更新指定记录。
3. 通使用 DELETE 语句删除符合条件的记录。

公司的数据库工程师已经完成了政务平台数据库 zw 的创建，各个表都已经有了数据。在平台使用的过程中，需要添加 3 条新的信息记录。

环保局发布“重要通知”，内容为“环保局发布新的环境污染防治政策，加强大气、水、土壤等环境保护工作”。教育局发布“教育政策”，内容为“教育部出台新政策，促进教育公平和优质教育资源的均衡分配”。人社局发布“培训通知”，内容为“关于加强新职业培训工作的通知”。

更新 User 表中用户“张三”的密码为“Zhangsan@88”。删除环保局的所有信息发布记录。

一、插入记录

添加 3 条新的信息记录，分别是环保局、教育局和人社局的信息，在信息表中插入 3 条记录。

```
INSERT INTO Information (InformationID, Tile, Content)
VALUES
    (104, '重要通知', '环保局发布新的环境污染防治政策，加强大气、水、土壤等环境保护工作。'),
    (105, '教育政策', '教育部出台新政策，促进教育公平和优质教育资源的均衡分配。'),
    (106, '培训通知', '关于加强新职业培训工作的通知');
```

在信息公开表中插入信息发布的时间和负责机构。

```
INSERT INTO Information_Organization_Relation (InformationID, OrganizationID, PublishDate)
VALUES
    (104, 201, '2024-01-02'),
    (105, 202, '2024-01-02'),
    (106, 203, '2024-01-02');
```

二、更新 User 表中用户的密码

更新 User 表中用户“张三”的密码为“Zhangsan@88”。

```
UPDATE [User]
SET Password = 'Zhangsan@88'
WHERE FullName = ' 张三 ';
```

三、删除环保局的所有信息发布记录

删除信息公开表中环保局的所有信息发布记录，还要删除信息表中属于环保局的信息。因为有外键关系的存在，所以不能先删除信息表的内容。实现这种有外键关系的删除，一种方法是在设计信息公开表时加上语句“FOREIGN KEY (InformationID) REFERENCES Information(InformationID) ON DELETE CASCADE, FOREIGN KEY (OrganizationID) REFERENCES Organization (OrganizationID) ON DELETE CASCADE”。另一种方法是不改变表结构，临时声明一个表变量，用于保存待删除信息的 ID，代码如下。

```
-- 声明一个表变量
DECLARE @InfoIDsToDelete TABLE (InformationID INT);
-- 将查询结果插入表变量
INSERT INTO @InfoIDsToDelete (InformationID)
SELECT InformationID
FROM Information_Organization_Relation
WHERE OrganizationID = 201;
-- 查看表变量内容（可选）
--SELECT * FROM @InfoIDsToDelete;
-- 删除信息公开表中环保局的所有信息发布记录
DELETE FROM Information_Organization_Relation WHERE OrganizationID = 201;
-- 删除信息表中属于环保局的信息
DELETE FROM Information WHERE InformationID IN (SELECT InformationID FROM @
InfoIDsToDelete);
```

任务 3　查询政务平台数据库

学习目标

1. 能使用 SELECT WHERE 语句进行条件查询。
2. 能对多表进行连接查询。
3. 能在指定的范围内进行分组查询。
4. 能按标题、内容等字段进行模糊查询。

政务平台数据库的查询功能包括发布新信息、查询已发布信息、按机构过滤信息记录。对于信息的查询，可能需要考虑按标题、内容等字段进行模糊查询。

设计 3 个查询，找出内容带有“培训”字样的信息；统计各个局发布信息的数量；找出教育局发布的所有信息及相关的发布日期。

一、查询内容带有“培训”字样的信息

找出内容带有“培训”字样的信息，需要使用信息表。

```
SELECT Title, Content
```

```
FROM Information
WHERE Content LIKE '% 培训 %';
```

二、统计各个局发布信息的数量

统计各个局发布信息的数量，需要使用信息公开表，使用 GROUP BY 进行分组统计查询。

```
SELECT O.OrganizationID, O.Name AS OrganizationName, COUNT(IOR.InformationID) AS InformationCount
FROM Organization O
JOIN Information_Organization_Relation IOR ON O.OrganizationID = IOR.OrganizationID
GROUP BY O.OrganizationID, O.Name;
```

三、查询教育局发布的所有信息及相关的发布日期

找出教育局发布的所有信息及相关的发布日期，需要连接 Information 表和 Information_Organization_Relation 表。

```
SELECT I.Title, I.Content, IOR.PublishDate
FROM Information I
JOIN Information_Organization_Relation IOR ON I.InformationID = IOR.InformationID
WHERE IOR.OrganizationID = 202;
```

任务 4 使用索引和视图优化政务平台数据库

1. 能使用 CREATE INDEX 在指定的字段上创建索引，以加速相关的查询。
2. 能根据任务使用 CREATE VIEW 语句创建视图。

政务平台数据库经常需要按照机构进行查询，为了提高查询性能，需要创建一个索引，并设计一个视图，展示每个用户所属机构的信息发布数量。

在 Information_Organization_Relation 表的 OrganizationID 字段上创建索引，以提高与机构相关查询的速度。

创建一个视图，通过连接 User 表和 Information_Organization_Relation 表，计算每个用户所属机构发布的信息数量，并展示用户 ID、机构名称和信息发布数量。

一、在信息公开表的 OrganizationID 字段上创建索引

```
-- 创建 Information_Organization_Relation 表的 OrganizationID 字段上的索引
CREATE INDEX IX_OrganizationID ON Information_Organization_Relation(OrganizationID);
```

二、创建一个视图，计算每个用户所属机构发布的信息数量

```
-- 创建视图，计算每个用户所属机构发布的信息数量
CREATE VIEW UserInformationCount AS
SELECT
    U.UserID,
    U.OrganizationID,
    O.Name AS OrganizationName,
    COUNT(IOR.InformationID) AS InformationCount
FROM
```

```
    [User] U
JOIN
    Information_Organization_Relation IOR ON U.OrganizationID = IOR.OrganizationID
JOIN
    Organization O ON U.OrganizationID = O.OrganizationID
GROUP BY
    U.UserID, U.OrganizationID, O.Name;
-- 可以查询视图以获得每个用户所属机构发布的信息数量
SELECT * FROM UserInformationCount;
```

每个用户所属机构发布的信息数量如图 8-4-1 所示。

	UserID	OrganizationID	OrganizationName	InformationCount
1	302	202	教育局	2
2	303	203	人社局	2

图 8-4-1　每个用户所属机构发布的信息数量

附　录

附录 T-SQL 语法约定

T-SQL 语法约定见下表。

约定	适用范围
大写	T-SQL 关键字
斜体	用户提供的 T-SQL 语法的参数
粗体	数据库名、表名、列名、索引名、存储过程、实用工具、数据类型名及必须按所显示的原样键入的文本
下划线	指示当语句中省略了包含带下划线的值的子句时应用的默认值
|（竖线）	分隔括号或大括号中的语法项，只能使用其中一项
[ ]（方括号）	可选语法项，不要键入方括号
{ }（大括号）	必选语法项，不要键入大括号
[,…n]	指示前面的项可以重复 n 次，各项之间以逗号分隔
[…n]	指示前面的项可以重复 n 次，每一项由空格分隔
;	T-SQL 语句终止符（虽然在此版本中的 SQL Server 2022 中大部分语句不需要分号，但将来的版本需要分号）
<label> ::=	语法块的名称，此约定用于对可在语句中的多个位置使用的过长语法段或语法单